中等职业学校工业和
信息化精品系列教材

3ds Max 动画制作

项目式全彩微课版

主编：陈勇 曾崇杰
副主编：温鹏智 孙杨高 高雨恩

人民邮电出版社
北京

图书在版编目（CIP）数据

3ds Max动画制作 : 项目式全彩微课版 / 陈勇，曾崇杰主编. -- 北京 : 人民邮电出版社，2023.2
中等职业学校工业和信息化精品系列教材
ISBN 978-7-115-60219-0

Ⅰ. ①3… Ⅱ. ①陈… ②曾… Ⅲ. ①三维动画软件－中等专业学校－教材 Ⅳ. ①TP391.414

中国版本图书馆CIP数据核字(2022)第185235号

内 容 提 要

本书全面、系统地介绍3ds Max的各项功能和动画制作技巧，内容包括三维动画制作基础、3ds Max 2019基础操作、创建基本几何体、创建二维图形、创建三维模型、创建复合对象、应用材质与贴图、应用灯光与摄影机、常用工具和面板、应用粒子系统与空间扭曲、应用MassFX、环境特效动画和设置高级动画等。

本书采用“项目—任务”式结构，重点项目通过“任务引入”给出具体制作要求；通过“设计理念”帮助学生理解设计思路；通过“任务知识”帮助学生学习软件功能；通过“任务实施”帮助学生熟悉动画制作流程；通过“扩展实践”和“项目演练”提高学生的实际应用能力，拓宽学生的设计视野。

本书可作为中等职业学校数字媒体专业“动画制作”课程的教材，也可作为对3ds Max感兴趣的读者的参考书。

◆ 主　　编　陈　勇　曾崇杰
副 主 编　温鹏智　孙杨高　高雨恩
责任编辑　王亚娜
责任印制　王　郁　焦志炜

◆ 人民邮电出版社出版发行　　北京市丰台区成寿寺路11号
邮编　100164　　电子邮件　315@ptpress.com.cn
网址　https://www.ptpress.com.cn
北京尚唐印刷包装有限公司印刷

◆ 开本：889×1194　1/16
印张：13.5　　2023年2月第1版
字数：275千字　　2023年2月北京第1次印刷

定价：59.80元

读者服务热线：(010)81055256　印装质量热线：(010)81055316
反盗版热线：(010)81055315
广告经营许可证：京东市监广登字20170147号

前 言

PREFACE

3ds Max 是由 Autodesk 公司开发的三维设计软件。它功能强大，易学易用，深受国内外建筑工程设计师和动画制作人员的喜爱。目前，我国很多中等职业学校的数字媒体专业都将 3ds Max 作为一门重要课程。本书依据《中等职业学校专业教学标准》编写，从人才培养目标、专业方案等方面做好顶层设计，明确专业课程标准，强化专业技能培养，合理安排教材内容，并根据岗位技能要求，引入企业真实案例，旨在提高中等职业学校专业技能课的教学质量。

根据现代中等职业学校的教学方向和教学特色，我们对本书的编写体系做了精心的设计。全书分 13 个项目，重点项目按照“任务引入—设计理念—任务知识—任务实施—扩展实践—项目演练”层次编排。本书在内容选取方面，力求细致全面、重点突出；在文字叙述方面，注意言简意赅、通俗易懂；在案例设计方面，强调案例的针对性和实用性。

本书配套微课视频可登录人邮学院（www.rymooc.com）搜索书名观看。另外，为方便教师教学，除书中所有案例的素材及效果文件，本书还提供 PPT 课件、教学大纲、教案等丰富的教学资源，任课教师可登录人邮教育社区（www.ryjiaoyu.com）免费下载。本书的参考学时为 64 学时，各项目的参考学时参见下面的学时分配表。

项目	课程内容	参考学时
项目 1	发现动画制作的美——三维动画制作基础	2
项目 2	熟悉动画制作工具——3ds Max 2019 基础操作	2
项目 3	制作基础动画模型——创建基本几何体	4
项目 4	制作基础动画模型——创建二维图形	2
项目 5	制作基础动画模型——创建三维模型	4
项目 6	制作高级动画模型——创建复合对象	6
项目 7	制作材质贴图效果——应用材质与贴图	6
项目 8	制作灯光与摄影效果——应用灯光与摄影机	6
项目 9	制作基础动画效果——常用工具和面板	8

续表

项目	课程内容	参考学时
项目 10	制作基础动画效果——应用粒子系统与空间扭曲	6
项目 11	制作基础动画效果——应用 MassFX	4
项目 12	制作基础动画效果——环境特效动画	6
项目 13	制作高级动画效果——设置高级动画	8
学时总计		64

本书由陈勇、曾崇杰任主编，温鹏智、孙杨高、高雨恩任副主编。由于编者水平有限，书中难免存在不足之处，敬请广大读者批评指正。

编者

2022 年 12 月

目　录

CONTENTS

01

项目1

发现动画制作的美
——三维动画制作基础

随着网络信息技术与数码影像技术的不断发展，三维动画制作的技术与审美也在不断变化，因此从事三维动画制作及相关工作的人员需要系统地学习动画制作的技术与技巧。本项目将对三维动画的应用及三维动画制作的工作流程进行系统讲解。通过本项目的学习，读者可以对三维动画的制作有一个全面的认识，有助于高效、便利地进行后续的三维动画制作工作。

学习引导

知识目标

- 了解三维动画的应用领域
- 明确三维动画制作的工作流程

能力目标

- 赏析结合三维动画制作技术的影视包装作品
- 赏析国产三维动画作品

素养目标

- 培养对三维动画制作的兴趣

任务 1.1 了解三维动画的应用领域

1.1.1 任务引入

本任务要求读者首先了解三维动画的应用领域；然后通过在新片场网站中赏析使用了三维动画制作技术的影视包装作品，进一步了解三维动画的应用效果。

1.1.2 任务知识：三维动画的应用领域

1 节目包装

包装电视节目片头是提升电视节目品牌形象的有效手段。三维动画凭借自身的强大特点，在表现金属、玻璃、文字、光线、粒子等电视节目片头常用效果方面表现出色。图 1-1 所示为三维动画在节目包装领域的应用。

图 1–1

2 影视特效

随着数字特效技术在电影中运用得越来越广泛，三维动画在影视特效领域得到了广泛应用和极大发展。许多影视制作公司在制作影视特效时都会结合三维动画制作技术。图 1-2 所示为三维动画在影视特效领域的应用。

图 1–2

3 工业设计

随着社会的发展，人们各种生活需求增加，同时人们对产品精密度的要求日益提高，因此工业设计越来越受重视，逐步成熟。一些设计公司开始运用三维动画制作技术进行工业设计，并且取得了优异的成绩。图 1-3 所示为三维动画在工业设计领域的应用。

图 1-3

4 建筑可视化

建筑可视化指借助数字图像技术，将建筑设计理念通过逼真的视觉效果呈现出来。其呈现方式包括室内效果图、建筑表现图及建筑动画。运用三维动画制作技术，设计人员可以轻松地完成这些具有挑战性的设计。图 1-4 所示为三维动画在建筑可视化领域的应用。

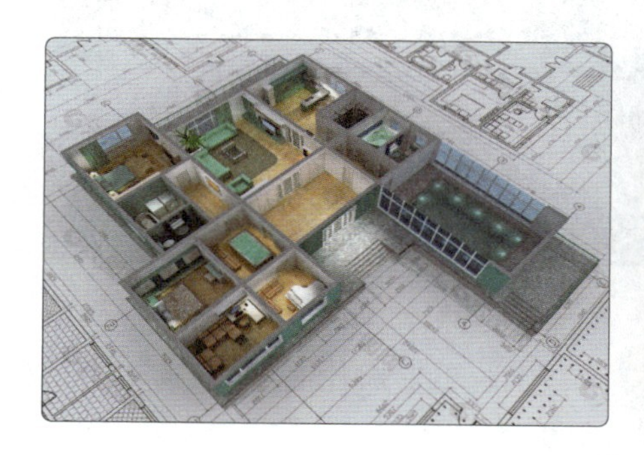

图 1-4

5 生物化学

生物化学领域较早地引入了三维动画制作技术，用于研究生物分子之间的结构组成。此外，遗传工程中利用三维动画制作技术对 DNA 分子进行结构重组，模拟产生新的化合物的过程，给研究工作带来了极大的帮助。图 1-5 所示为三维动画在生物化学领域的应用。

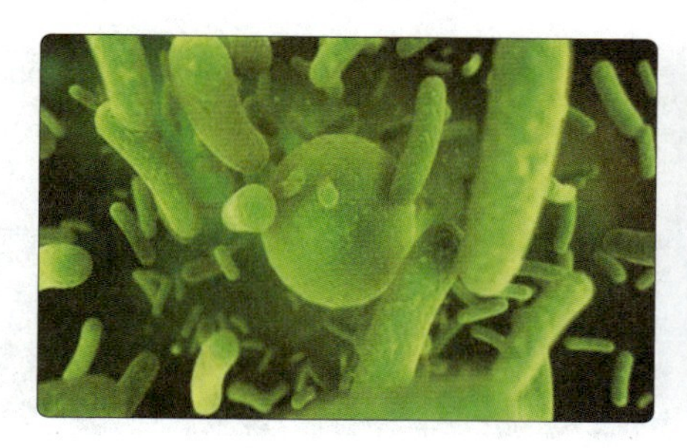
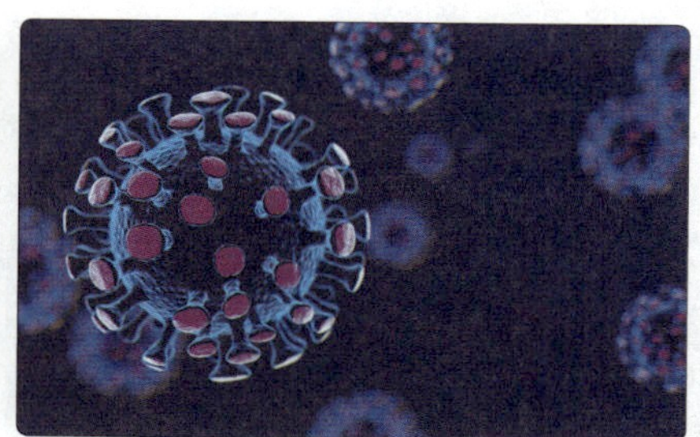

图 1-5

6 医疗卫生

利用三维动画可以形象地演示人体内部组织的细微结构和变化，给学术交流和教学演示带来了极大的便利。利用三维动画还可以将细微的手术细节放大到屏幕上，便于医护人员观察学习，这对医疗事业具有重大的现实意义。图 1-6 所示为三维动画在医疗卫生领域的应用。

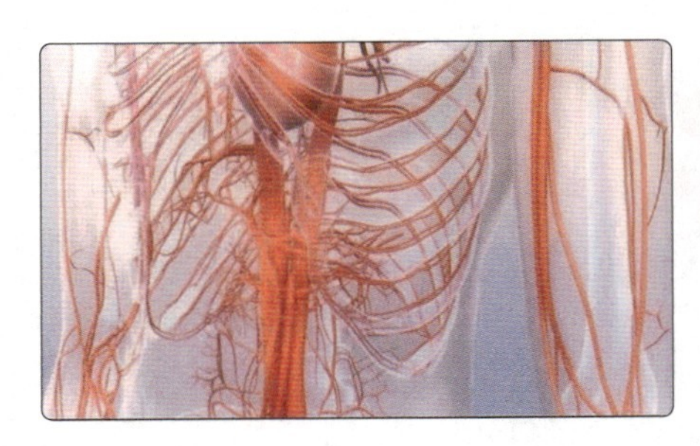
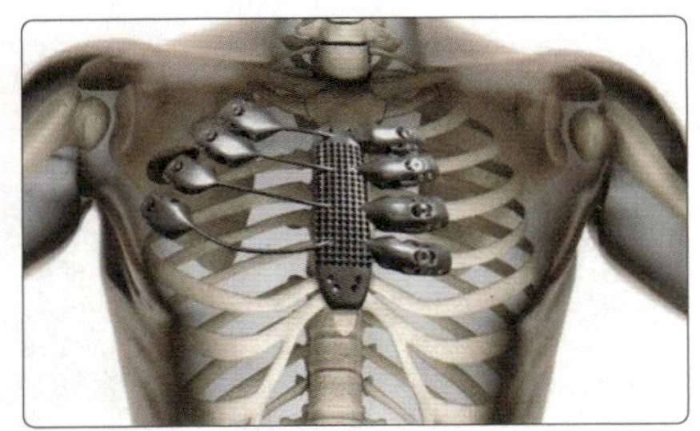

图 1–6

1.1.3 任务实施

（1）打开新片场官网，首页如图 1-7 所示。

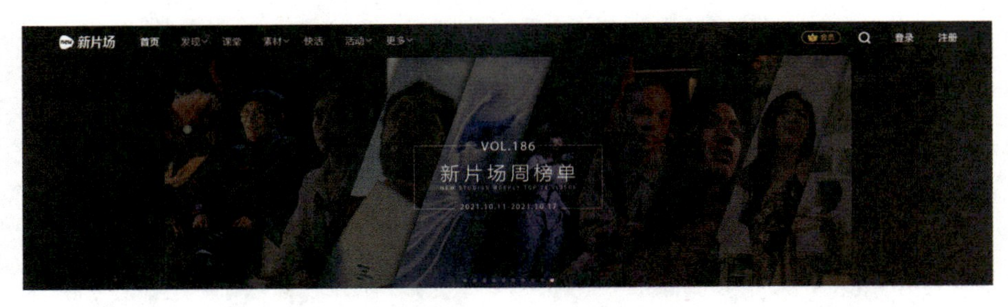

图 1–7

（2）单击右上方的“搜索”按钮，如图 1-8 所示。在弹出的搜索框中输入关键词“节目包装”，如图 1-9 所示，按 Enter 键进入搜索结果页面。

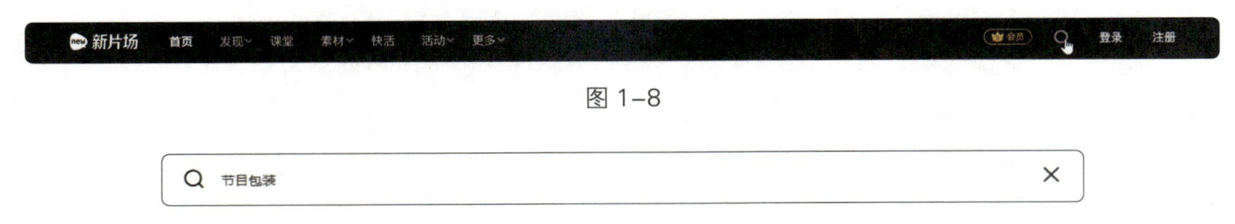

图 1–8

图 1–9

（3）在搜索结果页面中浏览，选择需要学习的使用了三维动画制作技术的影视包装作品，如图 1-10 所示。单击即可打开视频进行赏析。

图 1–10

任务 1.2 明确三维动画制作的工作流程

1.2.1 任务引入

本任务要求读者首先了解三维动画制作的工作流程及对应步骤；然后通过在优酷网中赏析国产三维动画作品，进一步了解三维动画制作技术的应用效果。

1.2.2 任务知识：三维动画制作的工作流程

三维动画制作的工作流程包括建立模型、设置摄影机、设置灯光、赋予材质、添加动画、渲染输出 6 个步骤，如图 1-11 所示。

（a）建立模型

（b）设置摄影机

（c）设置灯光

（d）赋予材质

（e）添加动画

（f）渲染输出

图 1–11

1.2.3 任务实施

（1）打开优酷官网，并注册登录。

（2）在搜索框中输入关键词“国产动漫电影”，如图 1-12 所示，按 Enter 键进入搜索结果页面。

图 1–12

（3）在搜索结果页面中选择需要的分区进行浏览，如图 1-13 所示。选择三维动画作品进行赏析。

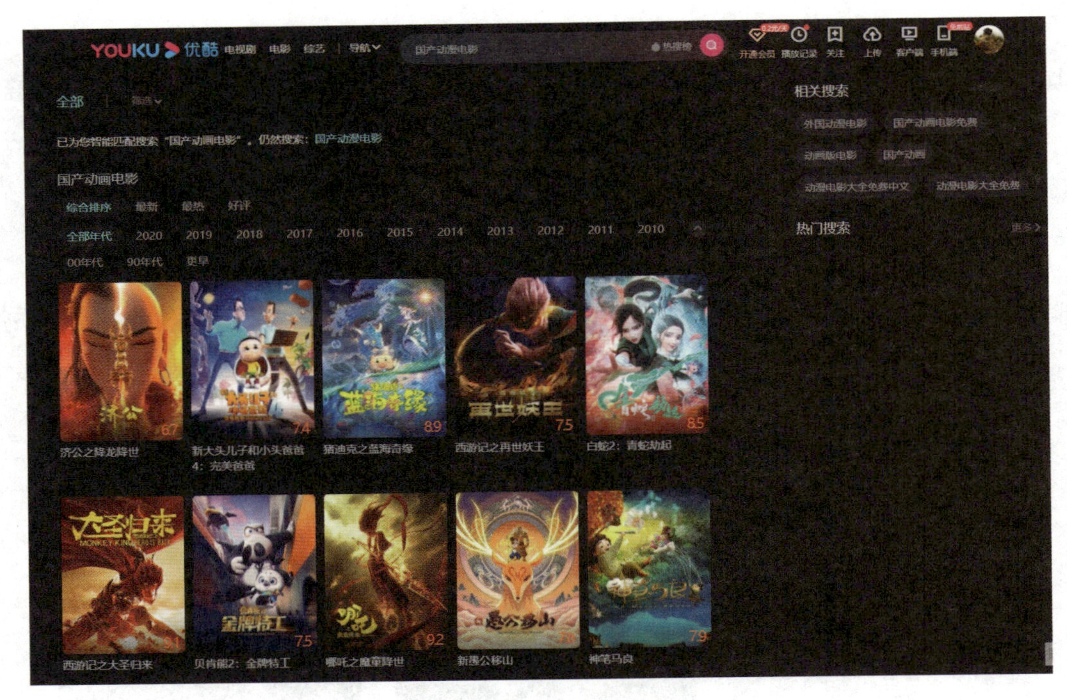

图 1–13

02

项目2

熟悉动画制作工具
——3ds Max 2019基础操作

本项目将对3ds Max 2019的操作界面进行简要介绍，还将讲解3ds Max 2019中对象的基本操作方法。通过本项目的学习，读者可以初步认识和了解这款三维创作软件。

学习引导

知识目标

- 了解 3ds Max 2019 的操作界面
- 熟练掌握对象的基本操作
- 掌握辅助工具的使用方法
- 掌握撤销和重做的操作方法

能力目标

- 熟悉 3ds Max 2019 的操作界面和坐标系统
- 熟练掌握对象的不同操作方式
- 掌握捕捉工具和对齐工具的使用方法
- 了解撤销和重做对应的工具和命令

素养目标

- 提高计算机操作速度

任务 2.1 了解 3ds Max 2019 的操作界面

2.1.1 任务引入

本任务要求读者首先了解 3ds Max 2019 的操作界面，并熟悉各部分的用途和使用方法；然后启动 3ds Max 2019，熟悉其操作方法，以便在建模过程中更得心应手地使用各种工具和命令，节省工作时间。

2.1.2 任务知识：3ds Max 2019 的操作界面和坐标系统

1 操作界面

3ds Max 2019 的操作界面主要包括标题栏、菜单栏、工具栏、命令面板、视口、动画控制区、MAXScript 侦听器、状态栏和提示行等部分，如图 2-1 所示。重点组成部分介绍如下。

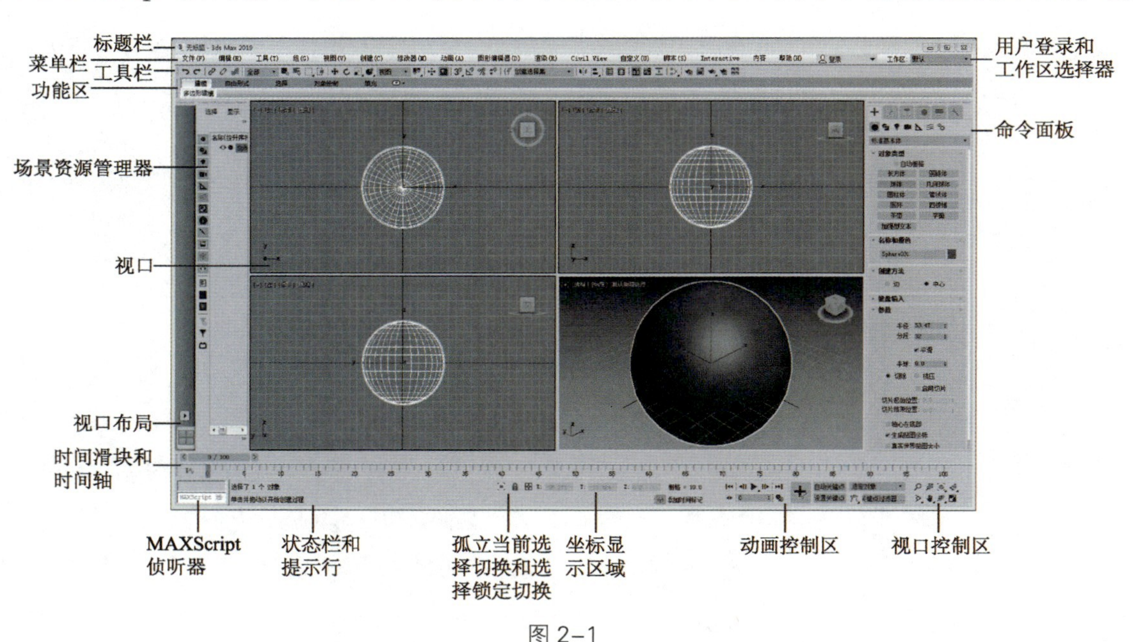

图 2-1

（1）标题栏：标题栏位于 3ds Max 2019 的顶部，用于显示软件版本等信息。

（2）菜单栏：菜单栏位于标题栏的下面，每个菜单的名称表明了该菜单下各命令的用途。

（3）工具栏：通过工具栏可以快速访问 3ds Max 2019 中很多常见的工具和对话框。

（4）功能区：功能区包含“建模”“自由形式”“选择”“对象绘制”“填充”5 个选项卡。每个选项卡中都包含许多面板和工具。多数功能区的配置控件可通过右键菜单调用。

（5）视口：操作界面中共有 4 个视口。在 3ds Max 2019 中，视口位于操作界面的中间，占据了大部分的操作界面，是 3ds Max 2019 的主要工作区。用户可在不同的视口之间进行切换。

（6）状态栏和提示行：状态栏用于显示所选对象的数目、对象的状态、当前鼠标指针的位置及当前使用的栅格距等，提示行用于显示当前使用的工具的提示文字。

（7）孤立当前选择切换和选择锁定切换：按钮为孤立当前选择切换，按钮为选择锁定切换。

（8）坐标显示区域：坐标显示区域用于显示鼠标指针的位置或变换的状态，用户可以直接在其中输入新的变换值。变换（变换工具包括移动工具、旋转工具和缩放工具）对象的一种方法是直接在坐标显示字段中输入坐标值。

（9）动画控制区：动画控制区包括动画控件、时间滑块和时间轴。

（10）视口控制区：视口控制区位于 3ds Max 2019 操作界面的右下角，包括众多视口调节工具。当选择一个视口调节工具时，对应按钮呈黄色显示，表示对当前活动视口来说该按钮是激活的，在活动视口中单击鼠标右键可退出激活状态。

（11）命令面板：命令面板是 3ds Max 2019 的核心部分，默认状态下其位于操作界面的右侧。命令面板由 6 个用户界面面板组成，使用这些面板可以访问 3ds Max 2019 的大多数建模功能，以及一些动画功能、显示选项和其他工具。每次只有一个面板可见，在默认状态下打开的是“创建”命令面板。

（12）MAXScript 侦听器：“MAXScript 侦听器”窗口分为两个窗格，一个为粉红色，另一个为白色。粉红色的窗格是“宏录制器”窗格。白色的窗格是“脚本”窗口，可以在其中创建脚本。

（13）用户登录和工作区选择器：用户登录用于登录到 Autodesk Account 来管理许可或订购 Autodesk 产品。工作区选择器用于快速切换任意工作区界面，它可以还原工具栏、菜单栏、视口等的自定义布局方式。

（14）场景资源管理器：场景资源管理器中有各种工具栏，用于查找、设置及显示过滤器。

2 坐标系统

3ds Max 2019 提供了多种坐标系统，如图 2-2 所示，包括“视图”“屏幕”“世界”“父对象”“局部”“万向”“栅格”“工作”“局部对齐”“拾取”。使用坐标系列表，可以指定对象变换（移动、旋转和缩放）时使用的坐标系。

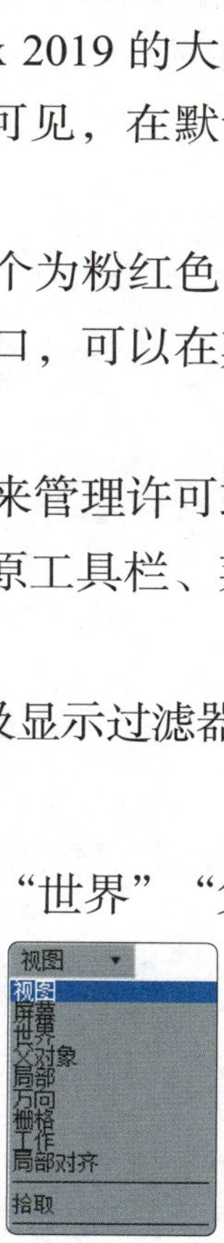

图 2-2

- “视图”坐标系：在默认的“视图”坐标系中，所有正交视口中的 *x* 轴、*y* 轴和 *z* 轴都相同。在该坐标系下移动对象时，会相对于视口空间移动对象。
- “屏幕”坐标系：将活动视口屏幕作为坐标系。
- “世界”坐标系：“世界”坐标系始终固定，世界轴显示“世界”坐标系对应视口的当前方向，用户可以在每个视口的左下角找到它。

• “父对象”坐标系：使用选定对象的父对象的坐标系。如果对象未链接至特定对象，则其为“世界”坐标系的子对象，其“父对象”坐标系与“世界”坐标系相同。

• “局部”坐标系：使用选定对象的坐标系。对象的“局部”坐标系由其轴点支撑。使用命令面板上的选项，可以相对于对象调整“局部”坐标系的位置和方向。

• “万向”坐标系：“万向”坐标系与 Euler XYZ 旋转控制器一同使用。它与“局部”坐标系类似，但其 3 个旋转轴相互之间不一定垂直。

• “栅格”坐标系：使用活动栅格的坐标系。

• “工作”坐标系：使用工作轴坐标系。用户可以随时使用坐标系，无论工作轴是否处于活动状态。工作轴处于活动状态时，“工作”坐标系即默认的坐标系。

• “局部对齐”坐标系：使用选定对象的坐标系来计算 x 轴、y 轴及 z 轴。当在可编辑网格或多边形中使用子对象时，局部仅考虑 z 轴，这会使沿 x 轴和 y 轴的变换不可预测。

• “拾取”坐标系：使用场景中另一个对象的坐标系。

2.1.3 任务实施

双击桌面上的3图标启动 3ds Max 2019，稍等即可打开其操作界面。

任务 2.2 熟练掌握对象的基本操作

2.2.1 任务引入

本任务要求读者熟练掌握对象的选择、对象的变换、对象的复制、对象的轴心控制等基本操作，以便对对象进行各种编辑。

2.2.2 任务知识：对象的不同操作方式

1 对象的选择

◎ 选择对象的基本方法

选择对象的基本方法包括单击“选择对象”按钮和单击“按名称选择”按钮。单击“按名称选择”按钮后会弹出“从场景选择”对话框，如图 2-3 所示。

在该对话框中按住 Ctrl 键连续单击可选择多个对象，按住 Shift 键单击可选择单击范围内的所有对象。在对话框中可以设置以什么形式排列对象，也可指定显示在对象列表中的对象类型，包括“几何体”“图形”“灯光”“摄影机”“辅助对象”“空间扭曲”“组/

集合”“外部参考”“骨骼”，单击任意一个对象类型，可在列表中隐藏对应类型的对象。

列表中提供了“全部”“无”“反选”3 个按钮。

◎ 区域选择

区域选择指使用选择工具配合工具栏中的选区工具，包括“矩形选择区域”工具、“圆形选择区域”工具、“围栏选择区域”工具、“套索选择区域”工具和“绘制选择区域”工具。

选择“矩形选择区域”工具，在视口中按住鼠标左键并拖动鼠标，然后释放鼠标，选择的区域如图 2-4 所示。

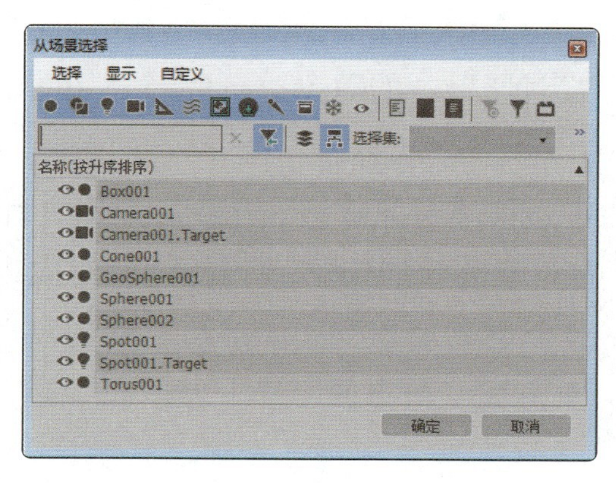

图 2-3

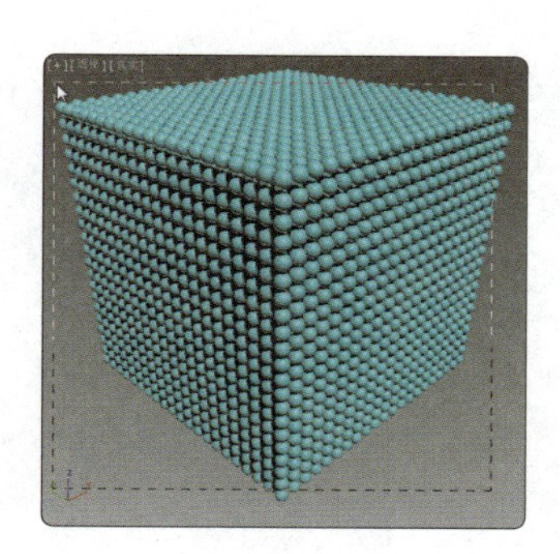

图 2-4

选择“圆形选择区域”工具，在视口中按住鼠标左键并拖动鼠标，然后释放鼠标，选择的区域如图 2-5 所示。

选择“围栏选择区域”工具，在视口中按住鼠标左键并拖动鼠标可绘制多边形，以创建多边形选区，如图 2-6 所示。

图 2-5

图 2-6

选择“套索选择区域”工具，在视口中围绕应该选择的对象按住鼠标左键移动鼠标指针以绘制图形，然后释放鼠标。要取消选择，可在释放鼠标前单击鼠标右键，释放鼠标即可确定选择区域，如图 2-7 所示。

选择“绘制选择区域”工具，按住鼠标左键将鼠标指针拖至对象上，然后释放鼠标，可创建选区，如图 2-8 所示。在进行拖放时，鼠标指针周围将会出现一个以画刷大小为半径的圆圈。

图 2-7

图 2-8

◎ 编辑菜单选择

在“编辑”菜单中可以使用不同的选择方式对场景中的对象进行选择，如图 2-9 所示。

◎ 对象编辑成组

在场景中选择需要成组的对象。在菜单栏中选择“组 > 成组”命令，弹出“组”对话框，如图 2-10 所示，输入组的名称。这样将选择的对象编辑成组之后，就可以对成组后的对象进行编辑。

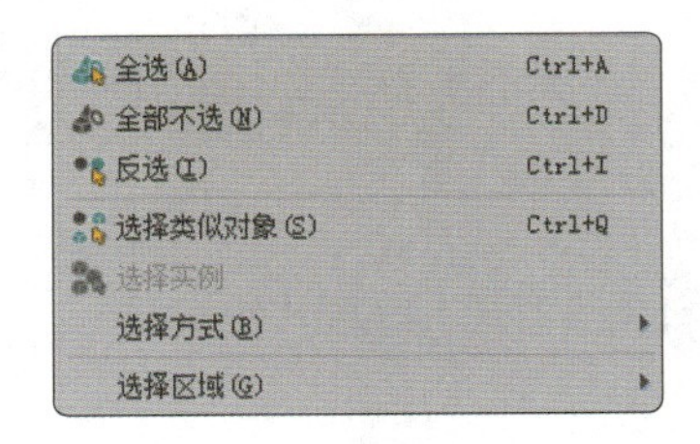

图 2-9

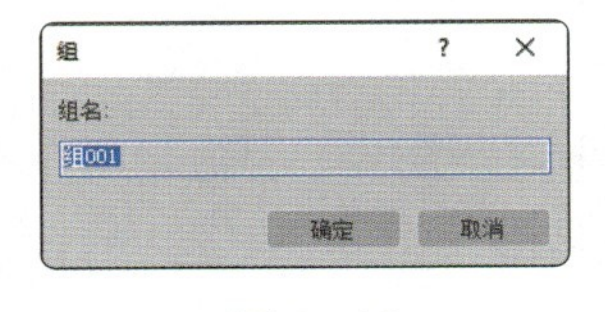

图 2-10

2 对象的变换

◎ 移动对象

移动工具是在三维动画制作过程中使用最频繁的变换工具之一，用于选择并移动对象。使用“选择并移动”工具可以将选择的对象移动到任意位置，也可以将选择的对象精确定位到一个新的位置。移动工具有自身的模框，选择任意一个轴，可以将移动限制在被选中的轴上，被选中的轴会显示为黄色；选择任意一个平面，可以将移动限制在被选中的平面上，被选中的平面会显示为黄色。

为了提高效果图的制作精度，可以直接输入精确的移动数值。在“选择并移动”按钮上单击鼠标右键，打开“移动变换输入”对话框，如图 2-11 所示，在其中可精确控制移动数值，右边的参数是被选中对象的新位置的相对坐标值。使用这种方法移动对象，移动方向仍会受到轴的限制。

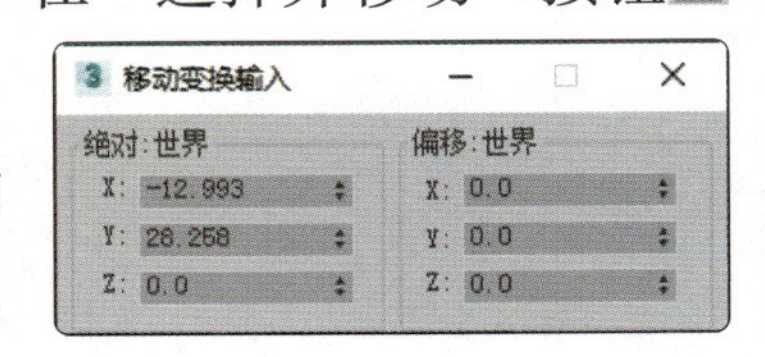

图 2-11

◎ 旋转对象

旋转模框是根据虚拟跟踪球的概念建立的，旋转模框上的控制工具是一些圆形，在任意一个圆形上单击，再沿圆形移动鼠标指针即可旋转对象。对于大于 360° 的角度，可以不止旋转一圈。当圆形旋转到虚拟跟踪球后面时将变得不可见，这样旋转模框不会变得杂乱无章，更容易使用。

在旋转模框中，除了可以控制 x 轴、y 轴、z 轴方向上的旋转外，还可以控制自由旋转和基于视口的旋转。在暗灰色圆形的内部移动鼠标指针，可以自由旋转对象，就像旋转轨迹球一样（即自由模式）；在浅灰色圆形的外框上移动鼠标指针，可以在一个与视口视线垂直的平面上旋转对象（即屏幕模式）。

使用“选择并旋转”工具可以进行精确旋转。其使用方法与移动工具的使用方法一样，只是对应的对话框有所不同。

◎ 缩放对象

缩放工具的模框中包括了限制平面，以及伸缩模框本身提供的缩放反馈。缩放变换按钮为弹出式按钮，可提供 3 种类型的缩放，即等比例缩放、非等比例缩放和挤压缩放（即体积不变）。

对对象进行缩放，3ds Max 2019 提供了 3 种方式，即选择并均匀缩放、选择并非均匀缩放和选择并挤压。在默认设置下，工具栏中显示的是“选择并均匀缩放”按钮，“选择并非均匀缩放”和“选择并挤压”是隐藏按钮。

单击“选择并均匀缩放”按钮，只改变对象的体积，不改变其形状。

单击“选择并非均匀缩放”按钮，在指定的轴向上对对象进行二维缩放（非等比例缩放），对象的体积和形状都会发生变化。

单击“选择并挤压”按钮，在指定的轴向上使对象发生缩放变形，对象的体积保持不变，但形状会发生变化。

3 对象的复制

微课

对象的复制

◎ 复制对象的方式

复制对象分为 3 种方式：复制、实例、参考。这 3 种方式主要是根据复制后原对象与复制对象的相互关系来分类的。

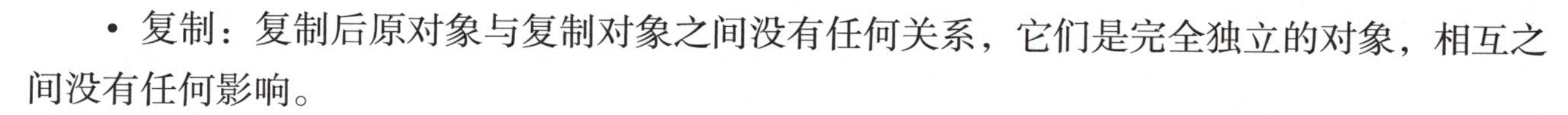

• 复制：复制后原对象与复制对象之间没有任何关系，它们是完全独立的对象，相互之间没有任何影响。

• 实例：复制后原对象与复制对象相互关联，对其中任何一个对象进行编辑都会影响到另一个对象。

• 参考：复制后原对象与复制对象有一种参考关系，对原对象进行编辑时，复制对象会受到同样的影响，但对复制对象进行编辑时不会影响原对象。

◎ 复制对象的操作

在场景中选择需要复制的对象，按 Ctrl+V 组合键可以直接复制对象。利用变换工具复制对象是使用最多的复制方法，按住 Shift 键的同时选择移动工具、旋转工具、缩放工具并移动鼠标指针，即可对对象进行复制。释放鼠标，会弹出“克隆选项”对话框，复制的方式有 3 种，即复制、实例和参考，如图 2-12 所示。

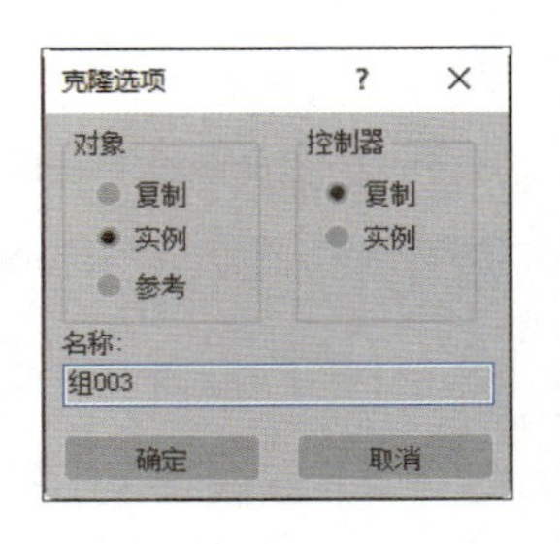

图 2–12

◎ 镜像复制

当在建模过程中需要创建两个对称的对象时，如果直接复制对象，则对象间的距离很难控制，而且要使两个对象相互对称，直接复制是办不到的。使用“镜像”工具就能很简单地解决这个问题。

选择对象后，单击“镜像”按钮，会弹出“镜像：世界 坐标”对话框，如图 2-13 所示。主要选项功能如下。

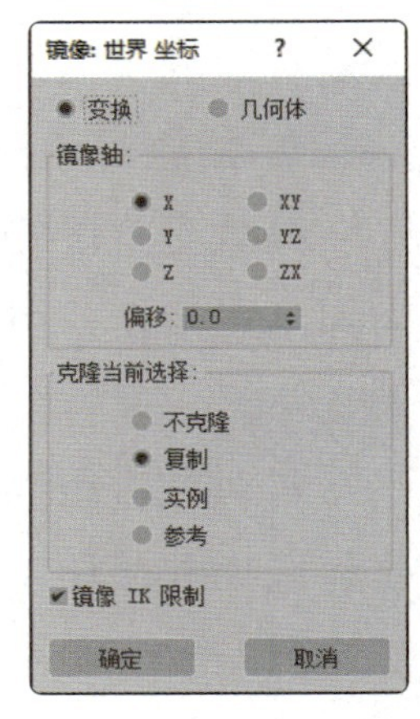

图 2–13

- 镜像轴：用于设置镜像的轴向，系统提供了 6 种镜像轴向。
- ▲ 偏移：用于设置镜像对象和原对象轴心点之间的距离。
- 克隆当前选择：用于确定镜像对象的复制类型。
- ▲ 不克隆：仅把原对象镜像到新位置而不复制对象。
- ▲ 复制：把原对象镜像复制到指定位置。
- ▲ 实例：把原对象关联镜像复制到指定位置。
- ▲ 参考：把原对象参考镜像复制到指定位置。

使用“镜像”工具进行复制操作，应该先熟悉轴向的设置方法，选择对象后单击“镜像”按钮，可以依次选择镜像轴向。视口中的镜向对象是随“镜像：世界坐标”对话框中镜像轴向的改变而实时显示的，选择合适的轴向后单击“确定”按钮。单击“取消”按钮则会取消镜像操作。

◎ 间距复制

利用间距复制对象是一种快速而且比较随意的复制方法，使用这种方法可以指定一条路径，使复制对象排列在指定的路径上。

◎ 阵列复制

在菜单栏中选择“工具 > 阵列”命令，打开“阵列”对话框，如图 2-14 所示。主要选项介绍如下。

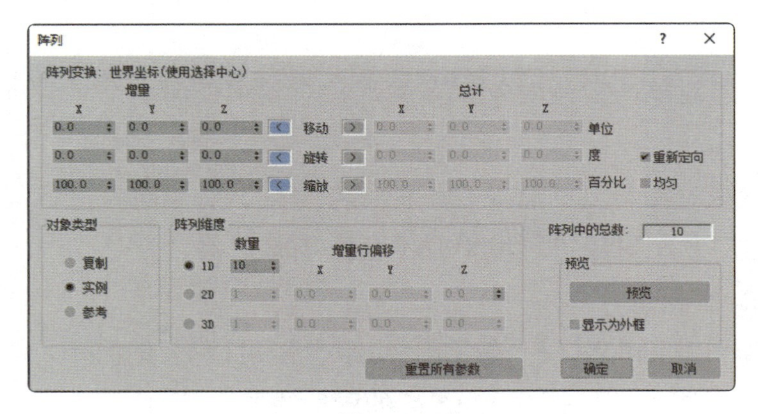

图 2–14

- 增量：控制阵列中单个对象在 x 轴、y 轴、z 轴方向上的移动、旋转、缩放值，该组参数一般不进行设置。

• 总计：控制阵列对象在 x 轴、y 轴、z 轴方向上的移动、旋转、缩放总量，这是常用的参数控制区。

• 对象类型：设置复制对象的类型。

• 阵列维度：该组中设置了 3 种维度的阵列方式。

• 重新定向：勾选该复选框并旋转复制原对象时，同时会将复制对象沿其自身的坐标系进行旋转定向，使其在旋转轨迹上总保持相同的旋转角度。

• 均匀：勾选该复选框后，缩放数值框中将只有一个允许输入值，这样可以保证对象只有体积发生变化，而不发生变形。

• 预览：单击该按钮后可以在视口中进行预览。

微课

对象的轴心控制

4 对象的轴心控制

◎ 使用轴心点

单击“使用轴心点”按钮，可以围绕对象各自的轴心点旋转或缩放一个或多个对象。

变换中心模式的设置基于变换工具的应用，因此应先选择变换工具，再选择中心模式。如果不希望更改中心设置，可在菜单栏中选择“自定义 > 首选项”命令，在弹出对话框的“常规”选项卡中选择“参考坐标系 > 恒定”选项。

单击“使用轴心点”按钮旋转对象，可将对象围绕其自身局部轴进行旋转。

◎ 使用选择中心

单击“使用选择中心”按钮，可以围绕对象共同的几何中心旋转或缩放一个或多个对象。变换多个对象时，系统会计算所有对象的平均几何中心，并将平均几何中心作为变换中心。

◎ 使用变换坐标中心

单击“使用变换坐标中心”按钮，可以围绕当前坐标系的中心旋转或缩放一个或多个对象。当使用“拾取”功能将其他对象的坐标系指定为当前坐标系时，坐标中心是该对象的坐标系的中心。

2.2.3 任务实施

（1）启动 3ds Max 2019，在场景中创建切角长方体和切角圆柱体，并在场景中对它们进行复制，如图 2-15 所示。

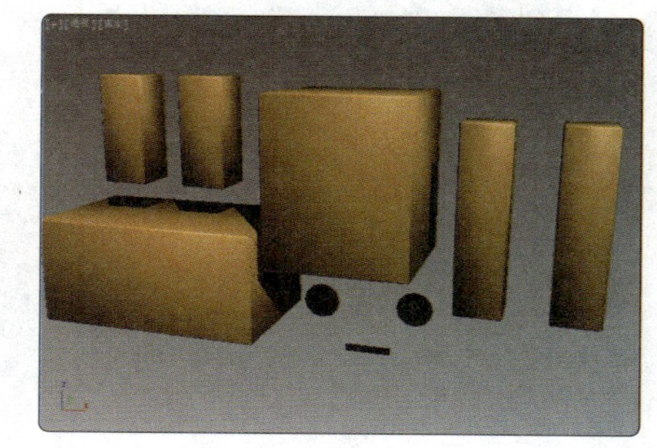

图 2–15

（2）单击工具栏中的“选择并移动”按钮，在场景中将图 2-16 所示的切角长方体放置到较大的切角长方体下方。

（3）单击“选择并移动”按钮，在场景中将作为腿的切角长方体放置到图 2-17 所示的位置。

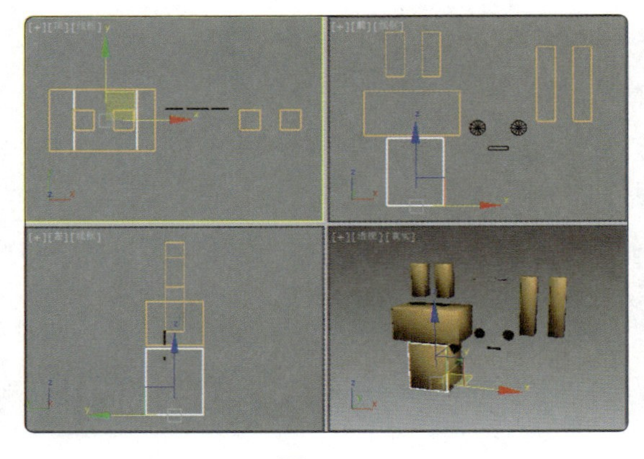

图 2-16

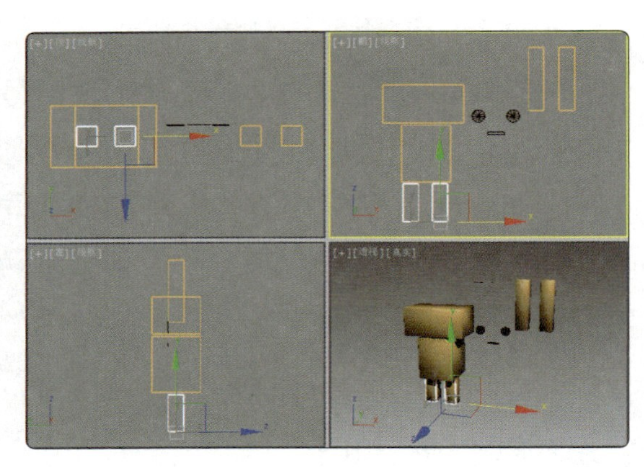

图 2-17

（4）在场景中调整切角圆柱体和切角长方体到图 2-18 所示的位置。

（5）在场景中调整切角长方体到图 2-19 所示的位置。

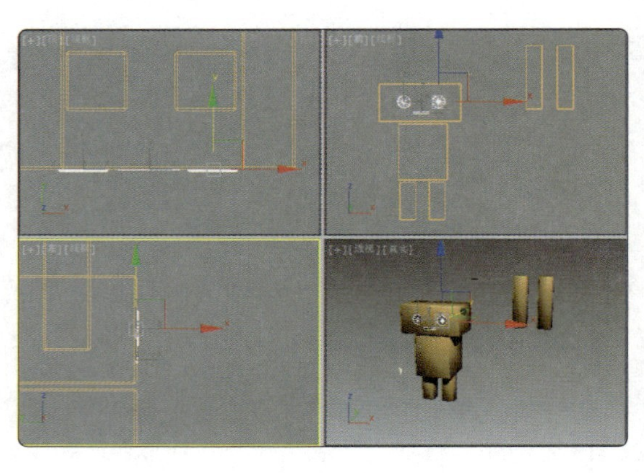

图 2-18

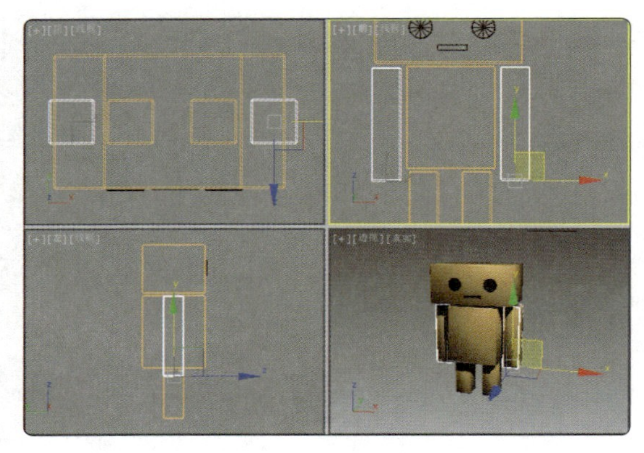

图 2-19

（6）单击“选择并旋转”按钮，在场景中旋转右侧的切角长方体，如图 2-20 所示。

（7）调整右侧的切角长方体的位置，如图 2-21 所示。

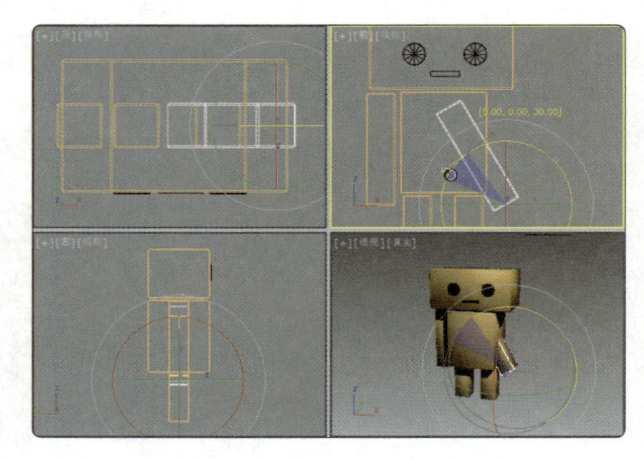

图 2-20

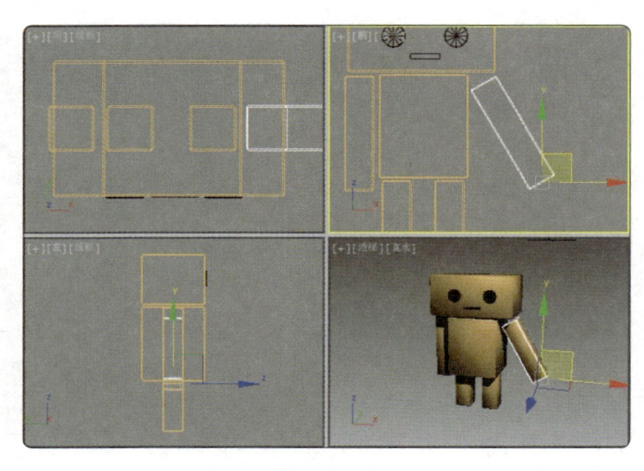

图 2-21

任务 2.3 掌握辅助工具的使用方法

2.3.1 任务引入

本任务要求读者掌握辅助工具的使用方法，能够使用捕捉工具和对齐工具对对象进行设置，以提高工作效率。

2.3.2 任务知识：捕捉工具和对齐工具的使用

微课

捕捉工具

1 捕捉工具

◎ 3 种捕捉工具

捕捉工具分为 3 类，即“3D 捕捉”工具、“角度捕捉”工具和“百分比捕捉”工具。最常用的是（3D 捕捉）工具，（角度捕捉）工具主要用于旋转对象，（百分比捕捉）工具主要用于缩放对象。

◎ 3D 捕捉

“3D 捕捉”工具用于在三维空间中锁定需要的位置，以便进行旋转、创建、编辑等操作。在创建对象和变换对象时，使用该工具可以帮助用户捕捉几何体的特定部分，同时还可以捕捉栅格点、切点、中点、轴心、中心面等其他部分。

开启捕捉功能（关闭动画设置）后，旋转和缩放操作在捕捉点周围进行。例如，开启“顶点捕捉”功能对一个立方体进行旋转操作，在单击了“使用变换坐标中心”按钮的情况下，可以使用捕捉工具让对象围绕自身顶点进行旋转。当开启动画设置后，无论是进行旋转操作还是进行缩放操作，捕捉工具都无效，对象只能围绕自身轴心进行旋转或缩放。捕捉分为相对捕捉和绝对捕捉两种。

关于捕捉设置，系统提供了 3 个空间，包括 2D、2.5D 和 3D 空间，它们的按钮包含在一起，在按钮上按住鼠标左键，可以在它们之间进行切换。在按钮上单击鼠标右键，可以调出“栅格和捕捉设置”对话框。如果捕捉到了对象，则会以蓝色（可以更改）显示一个 15 像素 ×15 像素的方格及相应的线。

◎ 角度捕捉

“角度捕捉”工具用于设置进行旋转操作时的间隔角度，不开启“角度捕捉”功能对细微调节有帮助，但对整角度的旋转来说就很不方便了。事实上，我们经常要进行如 90°、180° 等整角度的旋转操作，这时开启“角度捕捉”功能，系统会以 5° 作为间隔角度进行调整。在“角度捕捉”按钮上单击鼠标右键可以调出“栅格和捕捉设置”对话框，在“选项”选项卡中，可以对“角度”值进行设置，即设置角度捕捉的间隔角度，如图 2-22 所示。

◎ 百分比捕捉

“百分比捕捉”工具用于设置进行缩放或挤压操作时的间隔百分比。如果不开启“百分比捕捉”功能，则系统会以 1% 作为缩放的间隔百分比。在“百分比捕捉”按钮上单击鼠标右键，弹出“栅格和捕捉设置”对话框，在“选项”选项卡中对“百分比”值进行设置，可调整捕捉的间隔百分比，默认设置为 10%。

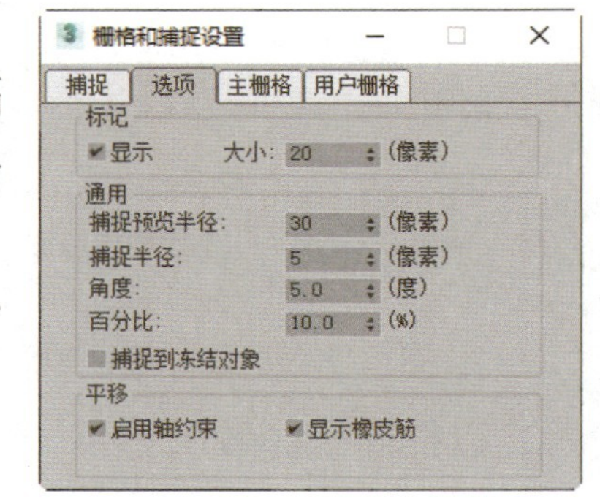

图 2-22

◎ 参数设置

在“3D 捕捉”按钮上单击鼠标右键，打开“栅格和捕捉设置”对话框。下面对各选项卡中的选项进行说明。

（1）“捕捉”选项卡如图 2-23 所示。

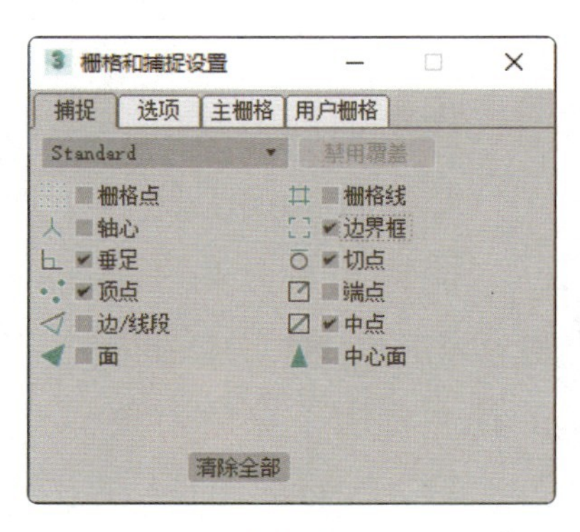

图 2-23

• 栅格点：捕捉到栅格交点。在默认情况下，此捕捉类型处于启用状态，快捷键为 Alt+F5。

• 栅格线：捕捉到栅格线上的任何点。

• 轴心：捕捉到对象的轴点。

• 边界框：捕捉到对象边界框上 8 个角中的一个。

• 垂足：捕捉到样条线上与上一个点相对的垂直点。

• 切点：捕捉到样条线上与上一个点相对的相切点。

• 顶点：捕捉到网格对象或可以转换为可编辑网格对象的顶点，还可捕捉到样条线上的分段顶点。

• 端点：捕捉到网格边的端点或样条线的顶点。

• 边 / 线段：捕捉到沿着网格边（可见或不可见）或样条线分段的任何位置，快捷键为 Alt+F9。

• 中点：捕捉到网格边的中点和样条线分段的中点，快捷键为 Alt+F8。

• 面：捕捉到曲面上的任何位置，快捷键为 Alt+F10。

• 中心面：捕捉到三角形面的中心。

（2）“选项”选项卡如图 2-24 所示。

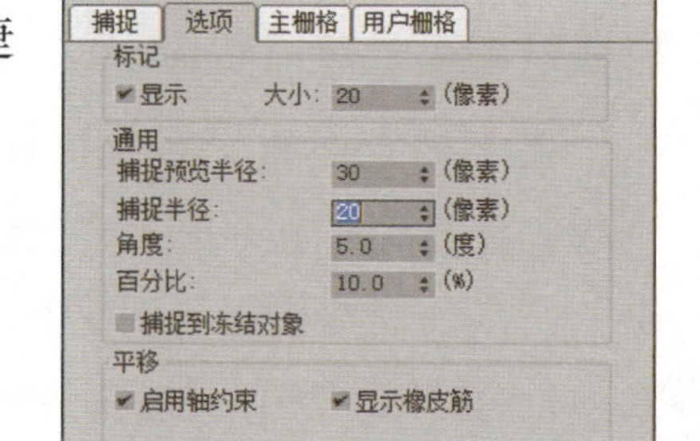

图 2-24

• 显示：设置是否显示捕捉指南。取消勾选该复选框后，捕捉功能仍然起作用，但不显示捕捉指南。

• 大小：以像素为单位设置捕捉“击中”点的大小。“击中”点是一个小图标，表示目标捕捉点。

• 捕捉预览半径：当鼠标指针与潜在捕捉到的点的距离在“捕捉预览半径”值和“捕捉半径”值之间时，捕捉标记跳到最近的潜在捕捉到的点上，但不进行捕捉；默认设置为

30 像素。

• 捕捉半径：以像素为单位设置鼠标指针周围区域的大小，在该区域内将自动进行捕捉；默认设置为 20 像素。

• 角度：设置对象围绕指定轴旋转的角度增量（以度为单位）。

• 百分比：设置对象缩放时的百分比增量。

• 捕捉到冻结对象：勾选该复选框后，启用“捕捉到冻结对象”功能。默认取消勾选该复选框。该功能也位于“捕捉”快捷菜单中，按住 Shift 键的同时在任何视口上单击鼠标右键，可以对其进行访问；该功能也位于“捕捉”工具栏中。快捷键为 Alt+F2。

• 启用轴约束：用于约束选定对象，使其沿着在“轴约束”工具栏上指定的轴移动。取消勾选该复选框后（默认设置），将忽略约束，并且可以将捕捉到的对象平移任何尺寸（假设使用 3D 捕捉）。该功能也位于“捕捉”快捷菜单中，在按住 Shift 键的同时在任何视口上单击鼠标右键，可以对其进行访问；该功能也位于“捕捉”工具栏中。快捷键为 Alt+F3 或 Alt+D。

• 显示橡皮筋：当勾选该复选框并移动对象时，在原始位置和鼠标指针位置之间会显示一条橡皮筋线。当勾选“显示橡皮筋”复选框时，可使捕捉结果更精确。

（3）“主栅格”选项卡如图 2-25 所示。

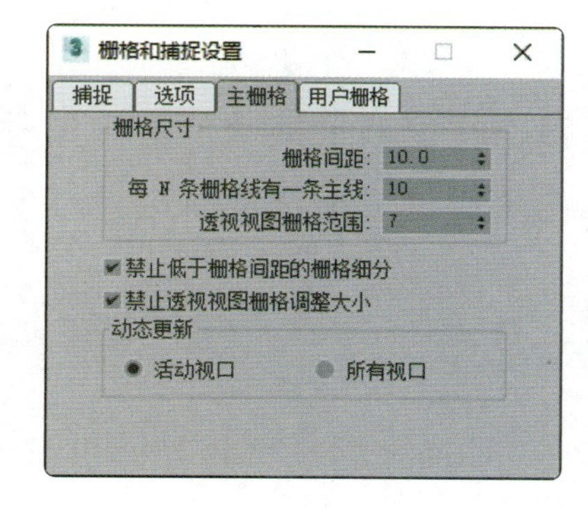

图 2-25

• 栅格间距：栅格间距指栅格的最小方形的大小，使用微调器或直接输入值可调整栅格间距（使用当前单位）。

• 每 N 条栅格线有一条主线：主栅格的线显示更暗，主栅格由无数的栅格方形组成。使用微调器调整该值，可以改变主线之间的方形栅格数量；也可以直接输入值，最小值为 2。

• 透视视图栅格范围：设置“透视”视口中主栅格的大小。

• 禁止低于栅格间距的栅格细分：当在主栅格上放大时，系统将会把栅格视为一组固定的线。无论是缩小还是放大视图，栅格都处于固定状态，不跟随视口的缩放进行缩放。

• 禁止透视视图栅格调整大小：当放大或缩小时，系统将会把“透视”视口中的栅格视为一组固定的线。实际上，无论缩放到多大或多小，栅格都将保持固定大小。默认勾选该复选框。

• 动态更新：在默认情况下，当更改“栅格间距”和“每 N 条栅格线有一条主线”的值时，只更新活动视口中的效果。更改值之后其他视口中的效果才进行更新。勾选“所有视口”复选框后，可在更改值时更新所有视口中的效果。

（4）“用户栅格”选项卡如图 2-26 所示。

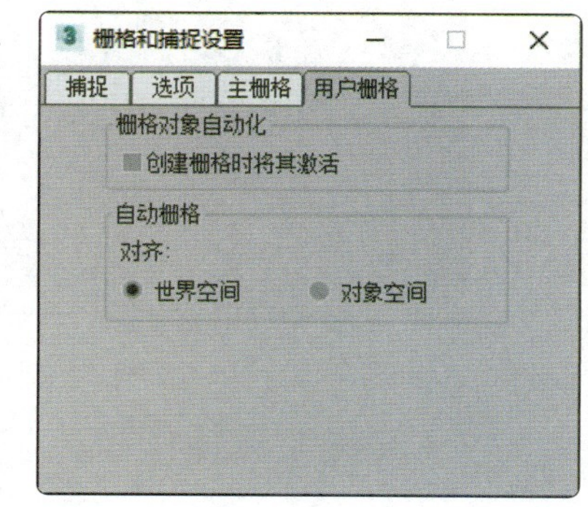

图 2-26

• 创建栅格时将其激活：勾选该复选框可自动激活创建的栅格。

• 世界空间：将栅格与世界空间对齐。

• 对象空间：将栅格与对象空间对齐。

2 对齐工具

下面介绍“对齐当前选择”对话框（见图 2-27）中主要选项的功能。

X 位置、Y 位置、Z 位置：指定要执行对齐操作的一个或多个轴。勾选 3 个复选框，可以将当前对象移动到目标对象的位置。

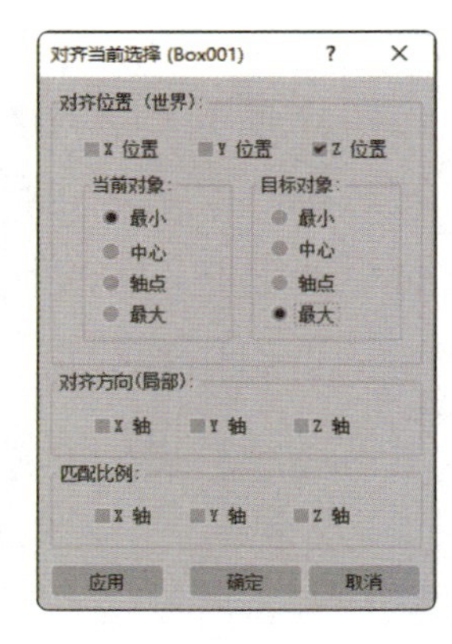

图 2-27

• 最小：将具有最小 x 值、y 值和 z 值的对象的边界框上的点与其他对象上选定的点对齐。

• 中心：将对象边界框的中心与其他对象上选定的点对齐。

• 轴点：将对象的轴点与其他对象上选定的点对齐。

• 最大：将具有最大 x 值、y 值和 z 值的对象的边界框上的点与其他对象上选定的点对齐。

• “对齐方向（局部）”：用于在轴的任意组合上匹配两个对象之间的局部坐标系的方向。

• “匹配比例”：使用“X 轴”“Y 轴”“Z 轴”选项，可匹配两个选定对象之间的缩放值。该操作仅对变换数值框中显示的缩放值进行匹配。这不一定会让两个对象的大小相同。如果两个对象之前都没有进行过缩放操作，则它们的大小不会改变。

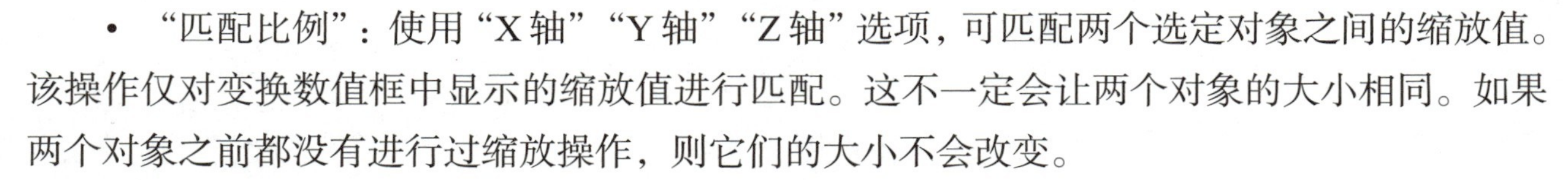

2.3.3 任务实施

（1）启动 3ds Max 2019，创建长方体和球体，如图 2-28 所示。现在要将球体放置到长方体的上方中心处。

（2）在场景中选择创建的球体，如图 2-29 所示。

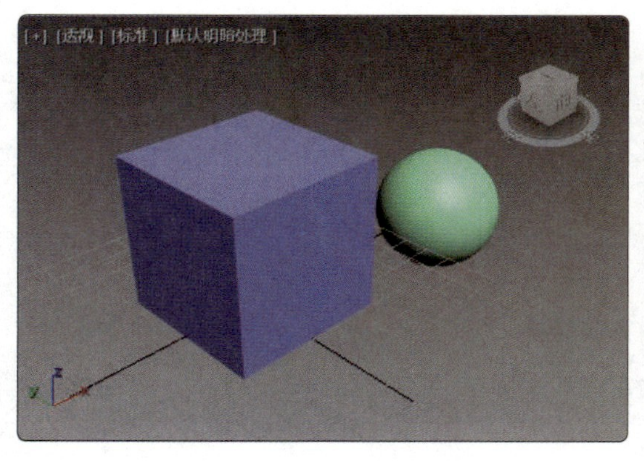

图 2-28

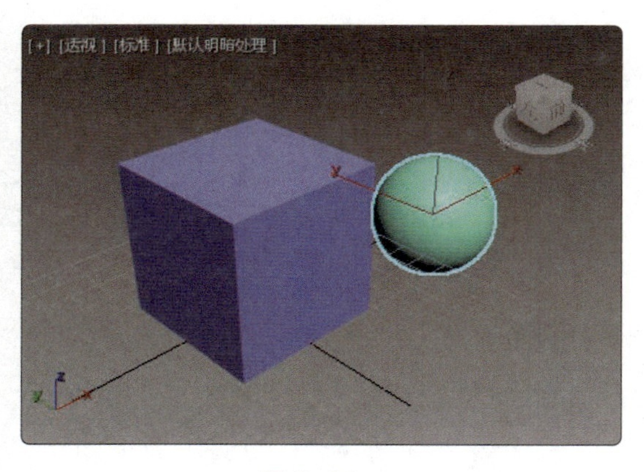

图 2-29

（3）在工具栏中单击“对齐”按钮，在场景中拾取对齐目标，这里选择长方体，会弹出图 2-30 所示的对话框，勾选“X 位置”“Y 位置”复选框，在“当前对象”和“目标对象”

组中均选中“中心”选项，单击“应用”按钮，将球体放置到长方体的中心处。

（4）勾选“Z 位置”复选框，分别选中“当前对象”和“目标对象”组中的“最小”和“最大”选项，单击“确定”按钮，如图 2-31 所示，将球体放置到长方体的上方中心处。

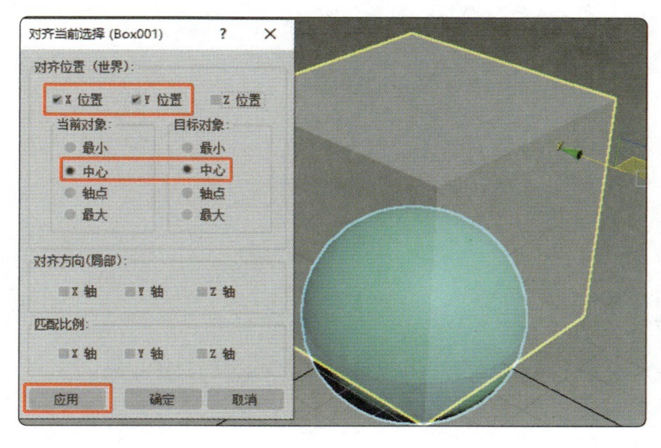

图 2-30

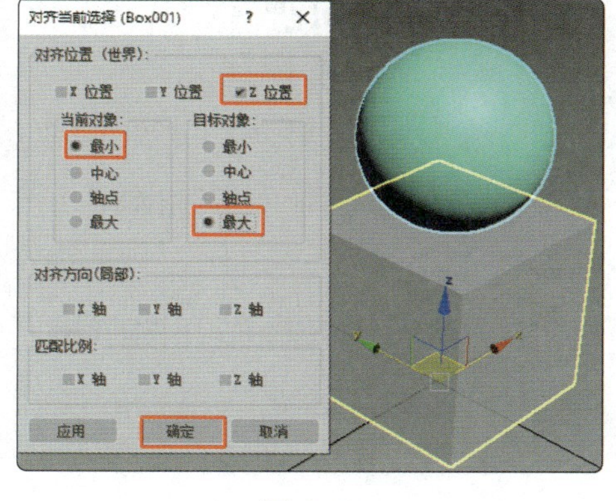

图 2-31

“对齐当前选择”对话框中的轴向是根据视口决定的，例如，在“顶”视口中选择的对象的对齐轴向与在“前”视口中选择的对象的对齐轴向就不同。

任务 2.4 掌握撤销和重做的操作方法

2.4.1 任务引入

本任务要求读者掌握撤销和重做操作对应的工具和命令，并将相关工具、命令和快捷键熟记于心，以提高操作效率。

2.4.2 任务知识：撤销和重做操作对应的工具和命令

撤销和重做操作可以使用工具栏中的“撤销场景操作”工具和“重做场景操作”工具完成，也可以在“编辑”菜单中选择相应命令，这里就不再介绍了。

2.4.3 任务实施

要撤销最近的一次操作，可执行以下操作。

单击“撤销场景操作”按钮，或选择“编辑 > 撤销”命令，或按 Ctrl+Z 组合键。

要撤销若干个操作，可执行以下操作。

（1）在“撤销场景操作”按钮上单击鼠标右键。

（2）在列表中选择需要撤销到的操作，必须连续选择，不能跳过列表中的项。

（3）单击“撤销”按钮。

要重做一个操作，可执行下列操作。

单击“重做场景操作”按钮，或选择“编辑 > 重做”命令，或按 Ctrl+Y 组合键。

要重做若干个操作，可执行以下操作。

（1）在“重做场景操作”按钮上单击鼠标右键。

（2）在列表中选择要恢复到的操作，必须连续选择，不能跳过列表中的项。

（3）单击“重做”按钮。

03

项目3

制作基础动画模型

——创建基本几何体

几何体是场景中的可渲染几何体。在场景的搭建中几何体是最为常用的，可以通过拼凑几何体的方式完成各种模型。本项目将通过实例的方式介绍一些常用几何体的创建方法，并详细介绍几何体参数的设置方法。通过本项目的学习，读者可以掌握创建基本几何体的方法，并能够创建一些简单的模型。

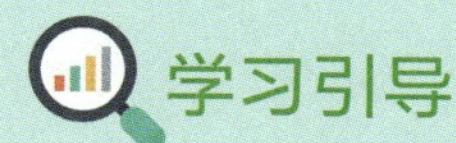

知识目标

- 掌握标准基本体工具
- 掌握扩展基本体工具

能力目标

- 掌握标准基本体的创建方法
- 掌握扩展基本体的创建方法

素养目标

- 培养对基本几何体的设计能力

实训项目

- 制作玄关柜模型
- 制作沙发模型

任务 3.1 制作玄关柜模型

3.1.1 任务引入

本任务是制作玄关柜模型，要求设计突出装饰性，风格典雅、大方。

3.1.2 设计理念

设计时，使用“长方体”工具、“圆柱体”工具和“管状体”工具，并对各个几何体的参数进行修改，再对几何体进行复制，完成玄关柜模型的制作（最终效果参看云盘中的“场景 > 项目 3 > 玄关柜 ok.max”，见图 3-1）。

图 3-1

3.1.3 任务知识：标准基本体

1 长方体

创建长方体的方法有以下两种。

（1）依次单击“创建” + > “几何体” ● > “长方体”按钮，在视口中的任意位置单击并按住鼠标左键拖曳出一个矩形，如图 3-2 所示。释放鼠标，再次单击并拖曳鼠标可创建出长方体，如图 3-3 所示。这是最常用的创建长方体的方法。

拖曳创建长方体时不可能一次创建正确，此时可以在“参数”卷展栏中修改参数，如图 3-4 所示。

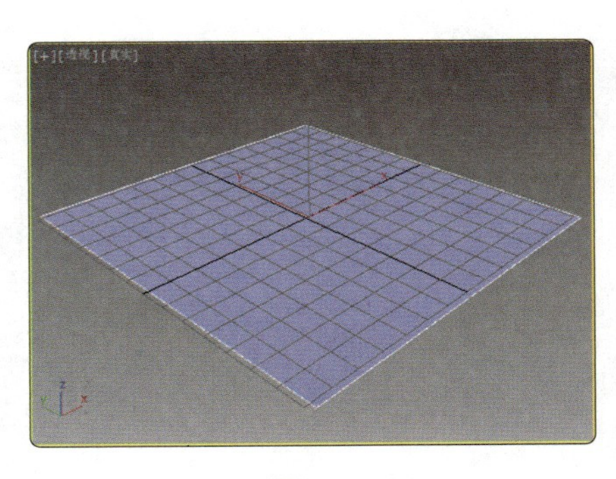

图 3-2

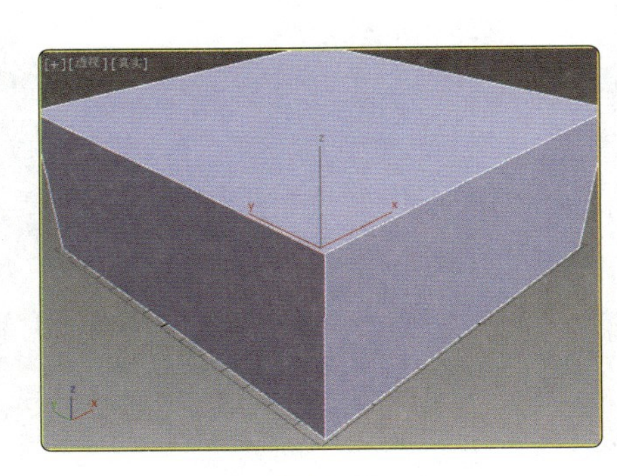

图 3-3

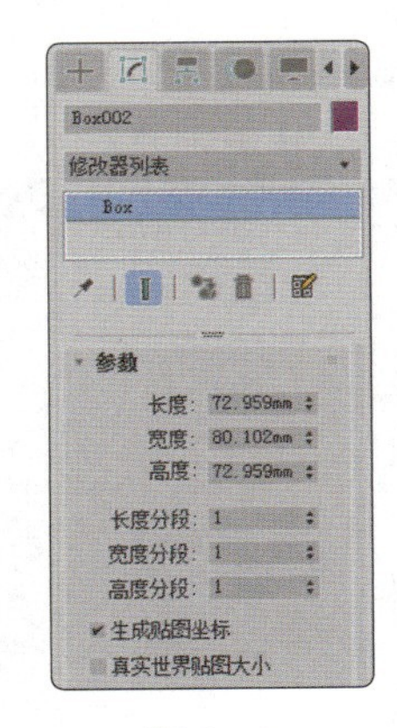

图 3-4

（2）单击“长方体”按钮，在“键盘输入”卷展栏中输入长方体的长度、宽度、高度值，如图 3-5 所示。单击“创建”按钮，创建长方体，效果如图 3-6 所示。

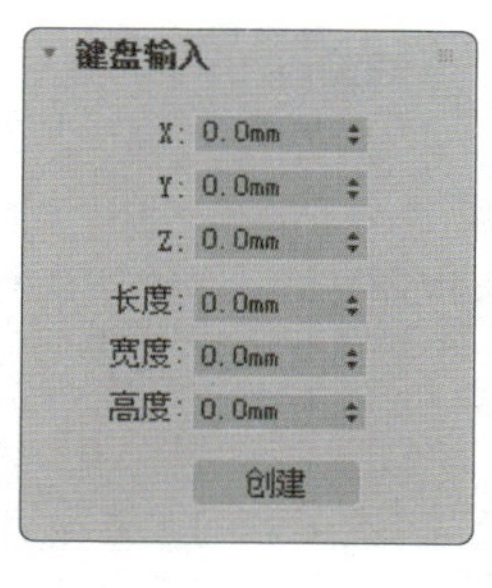

图 3-5

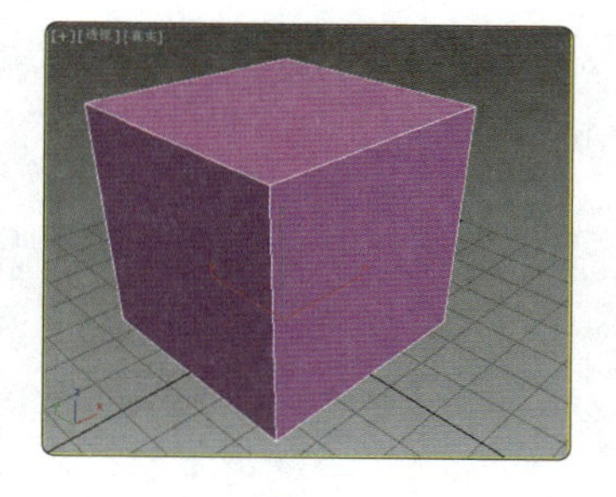

图 3-6

2 圆柱体

创建圆柱体的方法与创建长方体的方法基本相同，操作步骤如下。

（1）依次单击“创建”+ >“几何体”● >“圆柱体”按钮。

（2）将鼠标指针移到视口中，单击并按住鼠标左键，拖曳鼠标，视口中会出现一个圆形。在适当的位置释放鼠标并上下移动鼠标指针，圆柱体的高度会跟随鼠标指针的移动而变化。在适当的位置单击，完成圆柱体的创建，如图 3-7 所示。

“参数”卷展栏（见图 3-8）中主要选项的介绍如下。

图 3-7

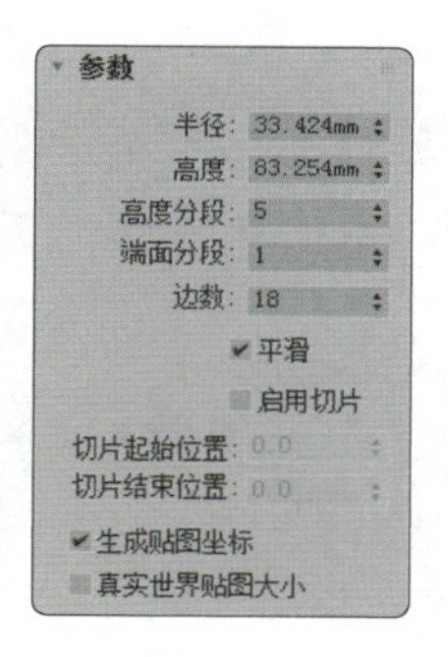

图 3-8

• 半径：设置圆柱体底面和顶面的半径。

• 高度：确定圆柱体的高度。

• 高度分段：确定圆柱体在高度方向上的分段数。如果要弯曲圆柱体，设置“高度分段”可以使其产生光滑的弯曲效果。

• 端面分段：确定圆柱体的两个端面在半径方向上的分段数。

• 边数：确定圆周上的分段数（即棱数），对圆柱体来说，“边数”越大越光滑。“边数”的最小值为 3，此时圆柱体的截面为三角形。

3 管状体

管状体的创建方法与其他几何体的创建方法不同，操作步骤如下。

（1）依次单击“创建”+ >“几何体”● >“管状体”按钮。

（2）将鼠标指针移到视口中，单击并按住鼠标左键，拖曳鼠标，视口中会出现一个圆圈，如图 3-9 所示。在适当的位置释放鼠标并上下移动鼠标指针，会生成一个圆环形面片，如图 3-10 所示。单击鼠标，然后上下移动鼠标指针，管状体的高度会随之发生变化。在合适的位置单击，完成管状体的创建，如图 3-11 所示。

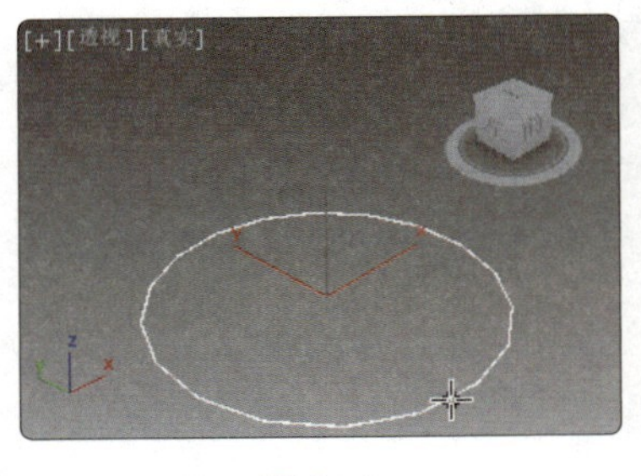

图 3–9

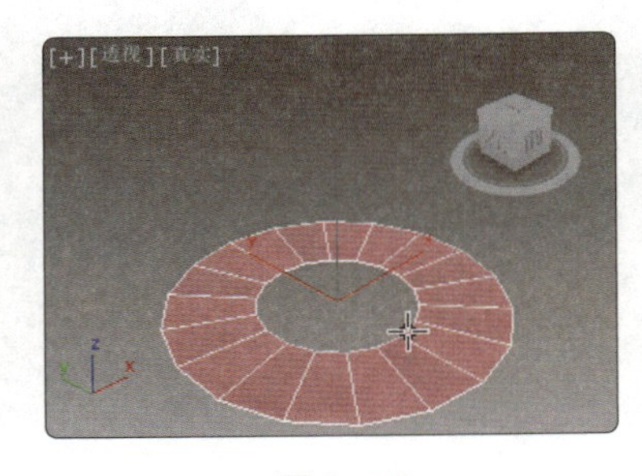

图 3–10

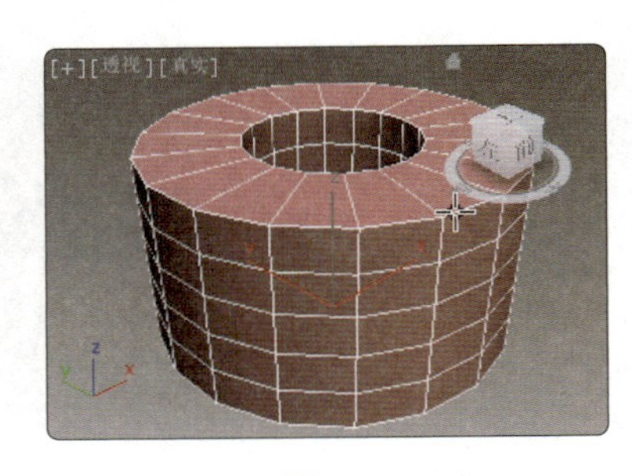

图 3–11

“参数”卷展栏（见图 3-12）中主要选项的介绍如下。

- 半径 1：确定管状体的起始半径。
- 半径 2：确定管状体的结束半径。
- 高度：确定管状体的高度。
- 高度分段：确定管状体在高度方向上的分段数。
- 端面分段：确定管状体的上下底面的分段数。
- 边数：设置管状体的侧边数，值越大，管状体越光滑。对棱柱管来说，“边数”值决定其属于几棱管。

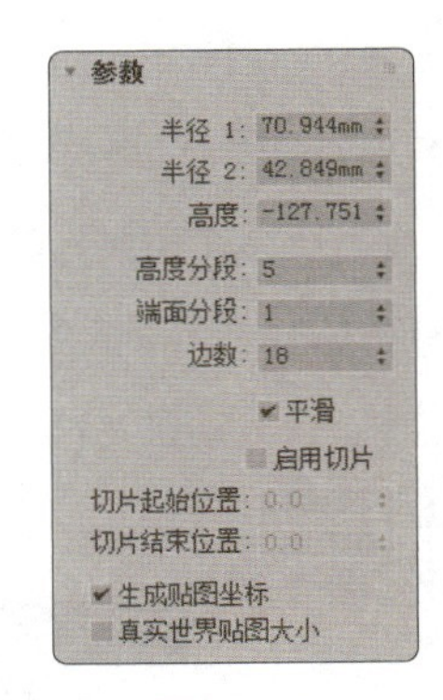

图 3–12

3.1.4 任务实施

（1）启动 3ds Max 2019，在创建模型之前应先设置场景中的单位，在菜单栏中选择“自定义 > 单位设置”命令，如图 3-13 所示。

（2）在弹出的“单位设置”对话框中选择“公制”选项，设置单位为“毫米”，单击“确定”按钮，如图 3-14 所示。

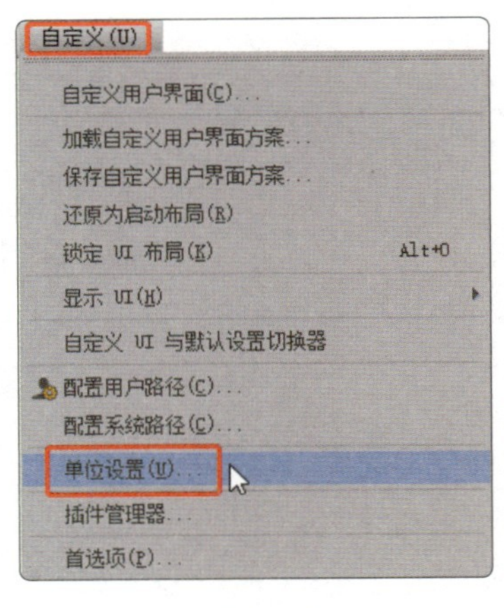

图 3–13

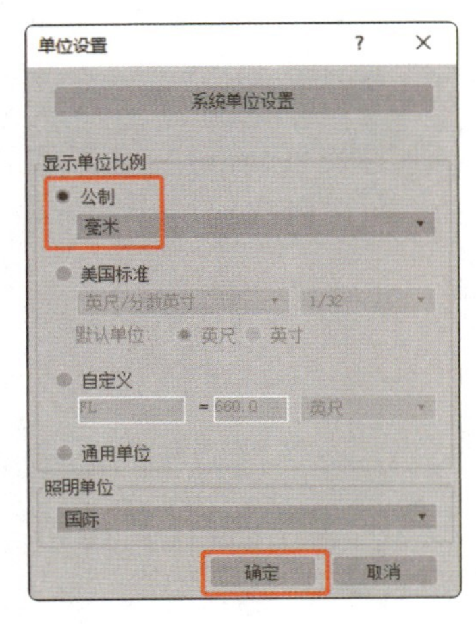

图 3–14

（3）依次单击“创建” > “几何体” > “长方体”按钮，在“顶”视口中创建一个长方体，在“参数”卷展栏中设置“长度”为 400mm，“宽度”为 1200mm，“高度”为 10mm，如图 3-15 所示。

（4）在工具栏中单击“2.5D 捕捉”按钮，在该按钮上单击鼠标右键，在弹出的对话框中勾选“顶点”复选框，如图 3-16 所示。

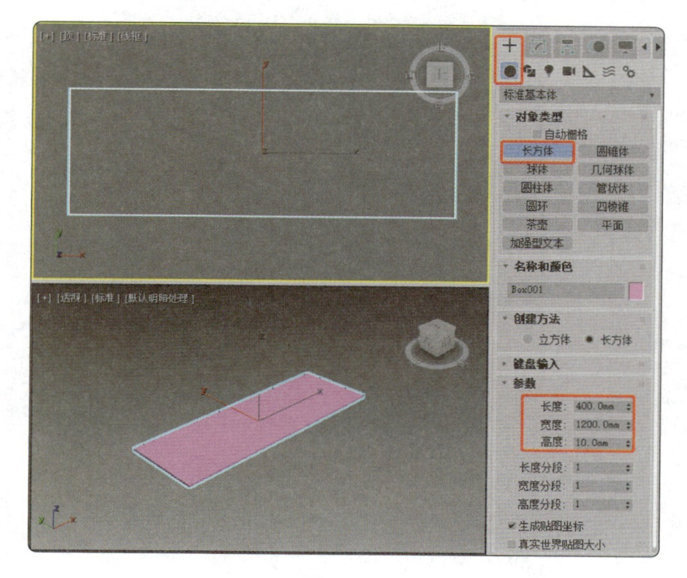

图 3–15

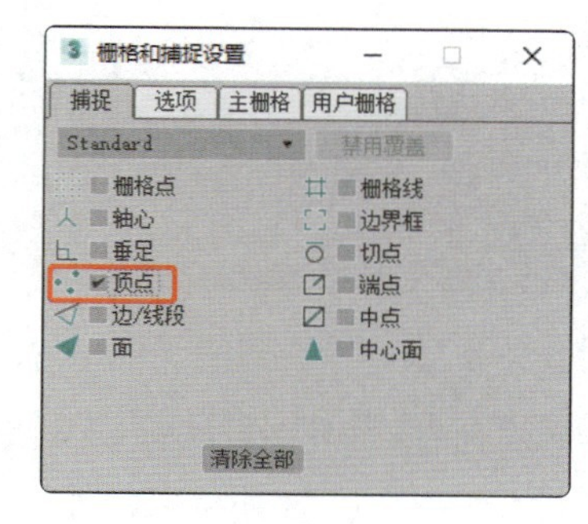

图 3–16

（5）在场景中选中创建的长方体，按 Ctrl+V 组合键，在“克隆选项”对话框中选中“复制”选项，单击“确定”按钮，如图 3-17 所示。

（6）复制长方体，得到 3 个同样大小的长方体后，在场景中调整长方体的位置，如图 3-18 所示。

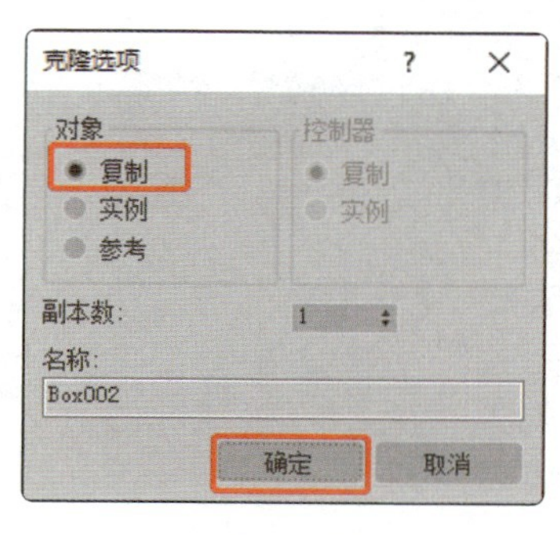

图 3–17

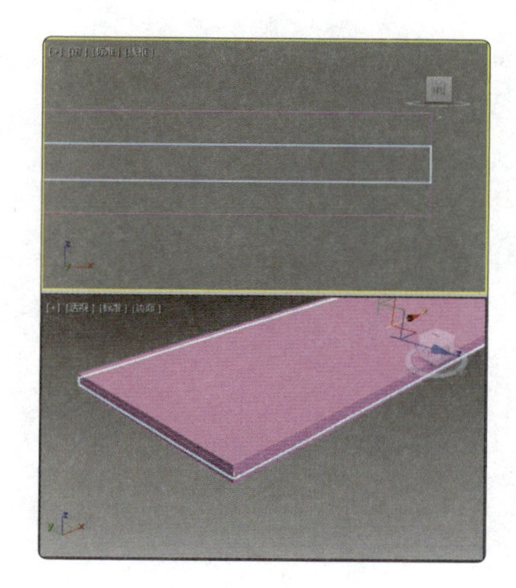

图 3–18

（7）选择中间的长方体，切换到“修改”命令面板，在“参数”卷展栏中设置“长度”为 395mm，“宽度”为 1195mm，“高度”为 10mm，如图 3-19 所示。

（8）依次单击“创建” > “几何体” > “圆柱体”按钮，在“顶”视口中创建一个圆柱体，在“参数”卷展栏中设置“半径”为 70mm，“高度”为 30mm，“高度分段”为 1、“边数”为 30，如图 3-20 所示。

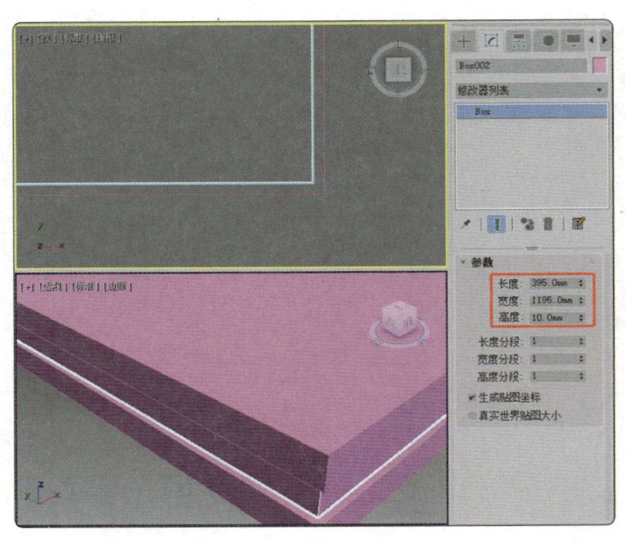

图 3–19

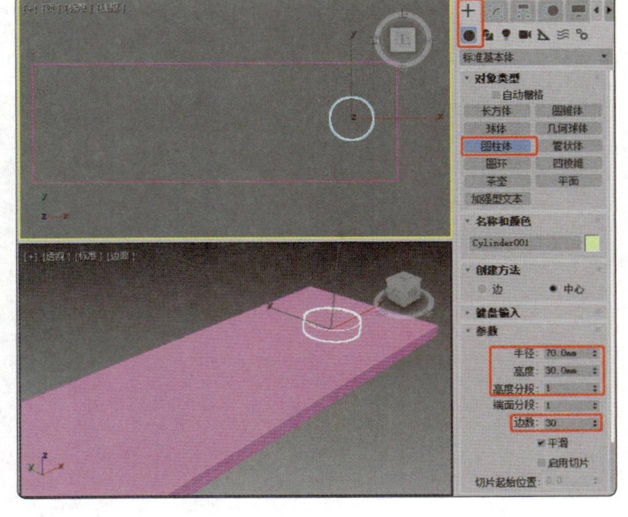

图 3–20

（9）在场景中选中创建的圆柱体，选择“选择并移动”工具，按住 Shift 键将其沿着 *y* 轴向下移动，以对其进行复制。松开 Shift 键，在弹出的“克隆选项”对话框中选中“复制”选项，单击“确定”按钮，如图 3-21 所示。

（10）复制圆柱体后选中圆柱体，切换到“修改”命令面板，在“参数”卷展栏中设置“半径”为 80mm，“高度”为 600mm，如图 3-22 所示。

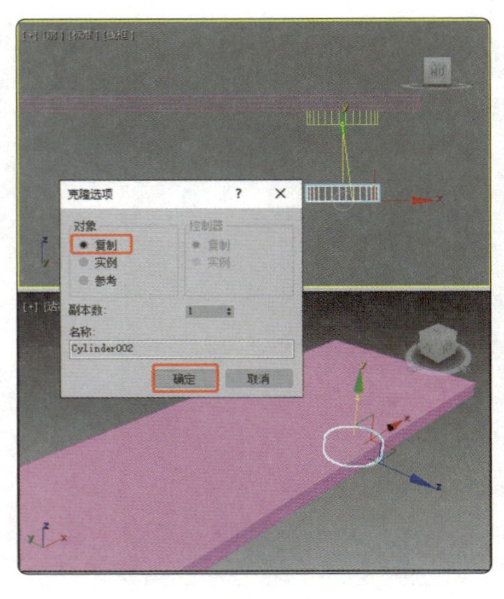

图 3–21

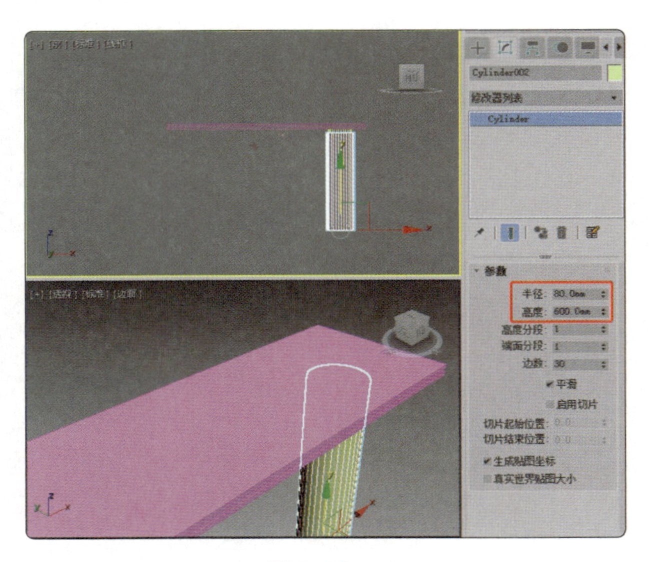

图 3–22

（11）依次单击“创建” > “几何体” > “管状体”按钮，在“前”视口中创建一个管状体，在“参数”卷展栏中设置“半径 1”为 325mm，“半径 2”为 315mm，“高度”为 30mm，“边数”为 50，如图 3-23 所示。

（12）对管状体进行复制，复制模型后选中模型，切换到“修改”命令面板，在“参数”卷展栏中设置“半径 1”为 200mm，“半径 2”为 205mm，“高度”为 30mm，如图 3-24 所示。

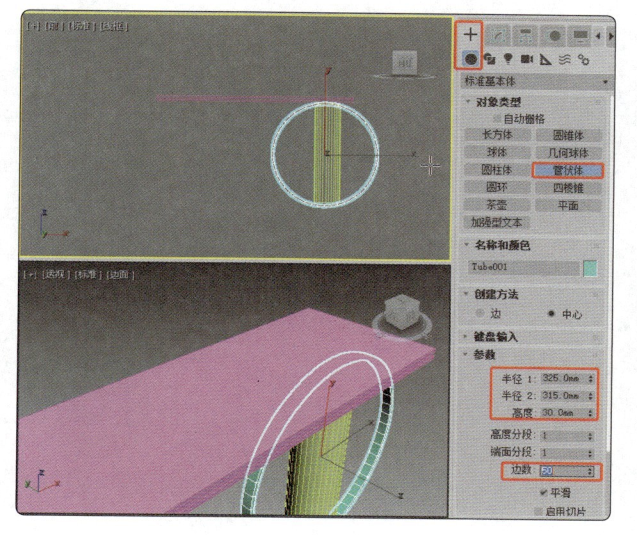

图 3-23

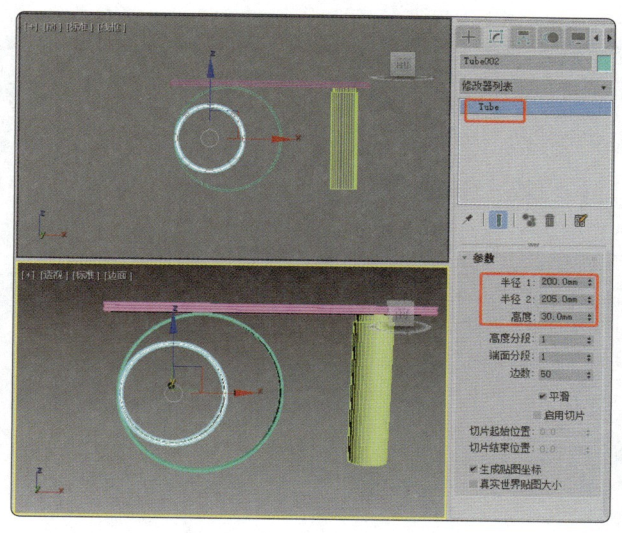

图 3-24

（13）再次对管状体进行复制，复制管状体后选中管状体，切换到“修改”命令面板，在“参数”卷展栏中设置“半径 1”为 200mm，“半径 2”为 198mm，“高度”为 30mm，将其作为发光线条，如图 3-25 所示。这样玄关柜模型就制作出来了。

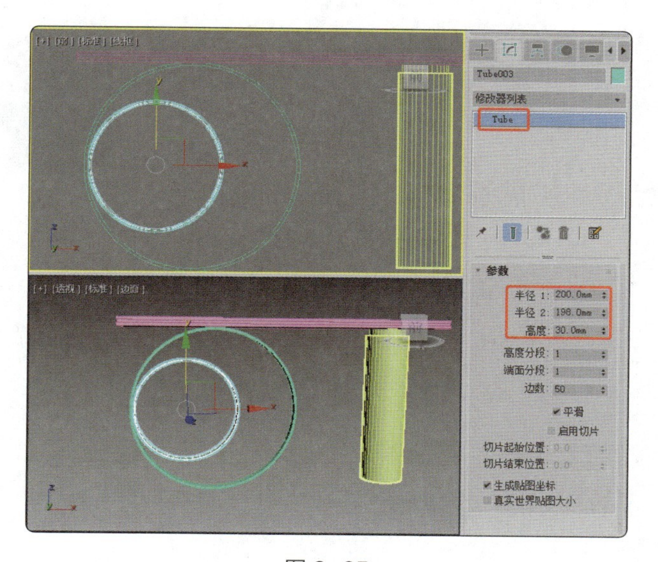

图 3-25

提示

最终还需要创建材质、灯光和摄影机，以及为场景添加地面、墙体等其他装饰物，可以参考云盘中的场景文件，这里就不详细介绍了。

3.1.5 扩展实践：制作床尾凳模型

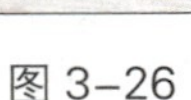

图 3-26

使用切角长方体创建床尾凳凳面，使用可渲染的样条线制作出凳腿，再用一些常用的修改器来调整模型（最终效果参看云盘中的“场景 > 项目 3 > 床尾凳 ok.max”，见图 3-26）。

任务 3.2 制作沙发模型

3.2.1 任务引入

本任务是制作一款沙发模型，要求设计风格简约、时尚，兼顾舒适性。

3.2.2 设计理念

设计时，使用“切角长方体”工具和 FFD 修改器完成制作（最终效果参看云盘中的“场景 > 项目 3 > 沙发 ok.max”，见图 3-27）。

图 3-27

3.2.3 任务知识：扩展基本体

1 切角长方体

创建切角长方体比创建长方体多了一个步骤，具体操作步骤如下。

（1）依次单击“创建” > “几何体” > “扩展基本体” > “切角长方体”按钮。

（2）将鼠标指针移到视口中，单击并按住鼠标左键，拖曳鼠标，视口中会生成一个长方形，如图 3-28 所示。在适当的位置释放鼠标并上下移动鼠标指针，调整长方体的高度，如图 3-29 所示。单击后再次上下移动鼠标指针，调整其圆角的效果，再次单击，完成切角长方体的创建，如图 3-30 所示。

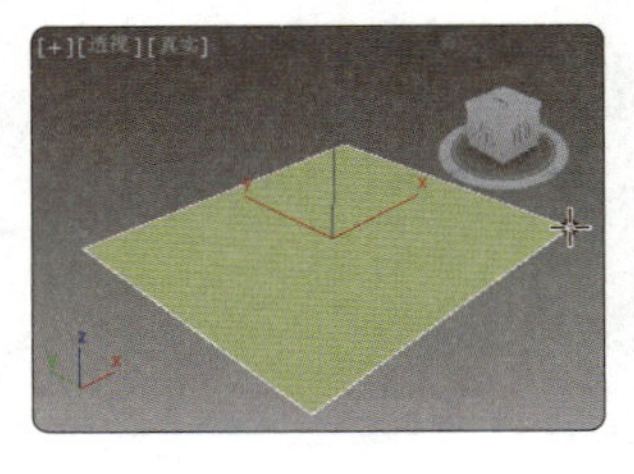

图 3-28

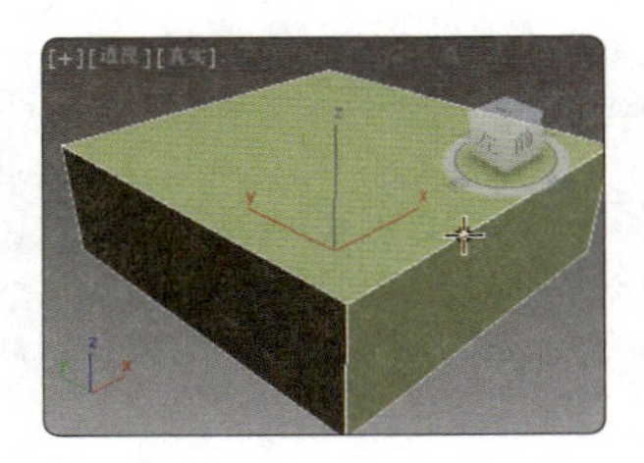

图 3-29

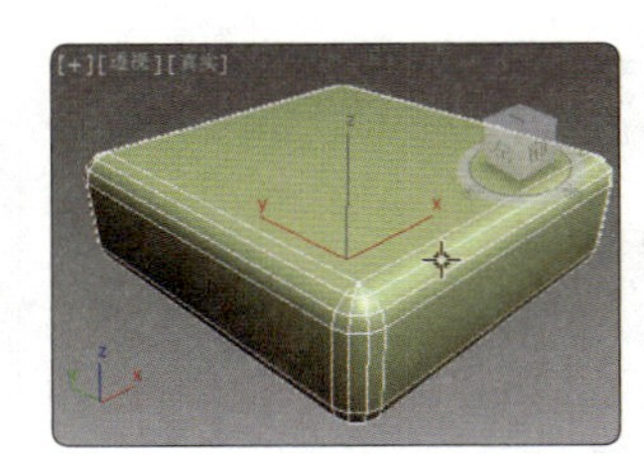

图 3-30

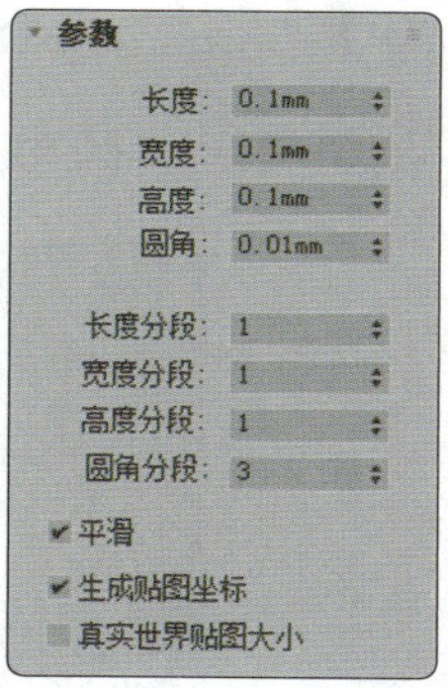

“参数”卷展栏（见图 3-31）中主要选项的介绍如下。

- 圆角：设置切角长方体的圆角的半径，以确定圆角的大小。
- 圆角分段：设置圆角的分段数，值越大，圆角越圆滑。

其他参数的介绍参见长方体的参数介绍。

图 3-31

2 切角圆柱体

创建切角圆柱体的方法如下。

（1）依次单击“创建” > “几何体” > “扩展基本体” > “切角圆柱体”按钮，在“顶”视口中单击鼠标，水平移动鼠标指针以改变切角圆柱体的半径，单击并垂直移动鼠标指针以改变切角圆柱体的高度，再次单击并移动鼠标指针以改变切角圆柱体的圆角大小，完成后单击即可创建切角圆柱体，如图 3-32 所示。

（2）在“参数”卷展栏中设置合适的参数，如图 3-33 所示。

图 3-32

图 3-33

3.2.4 任务实施

（1）启动 3ds Max 2019，依次单击“创建” > “几何体” > “扩展基本体” > “切角长方体”按钮，在“顶”视口中创建一个切角长方体作为沙发坐垫，在“参数”卷展栏中设置“长度”为 500mm，“宽度”为 600mm，“高度”为 180mm，“圆角”为 8mm，“长度分段”为 10，“宽度分段”为 10，“高度分段”为 1，“圆角分段”为 3，如图 3-34 所示。

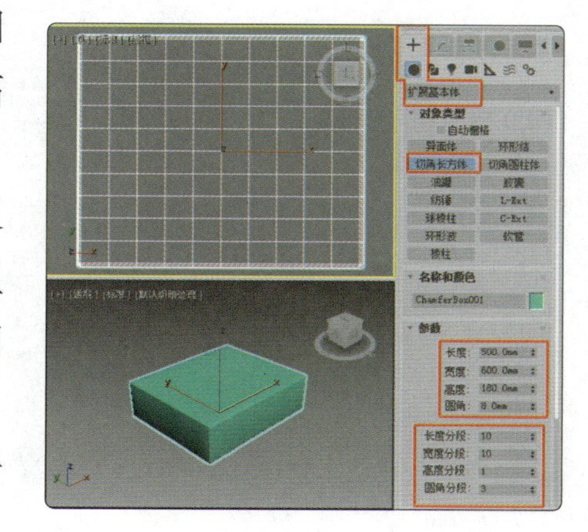

图 3-34

（2）添加“FFD 4×4×4”修改器，将选择集定义为“控制点”。先在“前”视口中选择最上排中间的两组控制点，向上移动一点；再切换到“左”视口，选择中间顶部的两组控制点，向上移动一点，如图 3-35 所示。

（3）关闭选择集，在“左”视口中旋转复制模型并作为靠背。选择切角长方体，修改其参数，设置“高度”

为 135mm。选择“FFD 4×4×4”修改器，在“FFD 参数”卷展栏中单击“重置”按钮以重置控制点。将选择集定义为“控制点”，在“左”视口中调整控制点，如图 3-36 所示。

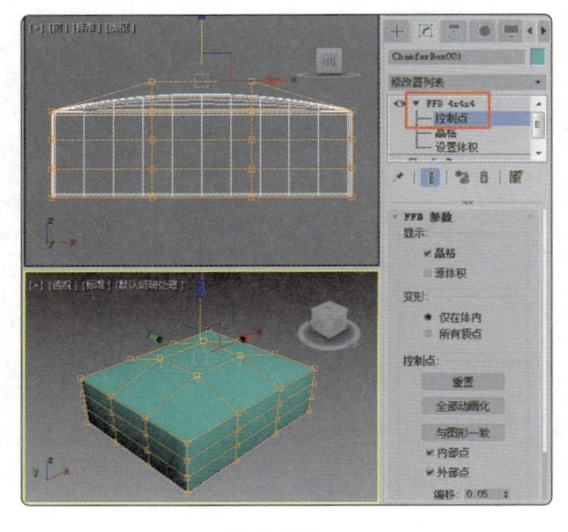

图 3-35

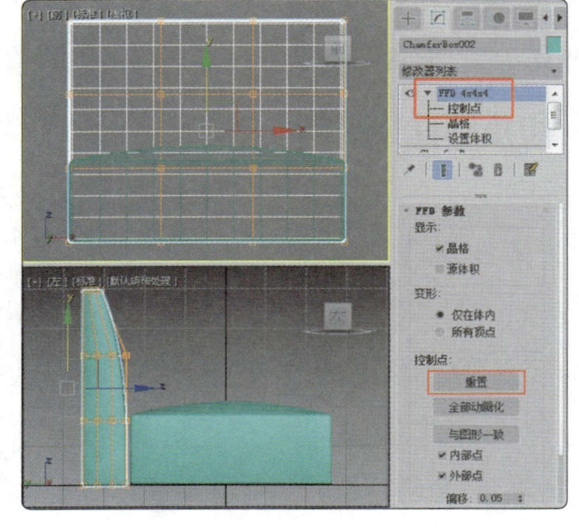

图 3-36

（4）使用旋转复制的方法复制模型并作为扶手。删除修改器。修改模型参数，设置“宽度”为 640mm，设置“长度分段”和“宽度分段”均为 1，调整模型至合适的位置，如图 3-37 所示。

（5）在“顶”视口中创建一个圆柱体作为沙发腿的支撑。在“参数”卷展栏中设置“半径”为 12mm，“高度”为 80mm，“高度分段”为 1，“端面分段”为 1，调整模型至合适的位置，如图 3-38 所示。

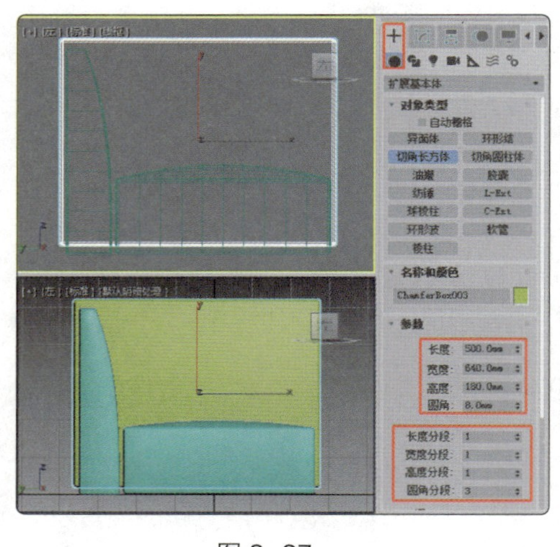

图 3-37

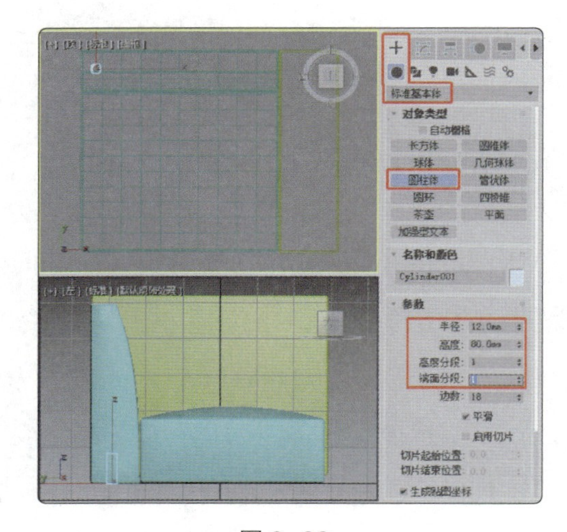

图 3-38

（6）在“顶”视口中创建一个切角圆柱体作为沙发腿的底座。在“参数”卷展栏中设置“半径”为 20mm，“高度”为 10mm，“圆角”为 4mm，“高度分段”为 1，“圆角分段”为 3，“边数”为 20，“端面分段”为 1，调整模型至合适的位置，如图 3-39 所示。

（7）使用移动复制的方法复制沙发腿，并将它们调整至合适的位置，完成后的效果如图 3-40 所示。

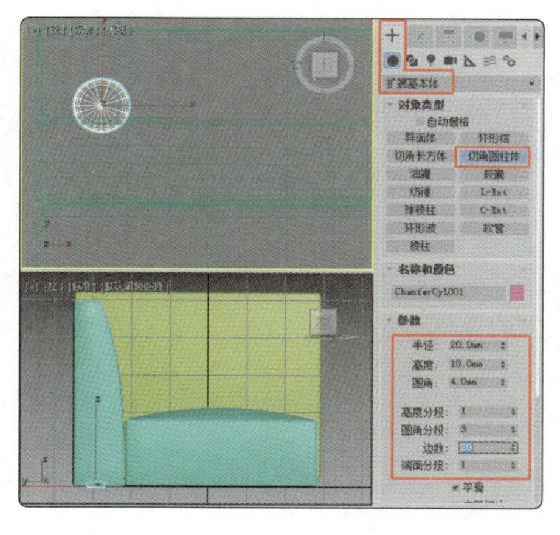

图 3-39

图 3-40

3.2.5 扩展实践：制作手镯模型

使用“圆环”工具结合“选择并均匀缩放”工具制作手镯模型（最终效果参看云盘中的“场景 > 项目 3 > 手镯 ok.max”，见图 3-41）。

图 3-41

任务 3.3 项目演练：制作笔筒模型

本任务要求使用“管状体”工具和“圆柱体”工具制作出笔筒模型（最终效果参看云盘中的“场景 > 项目 3 > 笔筒 ok.max”，见图 3-42）。

图 3-42

04

项目4

制作基础动画模型

——创建二维图形

本项目将介绍二维图形的创建方法及文本参数的修改方法。通过本项目的学习，读者可以掌握创建二维图形的方法和技巧，并能绘制出符合实际需要的二维图形。

学习引导

知识目标

- 掌握创建二维图形的工具的使用方法
- 掌握创建文本的方法

能力目标

- 掌握创建二维图形的方法
- 掌握文本参数的设置方法

素养目标

- 培养对二维图形的设计能力

实训项目

- 制作吊灯模型
- 制作 3D 文字模型

任务 4.1 制作吊灯模型

4.1.1 任务引入

本任务是制作吊灯模型，要求设计风格简约，能起到提升室内空间格调的作用。

4.1.2 设计理念

设计时，先创建二维图形，再对二维图形进行修改，完成吊灯模型的制作（最终效果参看云盘中的“场景 > 项目 4> 吊灯 ok.max”，见图 4-1）。

图 4–1

4.1.3 任务知识：二维图形

1 “线”工具

◎ 创建样条线

依次单击“创建” > “图形” > “线”按钮，在场景中单击，创建第一个点，移动鼠标指针并单击，创建第二个点，即可创建样条线，如图 4-2 所示。移动鼠标指针并单击，可创建第二条样条线，如图 4-3 所示。如果要创建闭合图形，将鼠标指针移动到第一个点上并单击，弹出图 4-4 所示的对话框，单击“是”按钮，即可创建闭合的样条线。

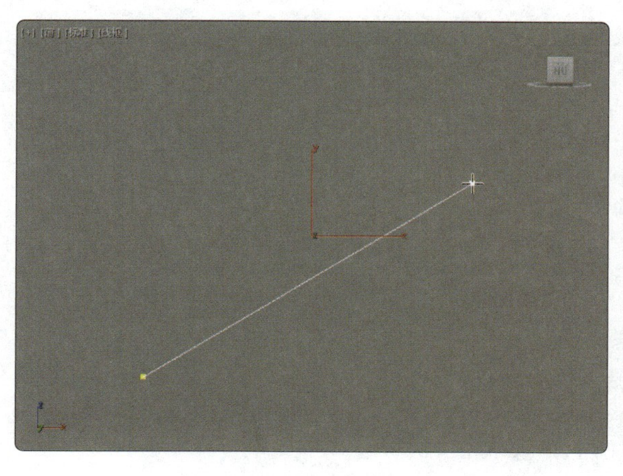

图 4–2

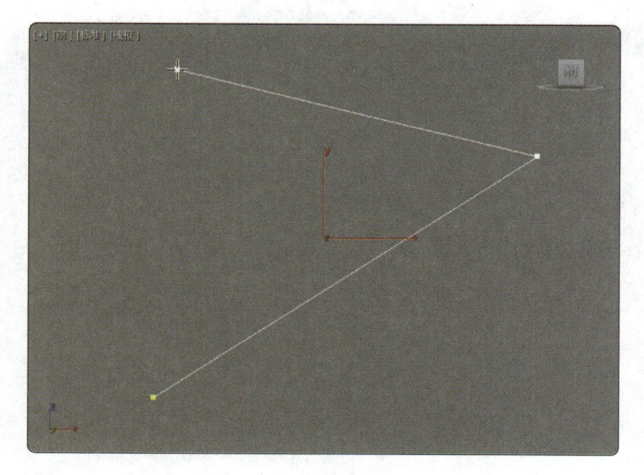

图 4–3

选择“线”工具，在场景中单击并移动鼠标指针，绘制出的是一条弧形线，如图 4-5 所示。

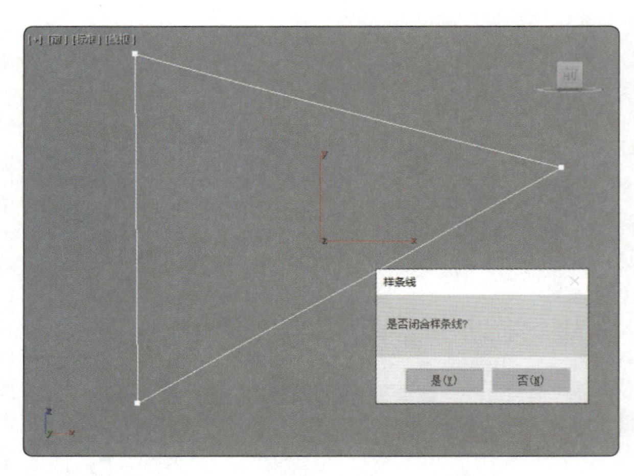

图 4-4

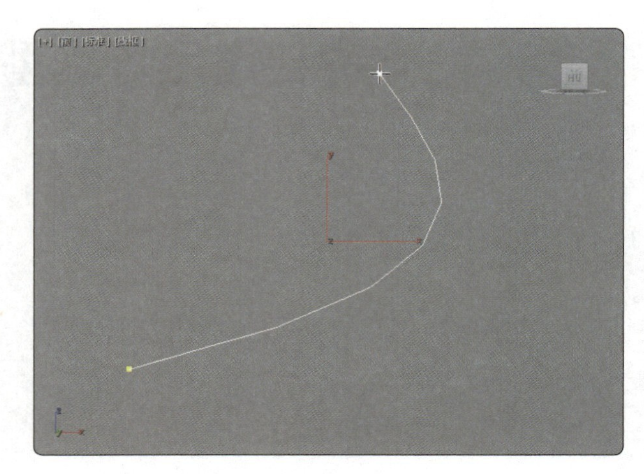

图 4-5

◎ 通过修改命令面板修改图形的形状

使用“线”工具创建了闭合图形后，切换到“修改”命令面板，将当前选择集定义为“顶点”，改变图形的顶点可以改变图形的形状，如图 4-6 所示。

在选择的顶点上单击鼠标右键，会弹出图 4-7 所示的快捷菜单，从中可以选择顶点的调节方式。

选择“Bezier 角点”，Bezier 角点有两个控制手柄，可以通过这两个控制手柄来调整线段的弧度，如图 4-8 所示。

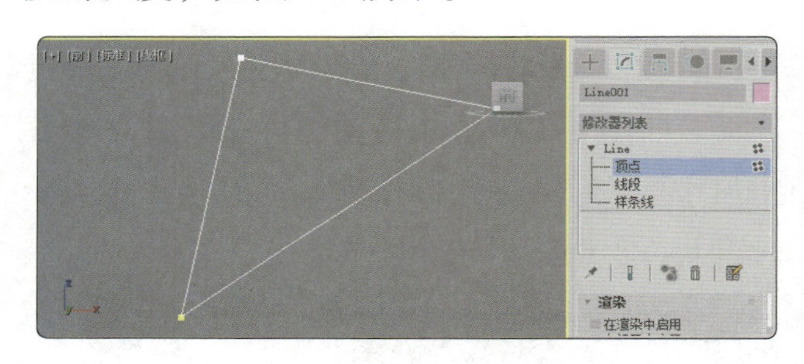

图 4-6

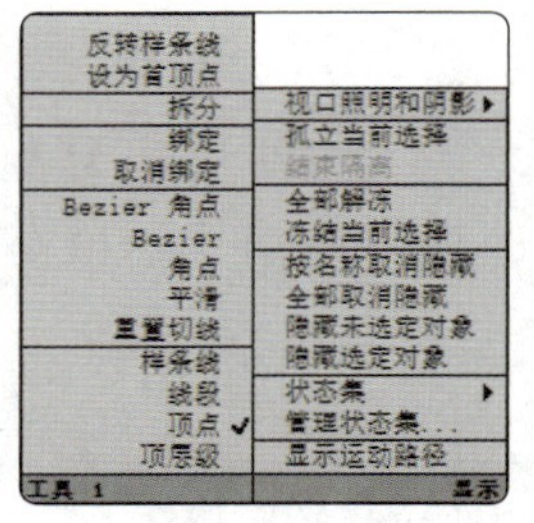

图 4-7

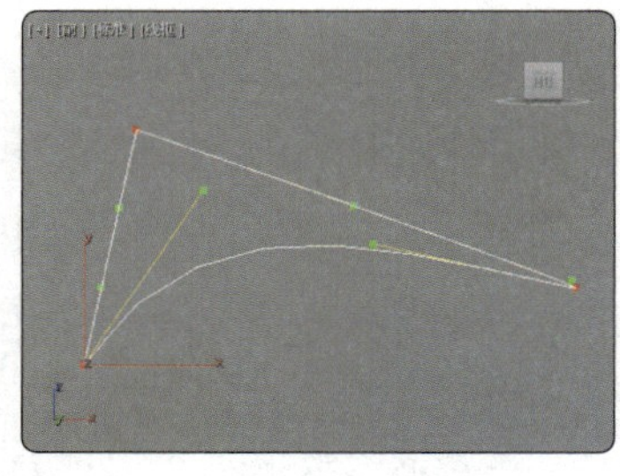

图 4-8

选择“Bezier”，效果如图 4-9 所示。Bezier 同样有两个控制手柄，不过这两个控制手柄是相互关联的。

选择“平滑”，效果如图 4-10 所示。

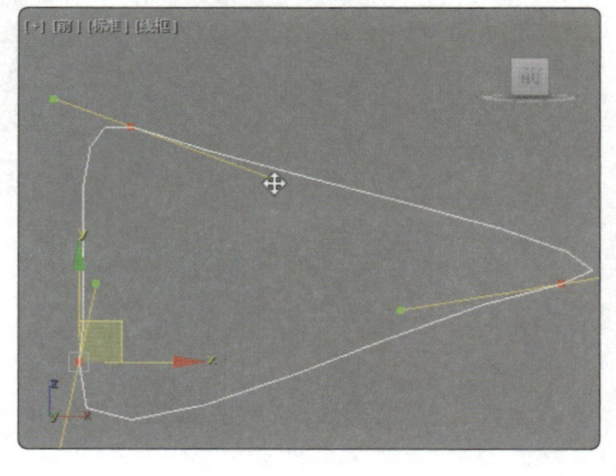

图 4-9

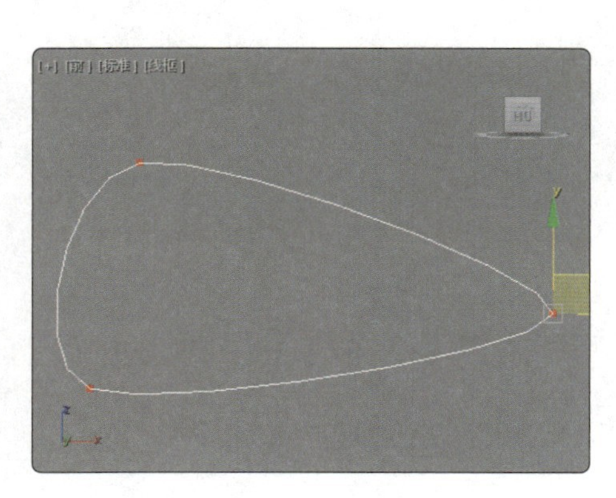

图 4-10

提示

调整图形的形状后，图形并不是很平滑，此时可以在“差值”卷展栏中设置“步数”值来调整图形的平滑度。

2 “矩形”工具

◎ 创建矩形

“矩形”工具用于创建矩形，下面介绍矩形的创建方法及其参数的设置方法。

矩形的创建方法比较简单，操作步骤如下。

（1）依次单击“创建” > “图形” > “矩形”按钮，或按住 Ctrl 键单击鼠标右键，在弹出的快捷菜单中选择“矩形”。

（2）将鼠标指针移到视口中，单击并按住鼠标左键，拖曳鼠标，视口中会生成一个矩形，移动鼠标指针可调整矩形的大小，在适当的位置释放鼠标，完成矩形的创建，如图 4-11 所示。创建矩形时按住 Ctrl 键，可以创建出正方形。

◎ 矩形的参数

矩形的“参数”卷展栏（见图 4-12）中各选项的介绍如下。

- 长度：设置矩形的长度值。
- 宽度：设置矩形的宽度值。
- 角半径：设置矩形的 4 个角是直角还是有弧度的圆角。若其值为 0，则矩形的 4 个角都为直角。

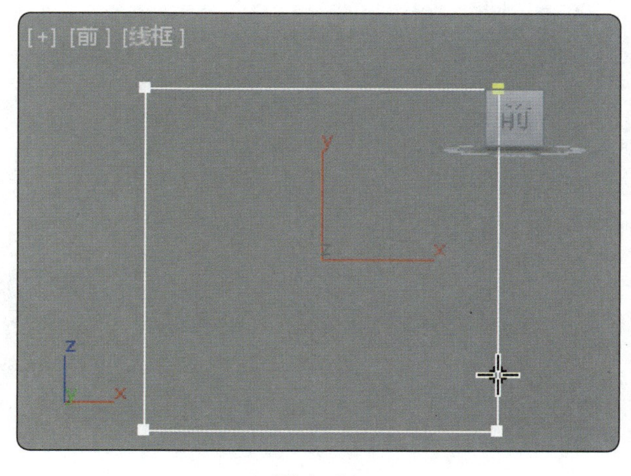

图 4-11

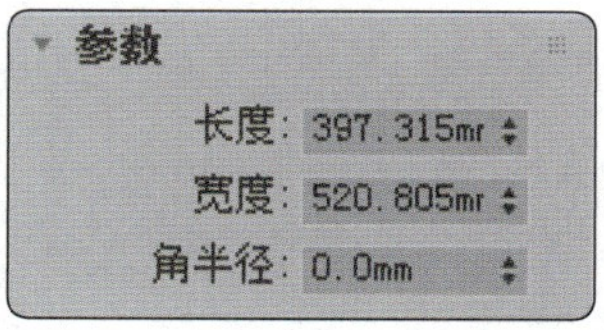

参数
长度：397.315mr
宽度：520.805mr
角半径：0.0mm

图 4-12

3 “螺旋线”工具

依次单击“创建” > “图形” > “螺旋线”按钮，在“顶”视口中拖曳鼠标确定螺旋线的半径 1，如图 4-13 所示。释放鼠标，单击并移动鼠标指针以设置螺旋线的高度，如

图 4-14 所示。单击并移动鼠标指针以设置螺旋线的半径 2，创建螺旋线，如图 4-15 所示。在“参数”卷展栏中设置合适的参数，如图 4-16 所示。

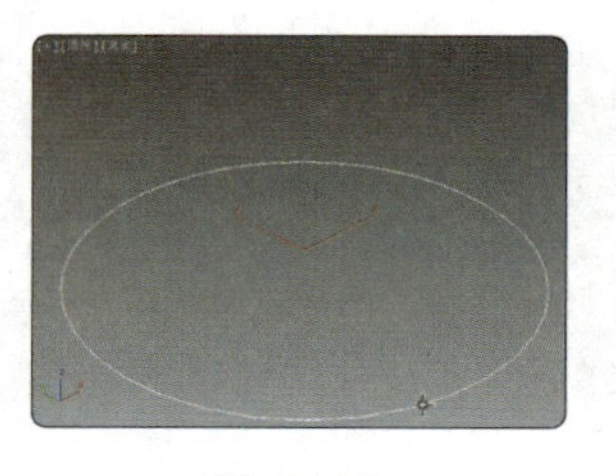

图 4–13

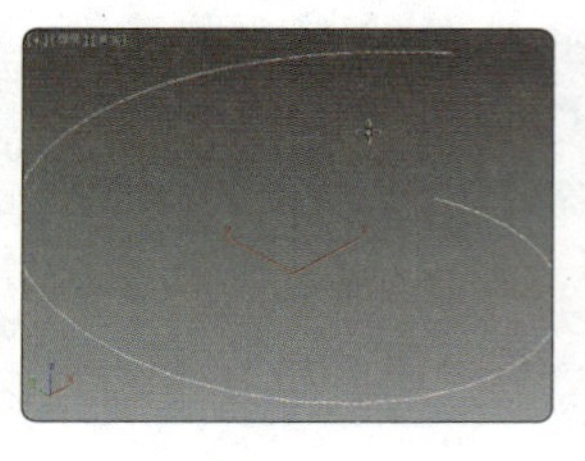

图 4–14

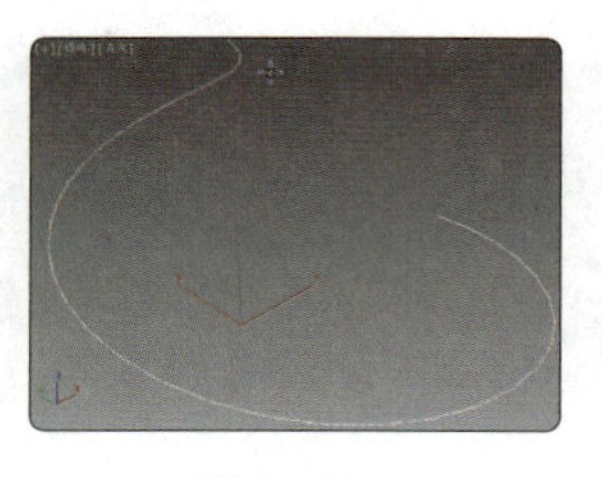

图 4–15

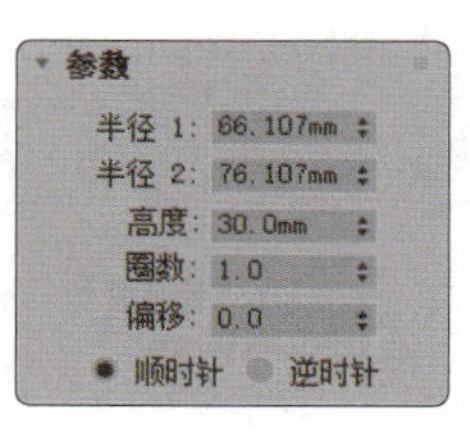

图 4–16

“参数”卷展栏中各选项的介绍如下。

- 半径 1：指定螺旋线的起点半径。
- 半径 2：指定螺旋线的终点半径。
- 高度：指定螺旋线的高度。
- 圈数：指定螺旋线起点和终点之间的圈数。
- 偏移：强制在螺旋线的一端累积圈数。
- 顺时针、逆时针：设置螺旋线的旋转方向是顺时针方向还是逆时针方向。

4 “圆”工具

“圆”工具用于创建圆形。下面介绍圆形的创建方法及其参数的设置方法。

圆形的创建方法分为“中心”和“边”两种，默认为“中心”；一般在根据图纸创建圆形时使用“边”创建方法配合“2.5D 捕捉”工具。

创建圆形的操作步骤如下。

（1）依次单击“创建” > “图形” > “圆”按钮。

（2）将鼠标指针移到视口中，单击并按住鼠标左键，拖曳鼠标，视口中会生成一个圆形，移动鼠标指针可调整圆形的大小，在适当的位置释放鼠标，完成圆形的创建，如图 4-17 所示。

圆形参数的修改：在“参数”卷展栏中只设置“半径”参数，如图 4-18 所示。

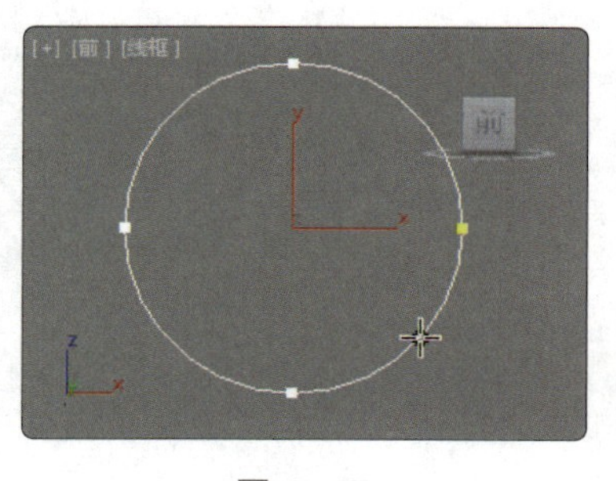

图 4–17

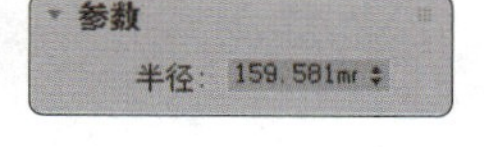

图 4–18

4.1.4 任务实施

（1）启动 3ds Max 2019，依次单击“创建” > “图形” > “矩形”按钮，在“前”视口中创建矩形，在“参数”卷展栏中设置“长度”为 600，“宽度”为 2200，如图 4-19 所示，该矩形为辅助图形。

（2）依次单击“创建”＋>“图形”>线”按钮，在“渲染”卷展栏中勾选“在渲染中启用”和“在视口中启用”复选框，设置“厚度”为35，如图4-20所示。

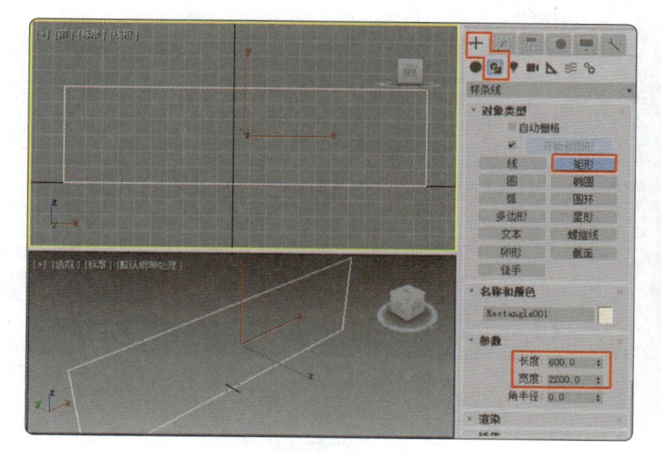

图 4–19

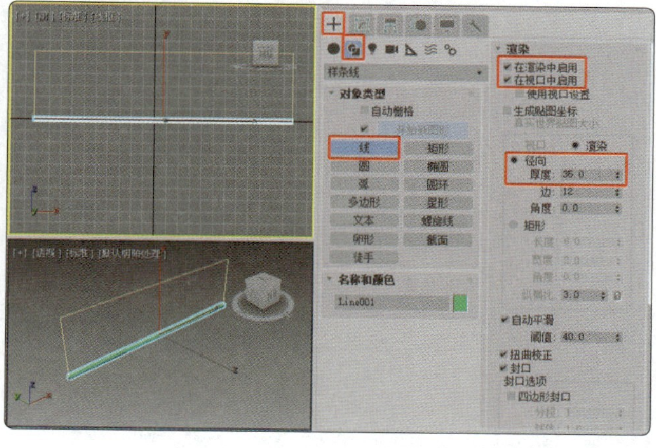

图 4–20

（3）切换到“修改”命令面板，将选择集定义为“线段”，在“几何体”卷展栏中设置“拆分”为15，如图4-21所示。

（4）将选择集定义为“顶点”，在场景中选择图4-22所示的顶点，按Delete键删除选择的顶点。

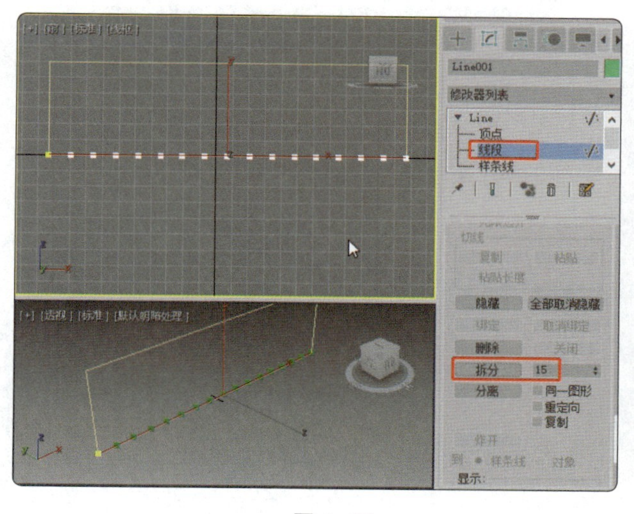

图 4–21

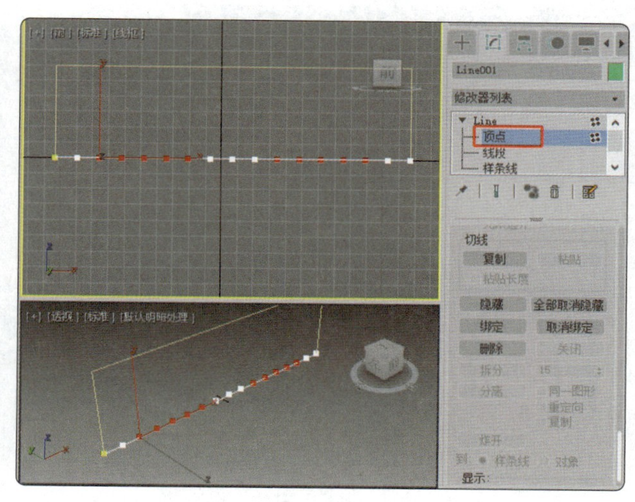

图 4–22

（5）关闭选择集，按Ctrl+V组合键，在弹出的“克隆选项”对话框中选中“复制”选项，如图4-23所示。

（6）将选择集定义为“线段”，删除多余的线段，如图4-24所示。

（7）删除多余的线段后，关闭选择集，在“渲染”卷展栏中设置“厚度”为38，如图4-25所示。

（8）可以调整颜色来观察一下模型，如图4-26所示。

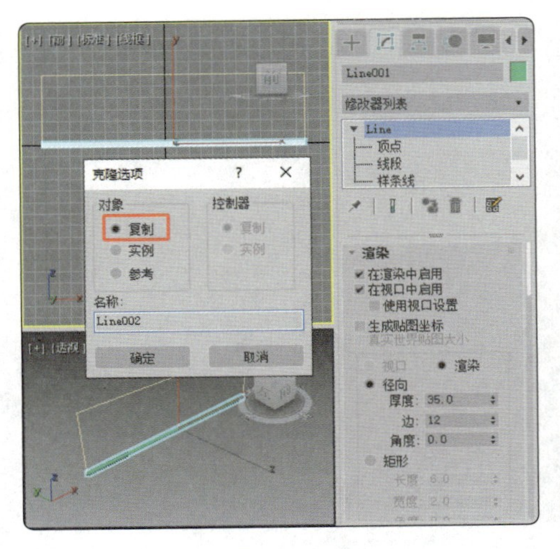

图 4-23

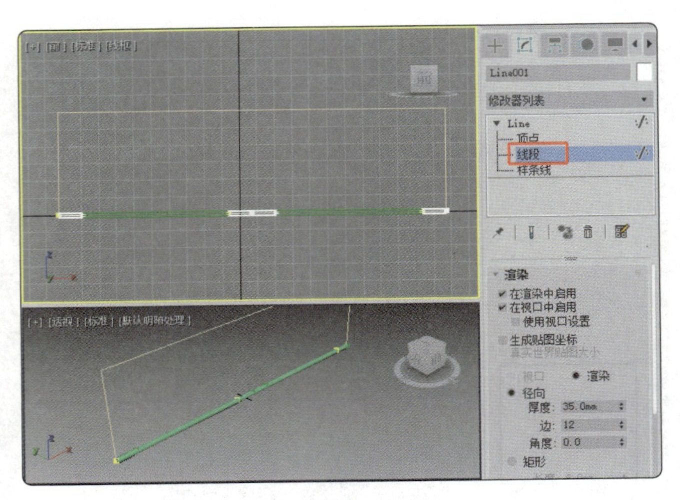

图 4-24

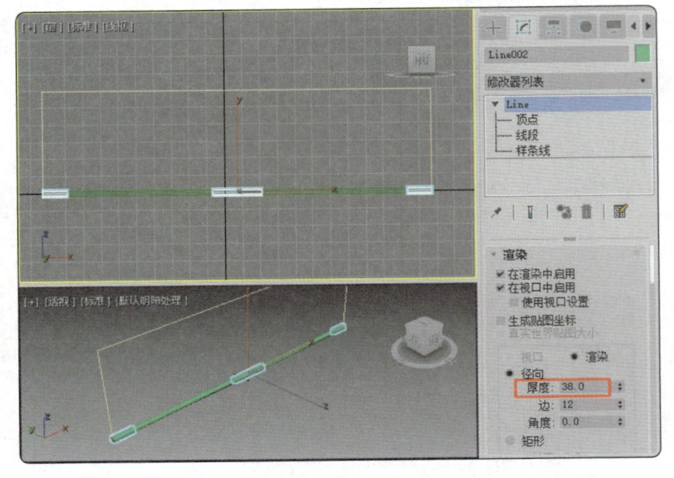

图 4-25

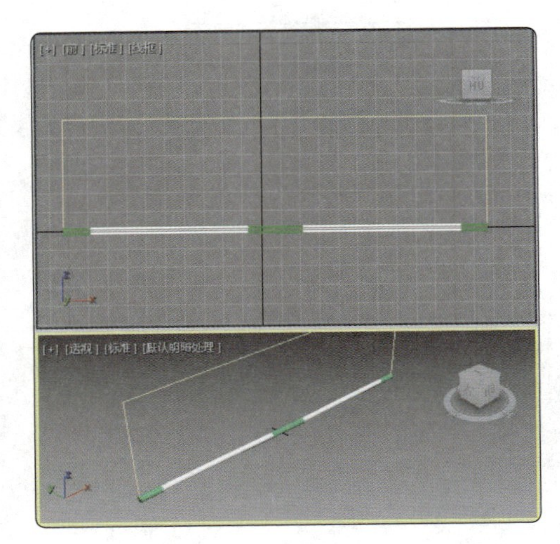

图 4-26

根据场景中的情况，可以灵活设置渲染厚度，这里效果图中的图形的渲染厚度为 6 ~ 7。

（9）依次单击“创建” > “图形” > “线”按钮，在“渲染”卷展栏中勾选“在渲染中启用”和“在视口中启用”复选框，设置“厚度”为 5，如图 4-27 所示。

（10）在场景中创建一条较短的线，在“渲染”卷展栏中设置“厚度”为 10，如图 4-28 所示。

（11）依次单击“创建” > “图形” > “矩形”按钮，在“参数”卷展栏中设置“长度”为 250，“宽度”为 60，“角半径”为 10；在“渲染”卷展栏中勾选“在渲染中启用”和“在视口中启用”复选框，设置“长度”为 20，“宽度”为 3，如图 4-29 所示。

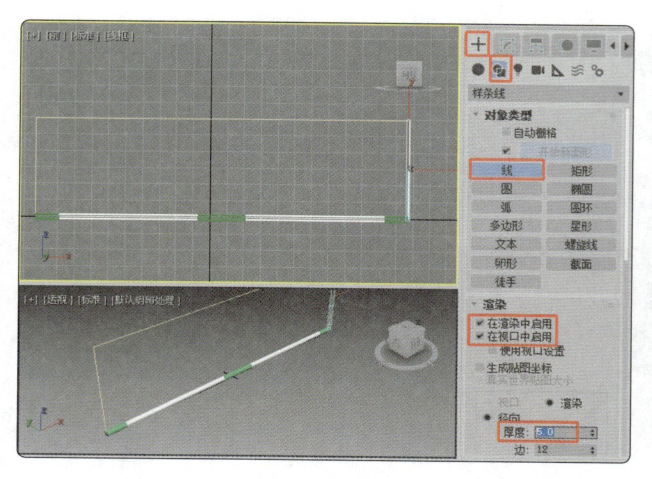

图 4-27

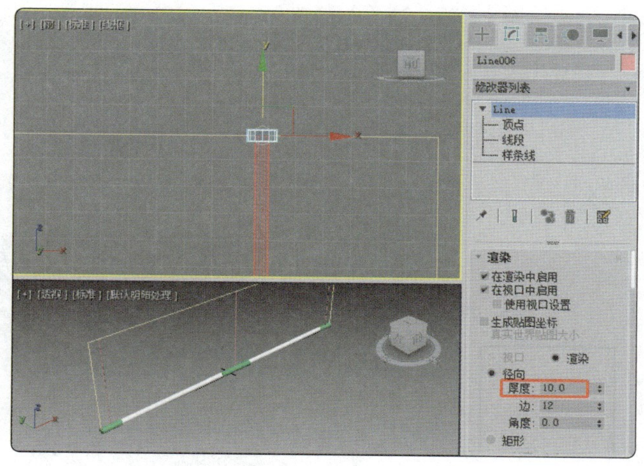

图 4-28

（12）在场景中将矩形放置到中间的位置，选择中间的支架，并将选择集定义为“顶点”，在场景中调整顶点，如图 4-30 所示。

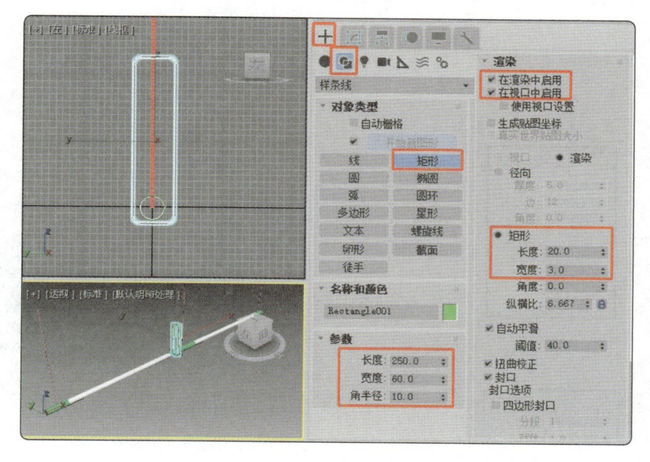

图 4-29

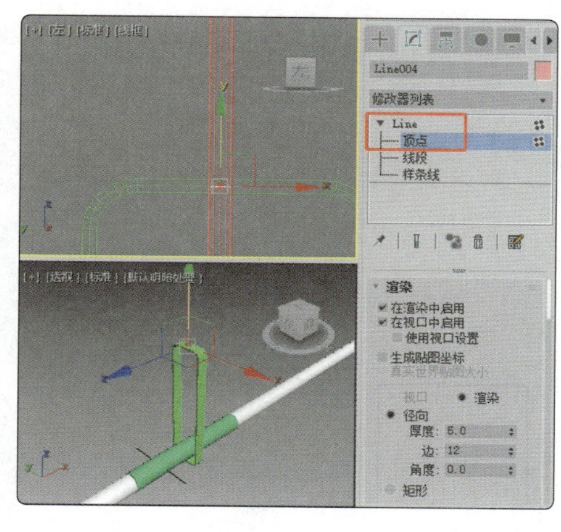

图 4-30

（13）完成后的吊灯模型如图 4-31 所示。

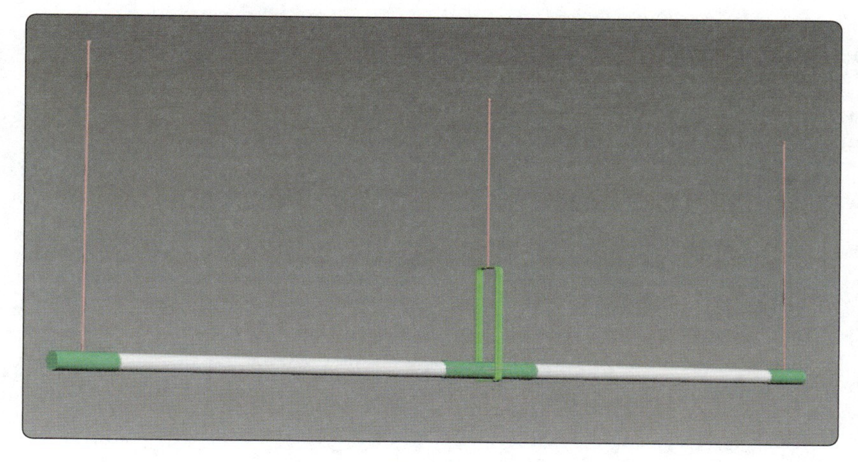

图 4-31

4.1.5 扩展实践：制作镜子模型

使用可渲染样条线模拟金属部分，使用“圆形”工具和“挤出”修改器制作出镜面（最终效果参看云盘中的“场景 > 项目 4> 镜子 ok.max”，见图 4-32）。

图 4-32

任务 4.2 制作 3D 文字模型

4.2.1 任务引入

本任务是制作 3D 文字模型，要求其能作为广告标语，也能作为动画标题。

4.2.2 设计理念

先创建文本，设置合适的参数，再为文本添加“挤出”修改器，即可完成 3D 文字模型的制作（最终效果参看云盘中的“场景 > 项目 4>3D 文字 ok.max”，见图 4-33）。

图 4-33

4.2.3 任务知识：创建文本

依次单击“创建”+>“图形”>“文本”按钮，在场景中单击以创建文本，在“参数”卷展栏中设置文本参数，如图 4-34 所示。其中主要选项的介绍如下。

- 字体下拉列表：用于选择文本的字体。

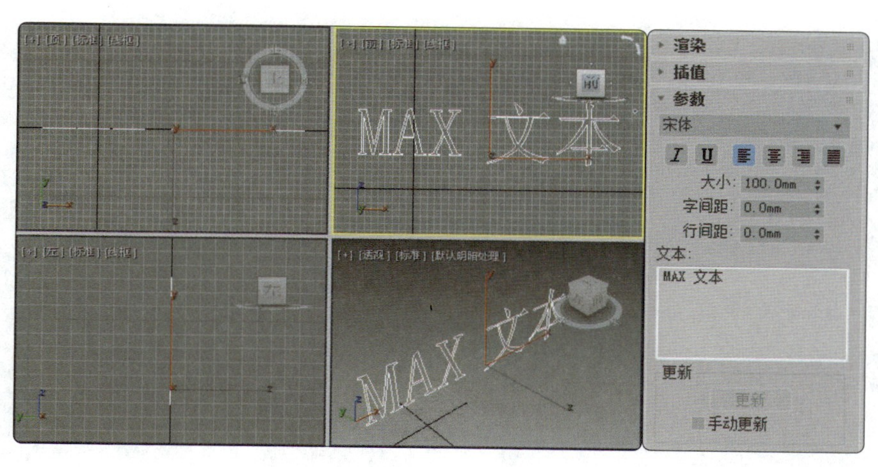

图 4–34

- 按钮：设置斜体样式。
- 按钮：设置下画线。
- 按钮：将文本向左对齐。
- 按钮：将文本居中对齐。
- 按钮：将文本向右对齐。
- 按钮：将文本两端对齐。
- 大小：用于设置文本的大小。
- 字间距：用于设置文本之间的距离。
- 行间距：用于设置文本行与行之间的距离。
- 文本：用于输入文本内容。
- 更新：用于设置修改完文本内容后，视口中是否立刻更新文本内容。当文本内容非常复杂时，系统可能很难完成自动更新，此时可进行手动更新。
- 手动更新：用于进行手动更新。当勾选该复选框时，只有单击“更新”按钮后，“文本”文本框中的内容才会显示在视口中。

4.2.4 任务实施

（1）启动 3ds Max 2019，依次单击“创建” > “图形” > “文本”按钮，在“参数”卷展栏中选择合适的字体并设置合适的文本大小，在“文本”文本框中输入文本，在“顶”视口中单击以创建文本，如图 4-35 所示。

（2）启动 3ds Max 2019，切换到“修改”命令面板，在“修改器列表”下拉列表中选择“倒角”修改器，在“倒角值”卷展栏中设置“级别 1”组中的“高度”为 1，“轮廓”为 1；勾选“级别 2”复选框，设置“高度”为 5；勾选“级别 3”复选框，设置“高度”为 1，“轮廓”为 -1，如图 4-36 所示。

图 4-35

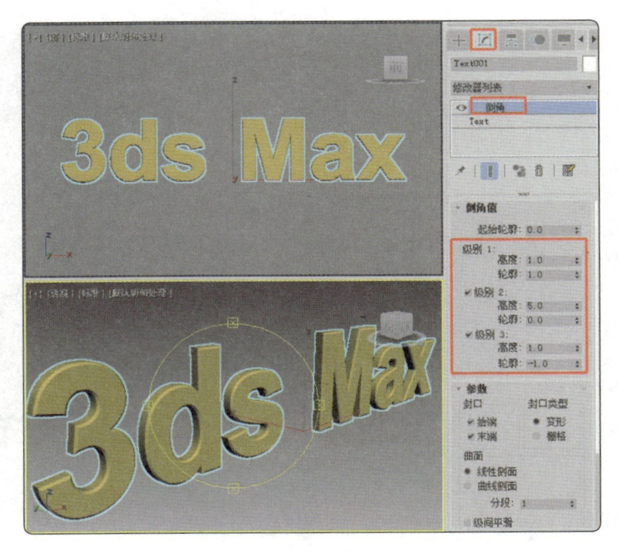

图 4-36

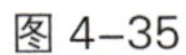 4.2.5 扩展实践：制作墙贴模型

创建文本，设置合适的参数，并为文本添加“挤出”修改器，完成墙贴模型的制作（最终效果参看云盘中的“场景 > 项目 4> 墙贴 ok.max”，见图 4-37）。

图 4-37

任务 4.3 项目演练：制作花架模型

本任务要求使用可渲染的样条线制作出花架的主体部分，然后使用“矩形”工具、“圆形”工具和“阵列”命令来完成花架筐的制作（最终效果参看云盘中的“场景 > 项目 4> 花架 ok.max”，见图 4-38）。

图 4-38

05

项目5

制作基础动画模型
——创建三维模型

现实生活中物体的造型是千变万化的，而在建模过程中，很多时候都需要对创建的基本几何体或图形进行修改才能达到理想的效果。3ds Max提供了很多修改命令，通过这些修改命令几乎可以创建所有模型。通过本项目的学习，读者可以掌握三维模型的创建方法。

学习引导

知识目标

- 掌握修改器的使用方法
- 掌握常用修改器的使用方法

能力目标

- 了解将二维图形转换为三维模型的常用修改器
- 掌握常用的编辑三维模型的修改器的使用方法

素养目标

- 培养对三维模型的设计能力
- 培养对三维模型的审美能力

实训项目

- 制作花瓶模型
- 制作果盘模型

任务 5.1 制作花瓶模型

5.1.1 任务引入

本任务是制作两款花瓶模型，要求两款花瓶模型的形状、材质不同，可以用来烘托室内环境的氛围，设计效果图时可在瓶中自行加入鲜花。

5.1.2 设计理念

设计时，先创建图形，然后为图形添加“车削”修改器，完成花瓶模型的制作（最终效果参看云盘中的“场景 > 项目 5> 花瓶 ok.max”，见图 5-1）。

图 5–1

5.1.3 任务知识：修改器

1 “车削”修改器

“车削”修改器通过绕旋转轴旋转图形或 NURBS 曲线来创建三维模型。图 5-2 所示为“车削”修改器的“参数”卷展栏，其中主要选项的介绍如下。

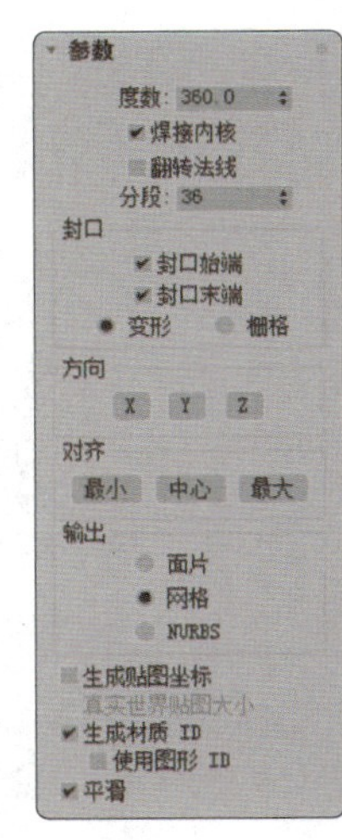

图 5–2

- 度数：用于确定对象绕旋转轴旋转的角度（范围是 0 ～ 360，默认值是 360）。
- 焊接内核：通过焊接旋转轴上的顶点来简化网格。如果要创建一个变形对象，则应取消勾选该复选框。
- 翻转法线：依赖图形上顶点的方向和旋转方向进行旋转时，对象的内部可能会向外翻，可勾选该复选框来解决这个问题。
- 分段：在起始点之间，确定在曲面上创建多少条插值线段。
- 封口始端：封住“度数”小于 360 的车削对象的起点，并形成闭合图形。
- 封口末端：封住“度数”小于 360 的车削对象的终点，并形成闭合图形。
- 变形：按照创建的变形对象所需的可预见且可重复的模式排列封口面。渐进封口可以产生细长的面，而栅格封口需要渲染或变形对象。如果要车削出多个渐进对象，则主要使用渐进封口的方法。
- 栅格：在图形边界上的方形修剪栅格中安排封口面。此方法可产生尺寸均匀的曲面，可使用其他修改器将这些曲面变形。
- “X”“Y”“Z”按钮：相对对象的轴点设置旋转方向。

• 最小、中心、最大：将旋转轴与图形的最小、中心或最大范围对齐。

• 面片：产生一个可以折叠到面片对象中的对象。

• 网格：产生一个可以折叠到网格对象中的对象。

• NURBS：产生一个可以折叠到 NURBS 对象中的对象。

• 生成贴图坐标：将贴图坐标应用到车削对象中。当“度数”值小于 360，并勾选了“生成贴图坐标”复选框时，勾选该复选框会将另外的贴图坐标应用到末端封口中，并在每一个封口上放置一个 1×1 的平铺图案。

• 真实世界贴图大小：控制对象的纹理贴图材质使用的缩放方法。缩放值由材质的“坐标”卷展栏中的“使用真实世界比例”选项控制。默认勾选该复选框。

• 生成材质 ID：将不同的材质 ID 指定给车削对象的侧面与封口。侧面的 ID 为 3，封口（当“度数”值小于 360 且车削对象是闭合图形时）的 ID 为 1 和 2。默认勾选该复选框。

• 使用图形 ID：将材质 ID 指定给在车削过程中产生的样条线中的线段，或指定给在车削过程中产生的 NURBS 曲线的子对象。勾选“生成材质 ID”复选框时，该复选框才可用。

• 平滑：给车削图形应用平滑效果。

2 “倒角”修改器

“倒角”修改器是“挤出”修改器的延伸，使用它可以在挤出来的三维模型边缘产生一个倒角效果。图 5-3 所示为“倒角”修改器的“参数”卷展栏，其中主要选项的介绍如下。

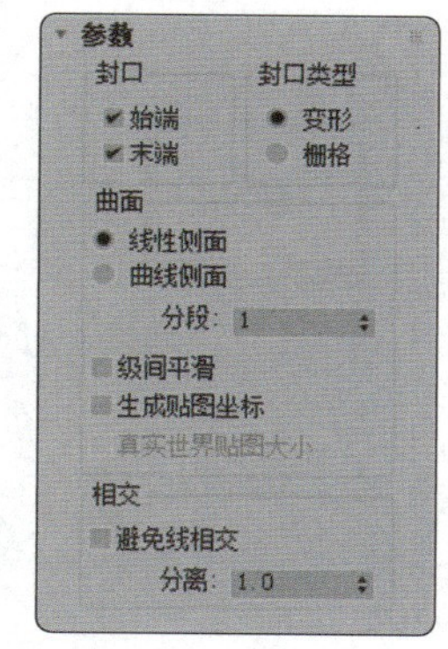

图 5-3

• 始端：用对象的最小局部 z 轴值（底部）对末端进行封口。取消勾选该复选框后，底部处于打开状态。

• 末端：用对象的最大局部 z 轴值（底部）对末端进行封口。取消勾选该复选框后，底部将不再打开。

• 变形：为变形对象创建合适的封口曲面。

• 栅格：在栅格图案中创建封口曲面。栅格封口的变形和渲染效果要比渐进封口的变形和渲染效果好。

• 线性侧面：选中该选项后，不同级别之间会沿着一条直线进行分段插值。

• 曲线侧面：选中该选项后，不同级别之间会沿着一条 Bezier 曲线进行分段插值。对于可见曲率，使用曲线侧面的多个分段。

• 分段：在每个级别之间设置中级分段的数量。

• 级间平滑：控制是否将平滑组应用于倒角对象的侧面。封口会使用与侧面不同的平滑组。勾选该复选框后，会对侧面应用平滑组，侧面显示为弧形；取消勾选该复选框后，不应用平滑组，侧面显示为平面倒角形状。

• 生成贴图坐标：勾选该复选框后，将贴图坐标应用于倒角对象。

• 真实世界贴图大小：控制对象的纹理贴图材质使用的缩放方法。缩放值由材质的“坐标”卷展栏中的“使用真实世界比例”选项控制。默认勾选该复选框。

• 避免线相交：防止轮廓线彼此相交，通过在轮廓线中插入额外的顶点，并用一条平直的线段覆盖锐角来实现。

• 分离：设置边之间的距离，最小值为 0.01。

图 5-4 所示为“倒角值”卷展栏，其中主要选项的介绍如下。

倒角值
起始轮廓：0.0
级别 1：
高度：42.5
轮廓：0.0
级别 2：
高度：26.0
轮廓：-20.0
级别 3：
高度：0.0
轮廓：0.0

图 5-4

• 级别 1：包含两个选项，它们表示起始级别的改变程度。

▲ 高度：设置级别 1 相对起始级别的距离。

▲ 轮廓：设置级别 1 的轮廓到起始轮廓的偏移距离。

级别 2 和级别 3 是可选的。

• 级别 2：在级别 1 之后添加一个级别。

▲ 高度：设置级别 2 相对级别 1 的距离。

▲ 轮廓：设置级别 2 的轮廓到级别 1 的轮廓的偏移距离。

• 级别 3：在前一级别之后添加一个级别。如果未启用级别 2，则级别 3 添加在级别 1 之后。

▲ 高度：设置级别 3 相对前一级别的距离。

▲ 轮廓：设置级别 3 的轮廓到前一级别的轮廓的偏移距离。

“倒角”修改器一般用于制作 3D 文字模型。

5.1.4 任务实施

1 曲面花瓶的制作

（1）启动 3ds Max 2019，依次单击“创建”> “图形”> “样条线” > “线”按钮，在“前”视口中创建样条线，如图 5-5 所示。

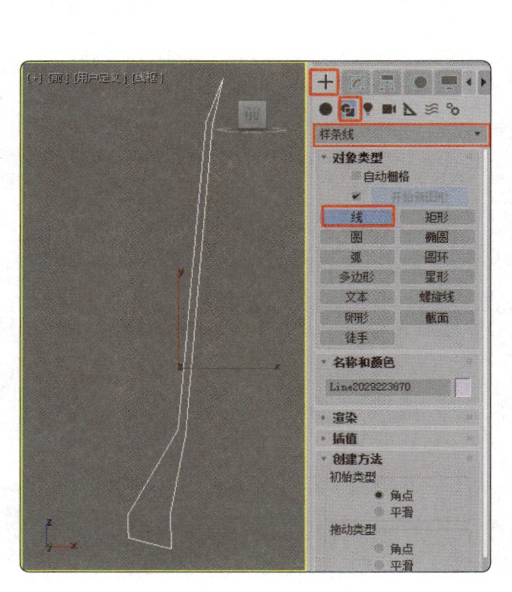

图 5-5

（2）切换到“修改”命令面板，将选择集定义为“顶点”，按 Ctrl+A 组合键在场景中全选顶点，如图 5-6 所示。

（3）在视口中单击鼠标右键，在弹出的快捷菜单中选择“Bezier 角点”，如图 5-7 所示。

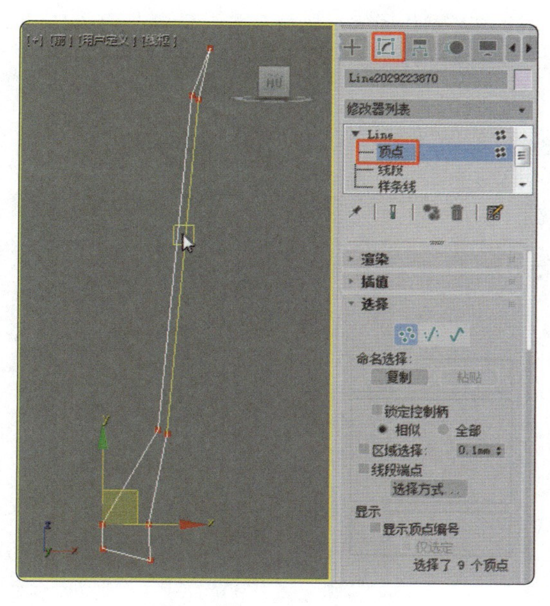

图 5–6

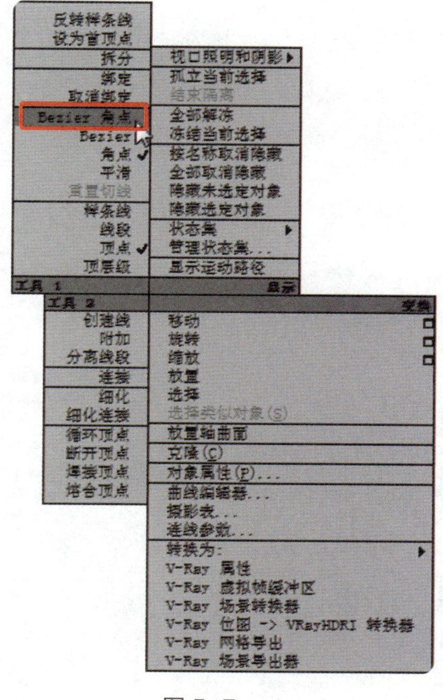

图 5–7

（4）在场景中可以看到每个顶点上出现了两个控制手柄，可通过控制手柄调整样条线的形状，如图 5-8 所示，调整出花瓶的截面图形。

（5）关闭选择集，在“修改器列表”下拉列表中选择“车削”修改器，在“参数”卷展栏中设置合适的车削参数，如图 5-9 所示。

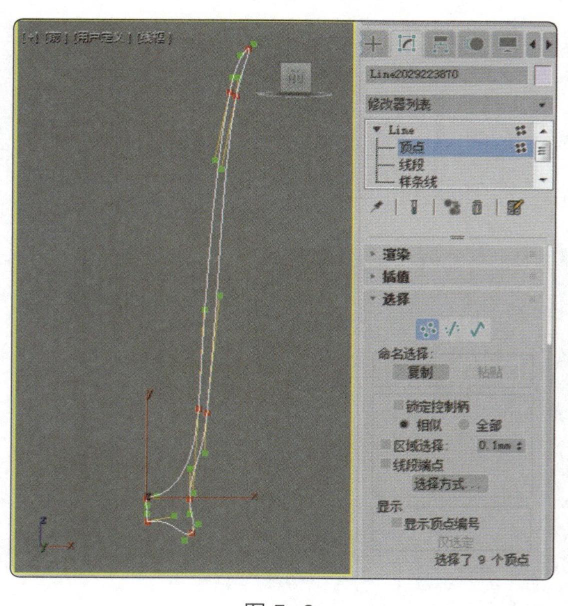

图 5–8

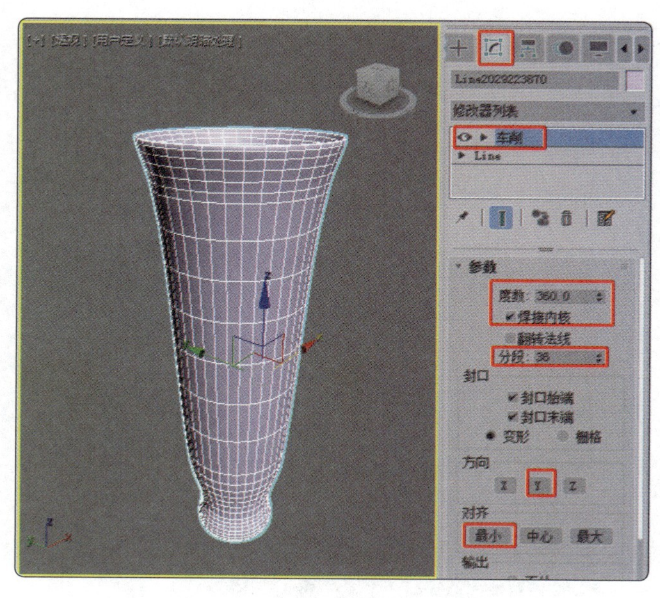

图 5–9

（6）如果觉得模型不够平滑，则可以在“车削”修改器的“参数”卷展栏中增大“分段”值。若想让样条线变得平滑，则可以在修改器堆栈中返回到“Line”，设置其“步数”值，增大“步数”值可以使样条线变得更加平滑，如图 5-10 所示。

在操作过程中如果单击了某个按钮，则操作完成之后要再次单击该按钮，以保证后面的操作无误；同样地，使用完成的选择集也需要关闭，便于进行后面的操作。

（7）增大“分段”值和“步数”值后，花瓶模型的效果如图 5-11 所示。

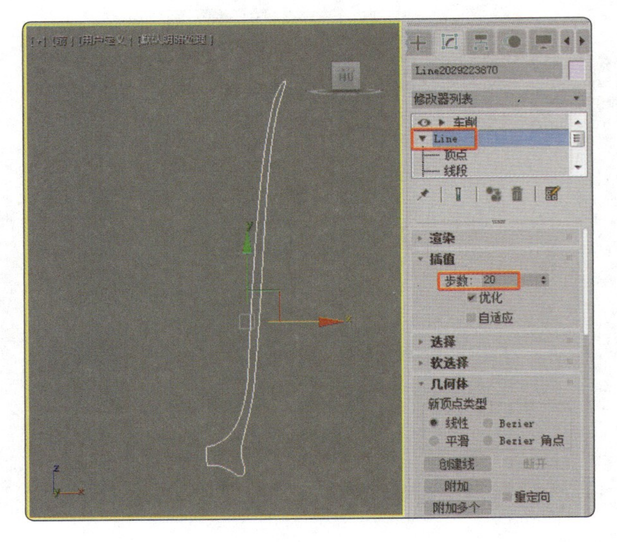

图 5-10

图 5-11

2 桶状花瓶的制作

（1）单击“创建” > “图形” > “样条线” > “线”按钮，在“前”视口中创建样条线，如图 5-12 所示。

（2）切换到“修改”命令面板，将选择集定义为“样条线”。在“几何体”卷展栏中单击“轮廓”按钮，在场景中选择样条线并按住鼠标左键拖曳鼠标，拖曳出合适的轮廓后释放鼠标，取消“轮廓”按钮的选择，如图 5-13 所示。

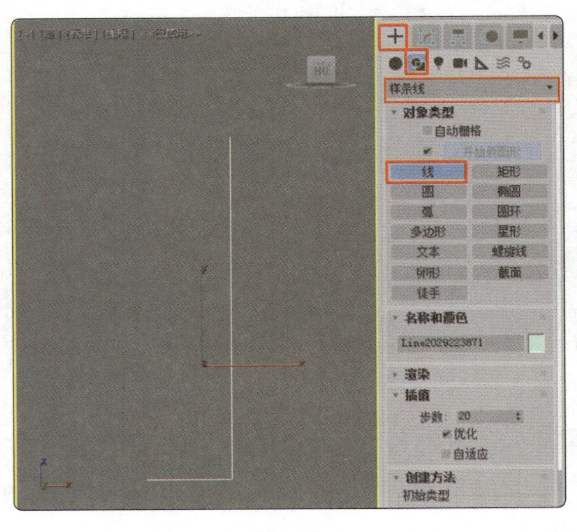

图 5-12

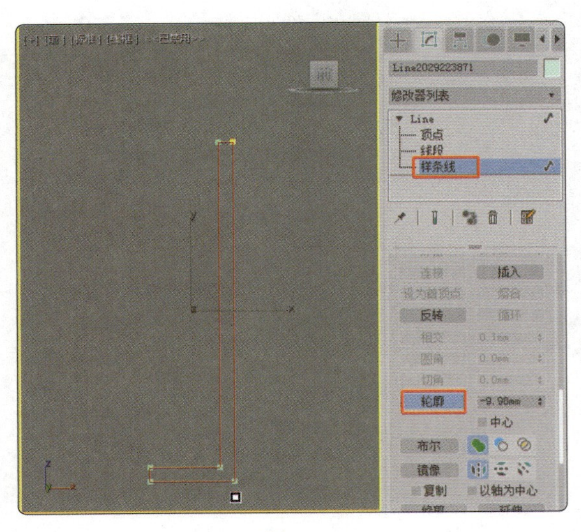

图 5-13

（3）将选择集定义为“顶点”，在“几何体”卷展栏中单击“圆角”按钮，在场景中拖曳鼠标移动顶点，制作出顶点的圆角效果，如图 5-14 所示。

（4）关闭选择集，为模型添加“车削”修改器，设置合适的参数，完成桶状花瓶的制作，如图 5-15 所示。

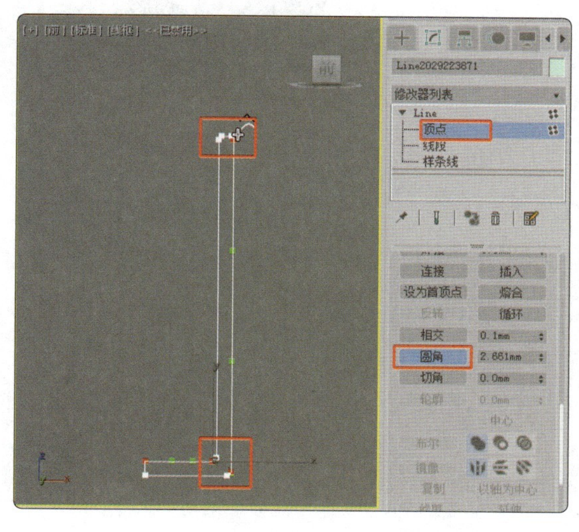

图 5–14

图 5–15

5.1.5　扩展实践：制作衣架模型

先绘制衣架形状的线，调整线的形状，并为其添加“倒角”修改器，完成衣架模型的创建（最终效果参看云盘中的“场景 > 项目 5> 衣架 ok.max”，见图 5-16）。

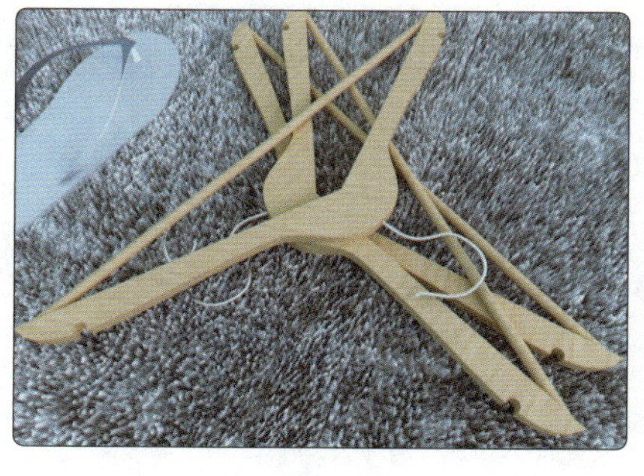

图 5–16

微课

制作衣架模型

任务 5.2　制作果盘模型

5.2.1　任务引入

本任务是制作一款具有透明玻璃材质的花边果盘模型，要求其外观造型能对整体环境起到一定的装饰作用。

5.2.2　设计理念

设计时，先创建圆柱体，设置合适的分段数，使用“编辑多边形”修改器调整圆柱体的外形，再添加“涡轮平滑”修改器和“锥化”修改器，完成果盘模型的制作（最终效果参看云盘中的“场景 > 项目 5> 果盘 ok.max”，见图 5-17）。

图 5–17

5.2.3 任务知识：常用修改器

1 “编辑多边形”修改器

“编辑多边形”修改器是一种网格修改器，它的功能和使用方法几乎和“编辑网格”修改器的功能和使用方法一致。不同的是，编辑网格是由三角形面构成的框架结构，而编辑多边形既可以是三角形网格模型，也可以是四边形或者其他网格模型。“编辑多边形”修改器的功能比“编辑网格”修改器的功能更强大。

◎ “编辑多边形”修改器与“可编辑多边形”修改器的区别

“编辑多边形”修改器（见图 5-18）与“可编辑多边形”修改器（见图 5-19）的大部分功能相同，但部分卷展栏中选项的功能有不同之处。

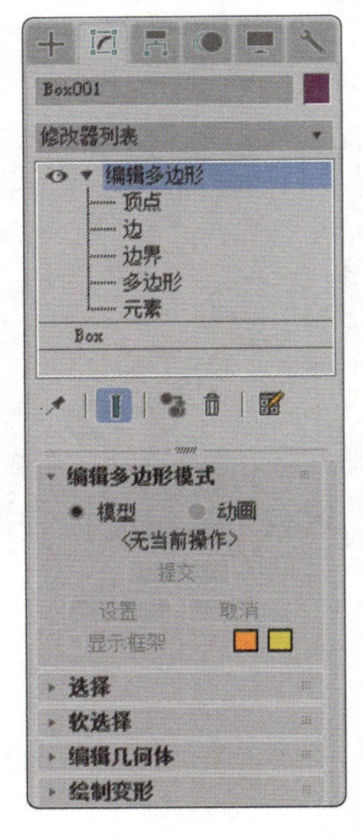

图 5–18

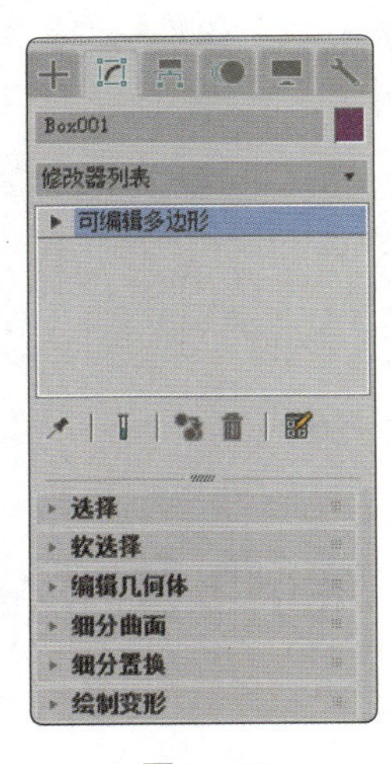

图 5–19

“编辑多边形”修改器与“可编辑多边形”修改器之间的区别如下。

“编辑多边形”修改器是一个修改器，具有修改器状态中说明的所有属性。其中包括在堆栈中将“编辑多边形”修改器放到基础对象和其他修改器上方，在堆栈中将修改器移动到不同位置，以及对同一个对象应用多个“编辑多边形”修改器（每个修改器包含不同的建模或动画操作）的功能。

“编辑多边形”修改器有两个不同的操作模式：“模型”和“动画”。

“编辑多边形”修改器中不包括始终启用的“完全交互”功能。

“编辑多边形”修改器提供了两种从堆栈下部获取现有选择的新方法：使用堆栈选择和获取堆栈选择。

“编辑多边形”修改器中缺少“可编辑多边形”修改器的“细分曲面”和“细分置换”卷展栏。

◎“编辑多边形”修改器的子对象

为模型添加“编辑多边形”修改器后，在修改器堆栈中可以查看“编辑多边形”修改器的子对象，如图 5-20 所示。

图 5-20

“编辑多边形”修改器的子对象的介绍如下。

• 顶点：顶点是位于相应位置的点。它们用于构成多边形对象的其他子对象的结构。当移动或编辑顶点时，由它们构成的几何体也会受到影响。顶点可以独立存在，这些顶点可以用来构建其他几何体，但在渲染时，它们是不可见的。当将选择集定义为“顶点”时可以选择单个或多个顶点，并且可以使用标准方法移动它们。

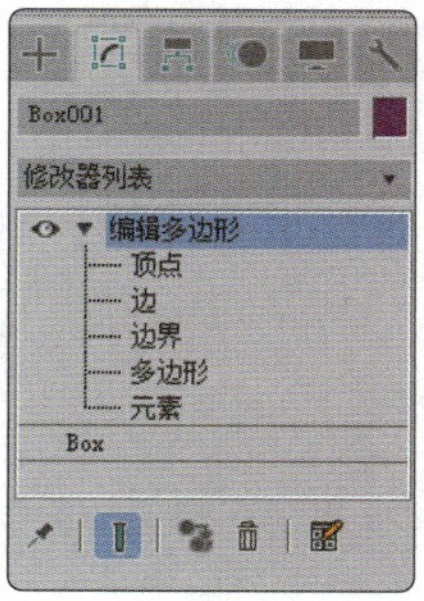

• 边：边是连接两个顶点的直线，边不能由 3 个或 3 个以上的多边形共享。两个多边形的法线应该相邻。如果不相邻，则应该卷起共享顶点的两条边。当将选择集定义为“边”时可以选择一条或多条边，并可以使用标准方法变换它们。

• 边界：边界是网格的线性部分，它通常是当多边形仅位于一面时的边序列。例如，长方体没有边界，但茶壶对象有若干个边界：壶盖、壶身、壶把、壶嘴上都有边界。创建一个圆柱体，然后删除末端多边形，则相邻的一边会形成边界。当将选择集定义为“边界”时可选择一个或多个边界，并可以使用标准方法变换它们。

• 多边形：多边形是由通过曲面连接的 3 条或多条边形成的封闭序列。多边形提供“编辑多边形”修改器可渲染的曲面。当将选择集定义为“多边形”时可选择单个或多个多边形，并可以使用标准方法变换它们。

• 元素：元素是由两个或两个以上可组合为一个更大的对象的单个网格对象。

◎公共卷展栏

无论当前选择集处于何种子对象中，它们都具有公共的卷展栏。下面介绍这些公共卷展栏中各种选项和工具的应用方法。选择子对象后，相应的选项就会被激活。

（1）“编辑多边形模式”卷展栏如图 5-21 所示，其中主要选项的介绍如下。

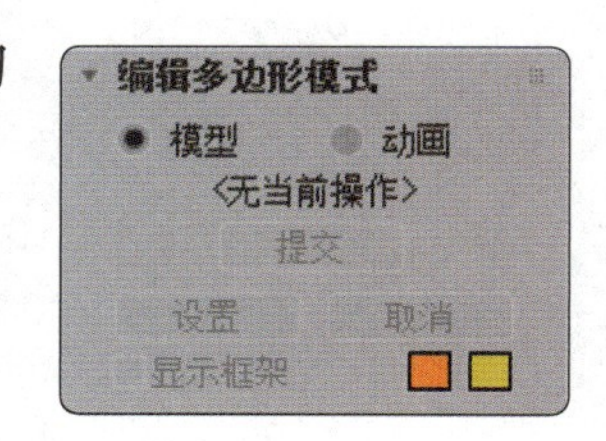

图 5–21

• 模型：用于使用“编辑多边形”功能建模。在“模型”模式下，不能操作动画。

• 动画：用于使用“编辑多边形”功能设置动画。

> **提示**　在“动画”模式下，必须启用“自动关键点”或“设置关键点”才能设置子对象变换和参数更改的动画。

• < 无当前操作 >：显示当前使用的任何命令，否则显示“< 无当前操作 >”。

• 提交：在“模型”模式下，使用助手小盒接受任何更改并关闭助手小盒（“提交”按钮的功能与助手小盒上“确定”按钮的功能相同）。在“动画”模式下，冻结已设置动画在当前帧的状态，然后关闭对话框。该操作会丢失现有的所有关键帧。

• 设置：切换当前命令的助手小盒。

• 取消：取消最近使用的命令。

• 显示框架：在进行修改或细分处理之前，切换显示编辑多边形对象的两种颜色框架。框架颜色由该复选框右侧的色块确定。第一种颜色表示未选定的子对象，第二种颜色表示选定的子对象。单击色块可更改颜色。“显示框架”复选框只能在子对象层级中使用。

图 5-22

（2）“选择”卷展栏如图 5-22 所示，其中主要选项的介绍如下。

• （顶点）：访问“顶点”子对象层级，可从中选择鼠标指针下的顶点，也可选择指定区域中的顶点。

• （边）：访问“边”子对象层级，可从中选择鼠标指针下的多边形的边，也可框选指定区域中的多条边。

• （边界）：访问“边界”子对象层级，可从中选择构成网格孔洞边框的一系列边界。

• （多边形）：访问“多边形”子对象层级，可从中选择鼠标指针下的多边形，也可选择指定区域中的多个多边形。

• （元素）：访问“元素”子对象层级，通过它可以选择对象中所有相邻的多边形，也可以选择指定区域中的多个元素。

• 使用堆栈选择：勾选该复选框时，禁止用户手动更改选择。

• 按顶点：勾选该复选框时，只有选择相应的顶点，才能选择子对象。单击顶点时，将选择使用该选定顶点的所有子对象。该功能在“顶点”子对象层级中不可用。

• 忽略背面：勾选该复选框时，选择的子对象将只影响朝向用户的那些对象。

• 按角度：勾选该复选框时，选择一个多边形后会基于复选框右侧的角度值同时选择相邻的多边形。该值可以确定要选择的相邻多边形之间的最大角度。该功能仅在“多边形”子对象层级中可用。

• 收缩：通过取消选择最外部的子对象来缩小子对象的选择区域。如果不再缩小选择区域，则可以取消选择其余的子对象，如图 5-23 所示。

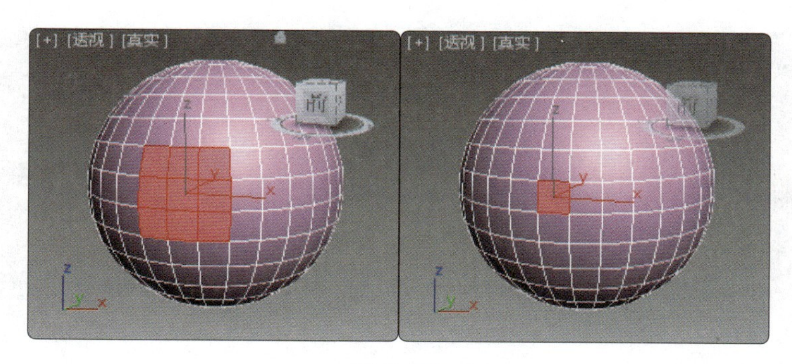

图 5-23

• 扩大：朝所有可用方向扩展选择区域，如图 5-24 所示。

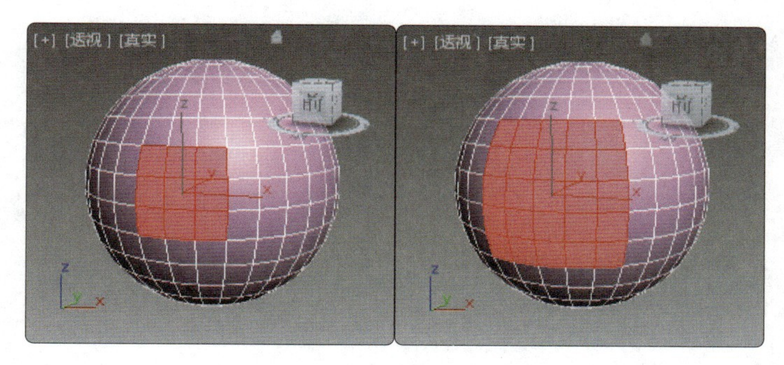

图 5-24

• 环形：“环形”按钮右侧的微调器允许用户在任意方向上将选择的边移动到相同环上的其他边处，即相邻的平行边处，如图 5-25 所示。如果单击了“循环”按钮，则可以使用该功能选择相邻的子对象循环。该功能只适用于“边”和“边界”子对象层级。

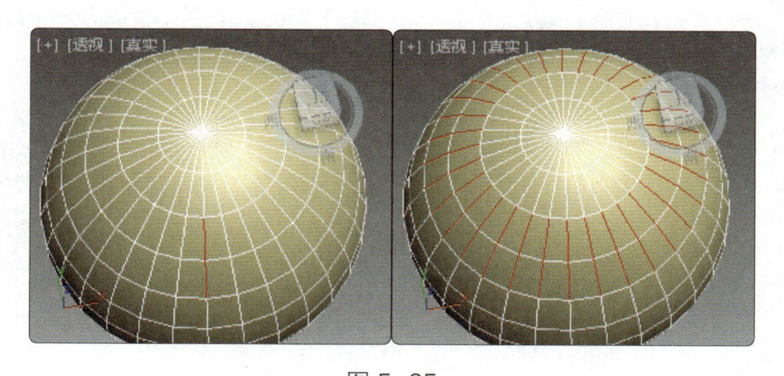

图 5-25

• 循环：在与所选边对齐的同时，尽可能远地扩展边的选择范围。循环选择仅通过四向连接进行传播，如图 5-26 所示。

• 获取堆栈选择：使用在堆栈中向上传递的子对象来替换当前选择的子对象。然后，可以使用标准方法修改选择的子对象。

• “预览选择”：根据鼠标指针的位置，可以在当前子对象层级中进行预览，也可以自动切换子对象层级。

▲ 关闭：预览不可用。

▲ 子对象：仅在当前子对象层级中启用预览，如图 5-27 所示。

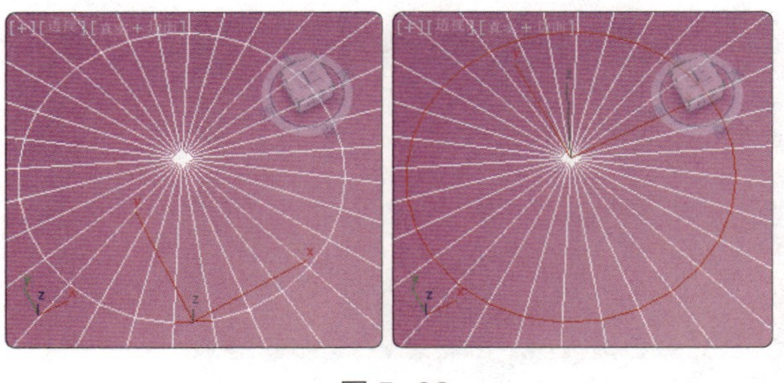

图 5-26

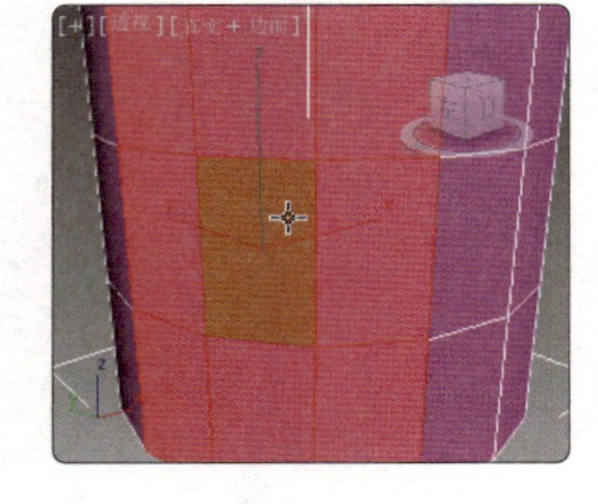

图 5-27

• 多个：像“子对象”一样起作用，根据鼠标指针的位置，可在“顶点”“边”“多边形”子对象层级之间自动进行切换。

• 选定整个对象：卷展栏底部的文本，提供了有关当前选择的信息。如果没有选中子对象，或者选中了多个子对象，那么该文本会显示选择的数目和类型。

（3）“软选择”卷展栏如图 5-28 所示，其中主要选项的介绍如下。

• 使用软选择：勾选该复选框后，3ds Max 会将样条线变形应用到周围未选定的子对象上。如果要产生效果，则必须在进行变换或修改操作之前勾选该复选框。

• 边距离：勾选该复选框后，将软选择限制到指定的面数。

• 影响背面：勾选该复选框后，那些法线方向与选定的子对象的平均法线方向相反的或取消选择的面会受到软选择的影响。

• 衰减：用于定义影响区域的距离，它是用当前单位表示的从中心到球体的边的距离。使用越大的“衰减”值，可以实现越平缓的斜坡，具体情况取决于几何体的比例。

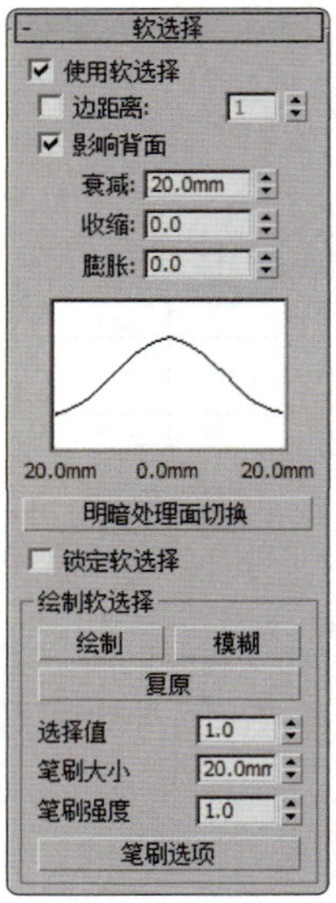

图 5-28

• 收缩：沿着垂直轴升高并降低曲线的顶点，以设置区域的相对“突出度”。该值为负数时，将生成凹陷，而不是点。该值为 0 时，收缩将跨越该轴并生成平滑变换效果。

• 膨胀：沿着垂直轴展开和收缩曲线。

• 明暗处理面切换：显示渐变颜色，它与软选择的权重相匹配。

• 锁定软选择：勾选该复选框将禁用标准软选择，通过锁定标准软选择的一些调节数值，可避免系统对它们进行更改。

• “绘制软选择”：可以通过鼠标指针在视口上指定软选择，绘制软选择可以通过绘制不同权重的不规则形状来表达想要的选择效果。与标准软选择相比，绘制软选择可以更灵活地控制软选择图形的范围，使其不再受固定衰减曲线的限制。

• 绘制：单击该按钮，在视口中移动鼠标指针，可在当前对象上绘制软选择。

• 模糊：单击该按钮，在视口中移动鼠标指针，可模糊当前的软选择。

• 复原：单击该按钮，在视口中移动鼠标指针，可复原当前的软选择。

- 选择值：设置软选择的最大权重，最大值为 1。
- 笔刷大小：绘制软选择的笔刷大小。
- 笔刷强度：绘制软选择的笔刷强度，强度越大，达到完全值的速度越快。

通过 Ctrl+Shift 组合键和鼠标左键可以快速调整笔刷大小，通过 Alt+Shift 组合键和鼠标左键可以快速调整笔刷强度，绘制时按住 Ctrl 键可暂时启用复原工具。

• 笔刷选项：单击该按钮可打开“绘制选项”对话框来自定义笔刷的相关属性，如图 5-29 所示。

（4）“编辑几何体”卷展栏如图 5-30 所示，其中主要选项的介绍如下。

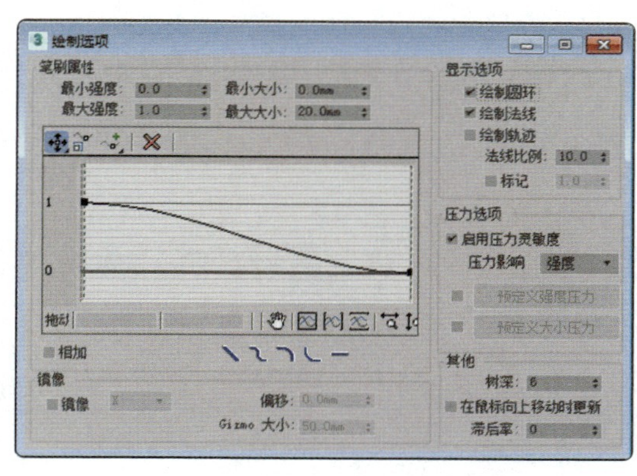

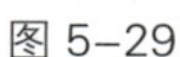
图 5-29

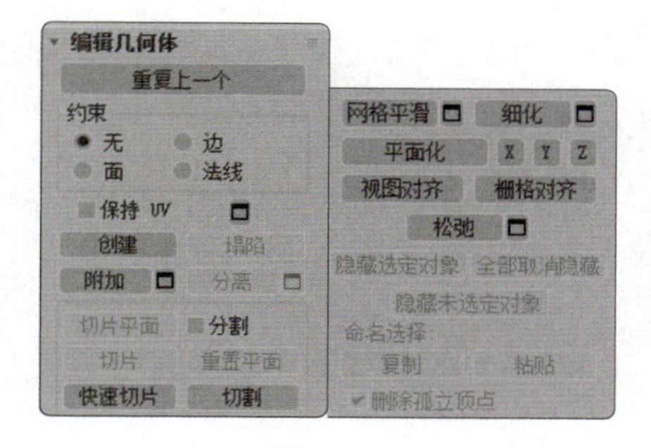

图 5-30

- 重复上一个：重复最近使用的命令。
- 约束：可以使用现有的几何体来约束子对象的变换。
- ▲ 无：没有约束，这是默认选项。
- ▲ 边：约束子对象到边界的变换。
- ▲ 面：约束子对象到单个曲面的变换。
- ▲ 法线：约束子对象到其法线（或平均法线）的变换。
- 保持 UV：勾选该复选框后，可以编辑子对象，而不影响子对象的 UV 贴图。
- 创建：创建新的几何体。

• 塌陷：将子对象的顶点与选择中心的顶点焊接，使连续选定子对象的组产生塌陷，如图 5-31 所示。

• 附加：用于将场景中的其他对象附加到选定的多边形上。单击“附加列表”按钮■，在弹出的对话框中可以选择一个或多个对象进行附加。

• 分离：将选定的子对象和附加到子对象上的多边形作为单独的对象或元素进行分离。单击“设置”按钮■，打开“分离”对话框，在其中可进行相关设置。

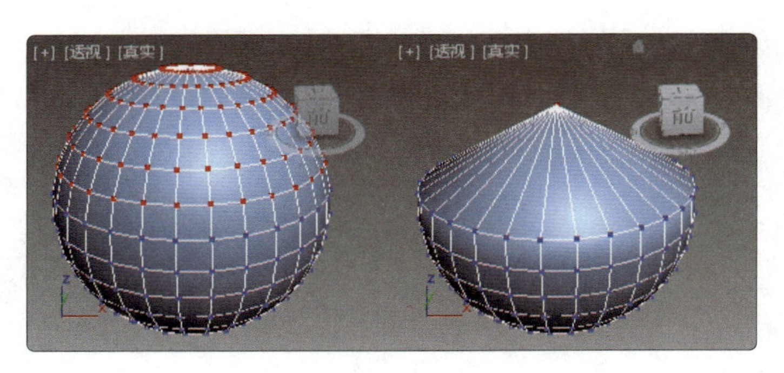

图 5-31

• 切片平面：为切片平面创建 Gizmo，同时会激活“切片”和“重置平面”按钮。单击“切片”按钮可在平面与几何体相交的位置创建新的边。

• 分割：勾选该复选框时，通过快速切片和切割操作，可以在划分边的位置创建两个顶点集。

• 切片：在切片平面处执行切片操作。只有启用“切片平面”按钮时，才能使用该按钮。

• 重置平面：将切片平面恢复到其默认位置和方向。只有激活了“切片平面”按钮时，才能使用该按钮。

• 快速切片：可以将对象快速切片，而不操作 Gizmo。对对象进行选择后单击“快速切片”按钮，然后在切片的起点处单击，再在其终点处单击。激活按钮时，可以继续对选定内容执行切片操作。要停止切片操作，请在视口中单击鼠标右键，或者重新单击“快速切片”按钮。

• 切割：用于创建一个多边形到另一个多边形的边，或在多边形内创建边。单击以确定起点，并移动鼠标指针，然后单击，再移动鼠标指针并单击，以创建新的连接边。单击鼠标右键退出当前切割操作，然后可以开始新的切割操作，或者再次单击鼠标右键退出切割模式。

• 网格平滑：使用当前设置平滑对象。

• 细化：根据细化设置细分对象中的所有多边形。单击“设置”按钮，可以指定细化功能的应用方式。

• 平面化：强制选定的所有子对象共面。该平面的法线是选择的子对象的平均法线。

• X、Y、Z：平面化选定的所有对象，并使该平面与对象的局部坐标系中的相应平面对齐。例如，使用的平面是与按钮轴垂直的平面，单击“X”按钮时，可以使该对象与局部坐标系的 y 轴、z 轴对齐。

• 视图对齐：使对象中的所有顶点与活动视口所在的平面对齐。在子对象层级中，此功能只会影响选定顶点或选定子对象的顶点。

• 栅格对齐：使选定对象中的所有顶点与活动视口所在的平面对齐。在子对象层级中，只会对齐选定的子对象。

• 松弛：使用当前的松弛设置将松弛功能应用于选择的对象。松弛可以规格化网格空间，方法是朝着相邻对象移动每个顶点。单击“设置”按钮▣，可以指定松弛功能的应用方式。

• 隐藏选定对象：隐藏选定的子对象。

• 全部取消隐藏：将隐藏的子对象恢复为可见状态。

• 隐藏未选定对象：隐藏未选定的子对象。

• 命名选择：用于复制和粘贴对象之间的子对象的选择集。

▲ 复制：单击该按钮将打开一个对话框，在该对话框中可以指定要放置在复制缓冲区中的选择集。

▲ 粘贴：从复制缓冲区中粘贴选择集。

• 删除孤立顶点：勾选该复选框，在删除连续子对象时会删除孤立的顶点。取消勾选该复选框时，删除子对象会保留所有顶点。默认勾选该复选框。

（5）“绘制变形”卷展栏如图 5-32 所示，其中主要选项的介绍如下。

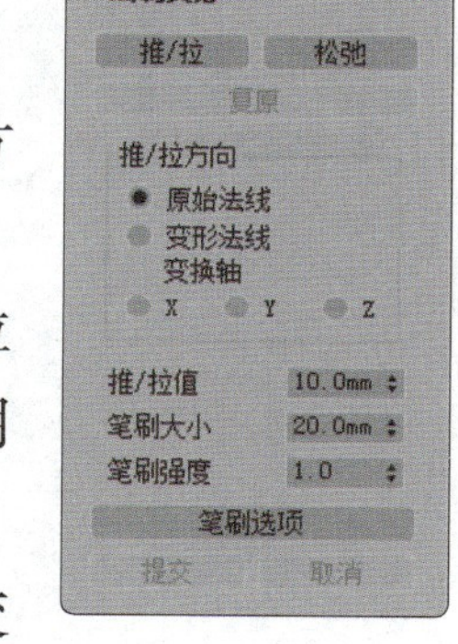

图 5-32

• 推 / 拉：将顶点移入对象曲面（推）或移出曲面（拉）。推拉的方向和范围由“推 / 拉值”确定。

• 松弛：将每个顶点移到由它的相邻顶点的位置计算出来的平均位置，以此来规格化顶点之间的距离。其使用方法与“松弛”修改器的使用方法相同。

• 复原：可以逐渐擦除或反转推 / 拉松弛效果，仅影响从最近的提交操作开始变形的顶点。如果没有顶点可以复原，则“复原”按钮不可用。

• “推 / 拉方向”：用于指定对顶点的推或拉操作是根据曲面法线、原始法线或变形法线进行的，还是沿着指定轴进行的。

▲ 原始法线：选中该选项后，对顶点的推或拉操作会使顶点沿它变形之前的法线方向进行移动。重复应用绘制变形会总是将每个顶点沿它最初移动时的方向进行移动。

▲ 变形法线：选中该选项后，对顶点的推或拉操作会使顶点沿它现在的法线方向进行移动，也就是变形之后的法线方向。

▲ 变换轴 X、Y、Z：选中相应的选项后，对顶点的推或拉操作会使顶点沿着指定的轴进行移动。

• 推 / 拉值：确定单个推或拉操作应用的方向和最大范围。正值表示将顶点拉出对象曲面，而负值表示将顶点推入对象曲面。

• 笔刷大小：设置圆形笔刷的半径。

• 笔刷强度：设置笔刷应用“推 / 拉值”的速率。低强度值应用效果的速率要比高强度值应用效果的速率小。

• 笔刷选项：单击该按钮可以打开“绘制选项”对话框，在该对话框中可以设置各种与笔刷相关的参数。

• 提交：使变形效果永久化，并将它们分配到几何体对象中。在单击“提交”按钮后，就不可以应用复原操作了。

• 取消：取消应用绘制变形后的所有更改，或取消最近的提交操作。

◎ 子对象层级卷展栏

“编辑多边形”修改器中有许多卷展栏是与子对象层级相关的，选择子对象层级，相应的卷展栏将会出现。下面对这些卷展栏进行详细的介绍。

（1）选择集为“顶点”时在修改命令面板中出现的卷展栏。

“编辑顶点”卷展栏如图 5-33 所示，其中主要选项的介绍如下。

• 移除：删除选中的顶点，并接合使用该顶点的多边形。

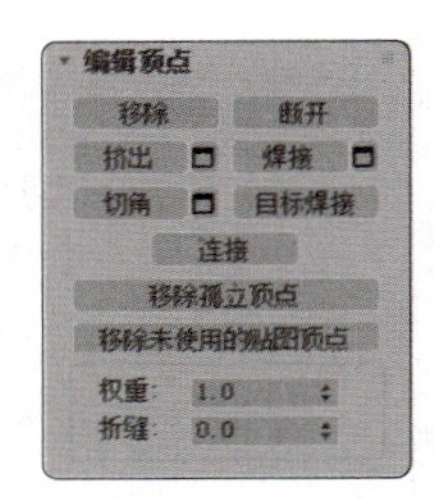

图 5-33

选中需要删除的顶点，如图 5-34 所示；如果直接 Delete 键，此时网格中会出现一个或多个洞，如图 5-35 所示；如果单击“移除”按钮则不会出现洞，如图 5-36 所示。

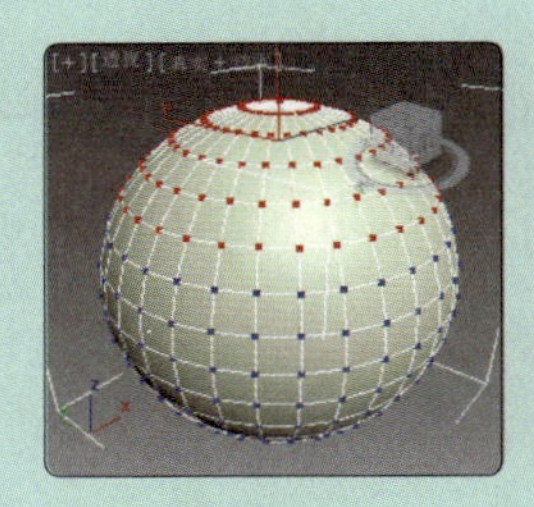
图 5-34

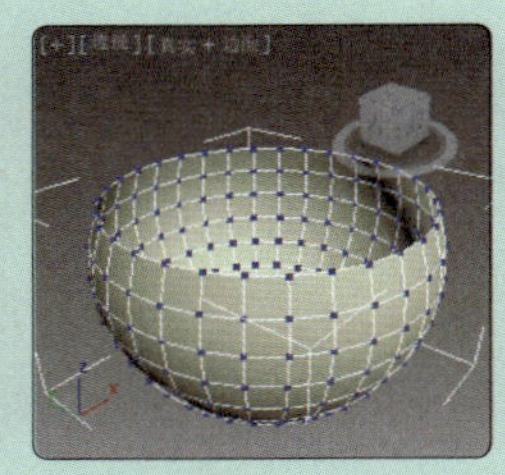
图 5-35

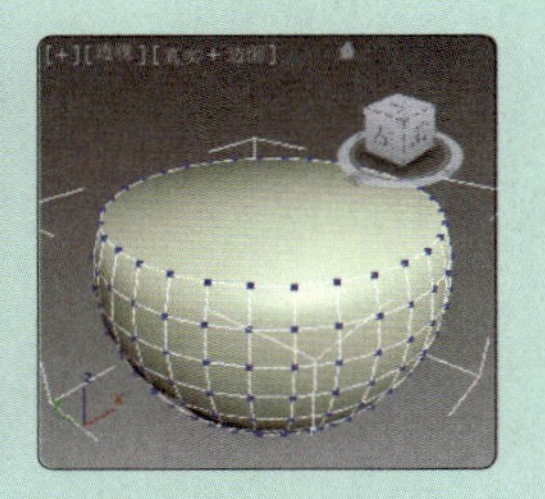
图 5-36

• 断开：在与选中的顶点相连的每个多边形上都创建一个新顶点，这可以使多边形的转角相互分开，使它们不再相连于原来的顶点上。如果顶点是孤立的或者只有一个多边形使用，则顶点将不受影响。

• 挤出：可以手动挤出顶点，方法是在视口中直接进行操作。单击此按钮，然后垂直拖动选中的顶点到任何顶点上，就可以挤出此顶点。挤出顶点时，它会沿法线方向移动，并会创建新的多边形，以便形成挤出的面将顶点与对象相连。挤出的面的数目与原来使用挤出顶点的多边形数目一样。单击“设置”按钮■打开助手小盒，可以执行交互式挤出操作。

• 焊接：对指定的公差范围内选中的连续顶点进行合并。所有边都会与产生的单个顶点相连。单击“设置”按钮■打开助手小盒，可以设定焊接阈值。

• 切角：单击该按钮，然后拖动活动对象的顶点。如果想准确地设置切角，则可以先单击“设置”按钮■打开助手小盒，然后设置切角值，如图 5-37 所示。如果选中了多个顶点，那么它们都会被设置相同的切角。

• 目标焊接：可以选择一个顶点，并将它焊接到相邻的目标顶点上，如图 5-38 所示。

目标焊接只焊接成对的连续顶点，也就是说，顶点有一条边与之相连。

图 5-37

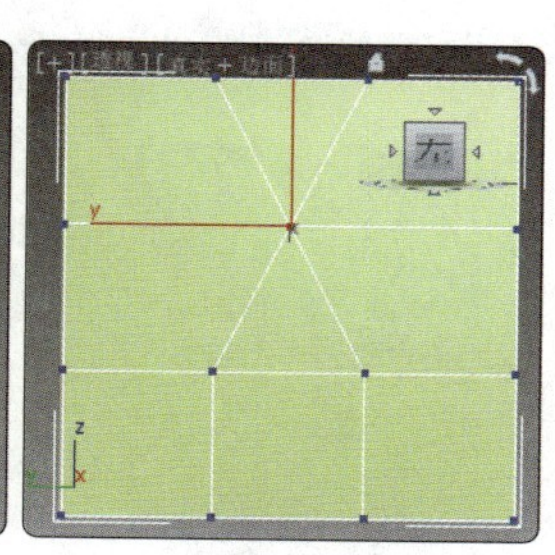
图 5-38

• 连接：在选中的顶点对之间创建新的边，如图 5-39 所示。

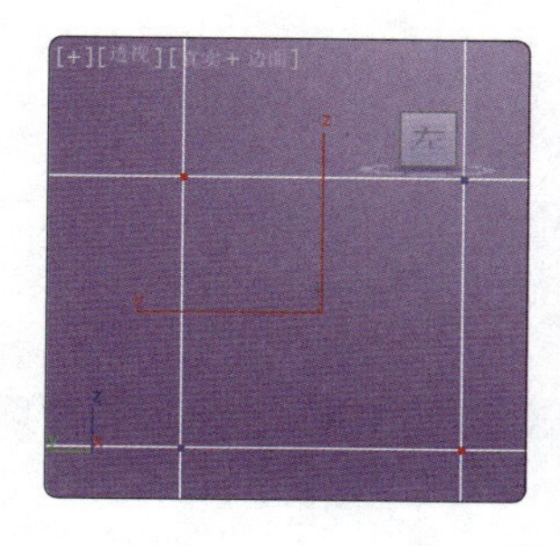
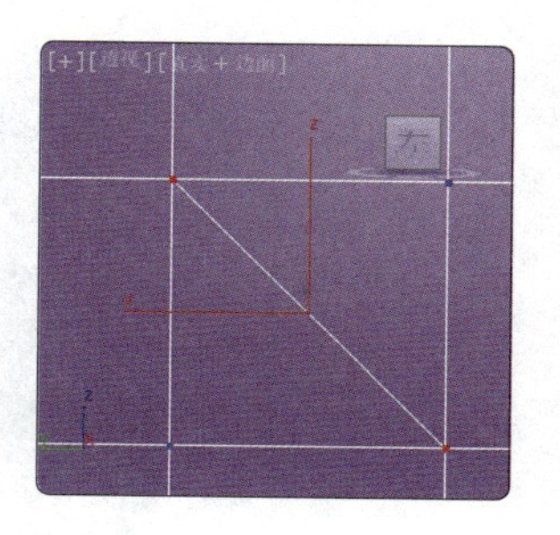
图 5-39

• 移除孤立顶点：将不属于任何多边形的所有顶点删除。

• 移除未使用的贴图顶点：某些建模操作会留下未使用的（孤立）贴图顶点，它们会显示在展开的 UVW 编辑器中，但是不能用于贴图。可以单击该按钮，自动删除这些贴图顶点。

（2）选择集为“边”时在修改命令面板中出现的卷展栏。

“编辑边”卷展栏如图 5-40 所示，其中主要选项的介绍如下。

• 插入顶点：用于手动细分可视的边。单击“插入顶点”按钮后，单击某边即可在单击处添加顶点。

• 移除：删除选定边并组合使用这些边的多边形。

• 分割：沿着选定边分割网格。对网格中心的单条边应用分割操作时，不会起任何作用。影响边末端的顶点必须是单独的，以便能使用该按钮。例如，因为边界顶点可以一分为二，所以，可以在与现有的边界相交的单条边上使用该按钮。另外，因为共享顶点可以分割，所以，可以在栅格或球体的中心处分割两条相邻的边。

• 桥：使用多边形的桥连接对象的边。桥只连接边界边，也就是只在一侧有多边形的边。创建边循环或剖面时，该按钮特别有用。单击“设置”按钮■打开小盒助手，以便通过交互式操作在一对边之间添加多边形，如图 5-41 所示。

• 创建图形：选择一条或多条边来创建新的曲线。

• 编辑三角剖分：用于修改在绘制内边或对角线时多边形细分为三角形的方式。

• 旋转：通过单击对角线来修改多边形细分为三角形的方式。激活“旋转”按钮时，对角线在“线框”和“边面”视口中显示为虚线。在“旋转”模式下，单击对角线可更改其位置。要退出“旋转”模式，则可在视口中单击鼠标右键或再次单击“旋转”按钮。

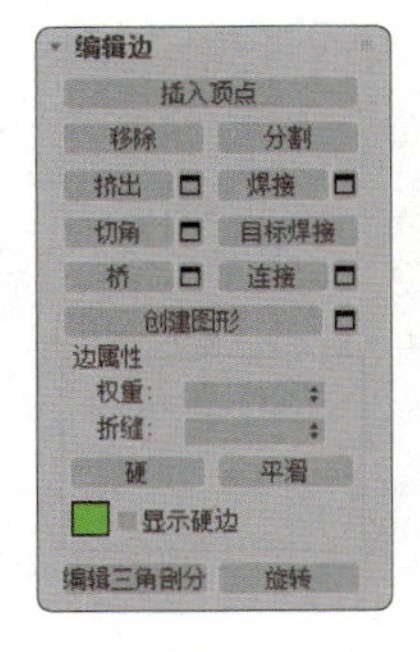

图 5-40

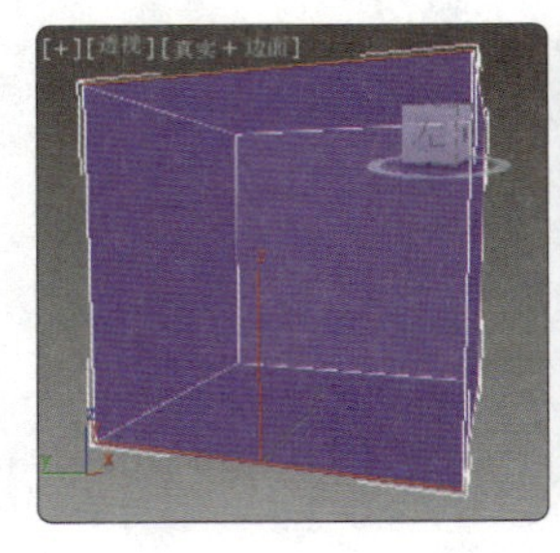
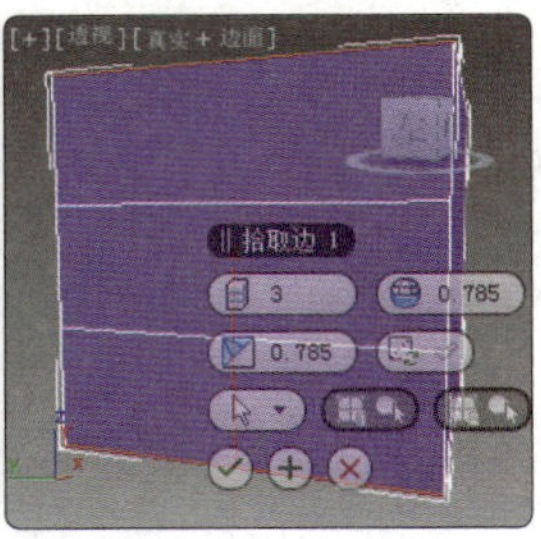

图 5-41

（3）选择集为“边界”时在修改命令面板中出现的卷展栏。

“编辑边界”卷展栏如图 5-42 所示，其中主要选项的介绍如下。

• 封口：使用单个多边形封住整个边界，如图 5-43 所示。

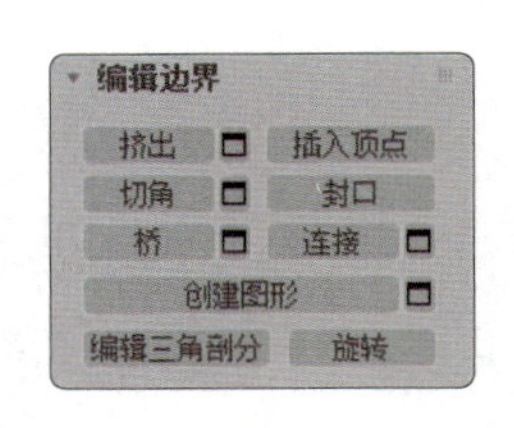

图 5-42

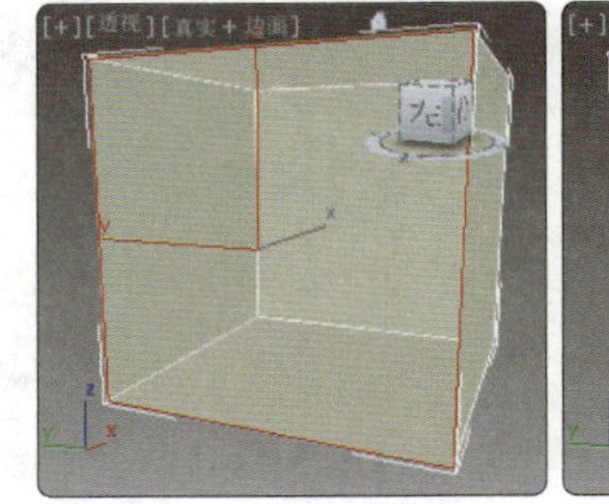
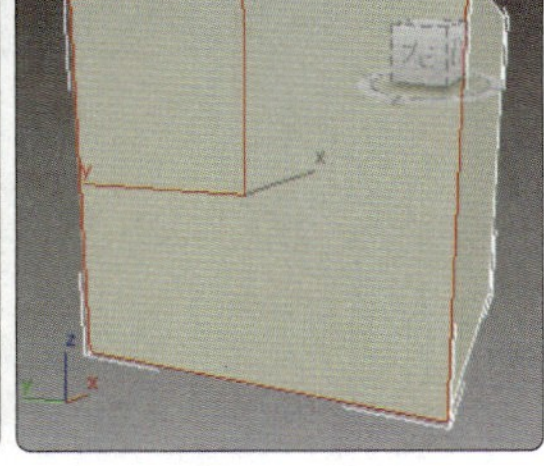

图 5-43

• 创建图形：选择边界来创建新的曲线。

• 编辑三角剖分：用于修改在绘制内边或对角线时多边形细分为三角形的方式。

• 旋转：通过单击对角线来修改多边形细分为三角形的方式。

（4）选择集为“多边形”时在修改命令面板中出现的卷展栏。

① “编辑多边形”卷展栏如图 5-44 所示，其中主要选项的介绍如下。

• 挤出：单击“挤出”按钮，然后垂直拖曳任意一个多边形，即可将其挤出。

• 轮廓：用于增加或减少选定多边形的外边，单击“设置”按钮■打开助手小盒，可以通过设置数值来进行轮廓操作，如图 5-45 所示。

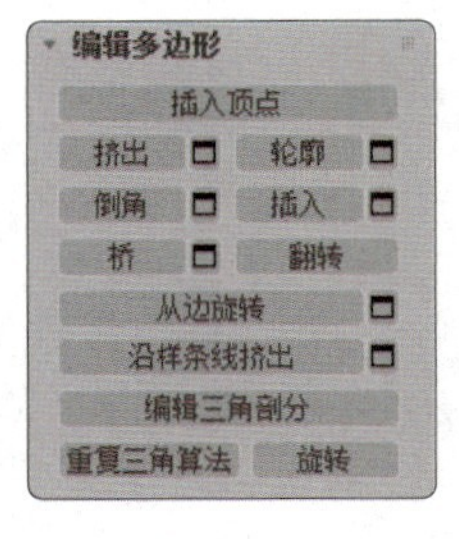

图 5-44

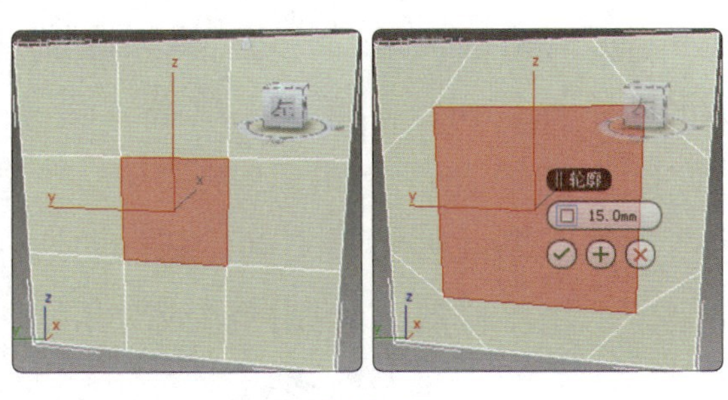

图 5-45

• 倒角：直接在视口中手动进行倒角操作。单击“设置”按钮■打开助手小盒，可以通过交互式操作执行倒角操作，如图 5-46 所示。

• 插入：执行没有高度的倒角操作，图 5-47 所示为在选定多边形的平面内执行该操作的效果。单击“插入”按钮，然后垂直移动任意一个多边形，可以将其插入。单击“设置”按钮■打开助手小盒，可以通过交互式操作插入多边形。

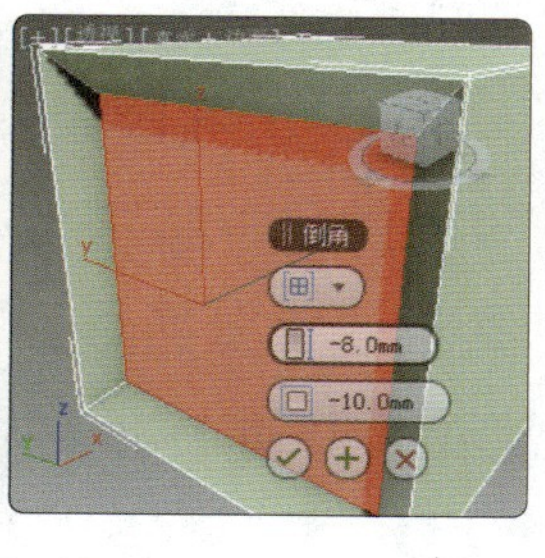

图 5-46

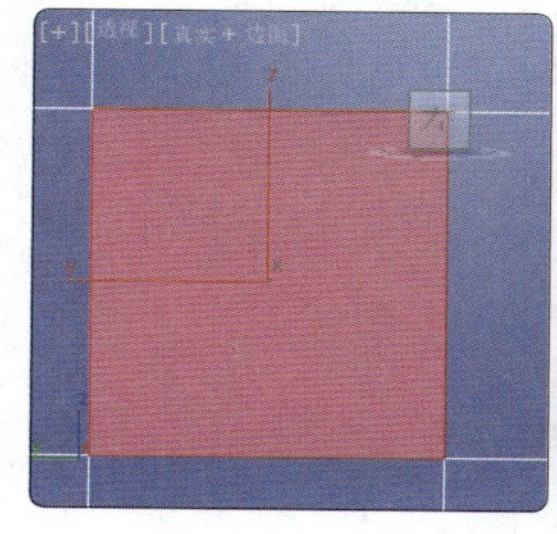
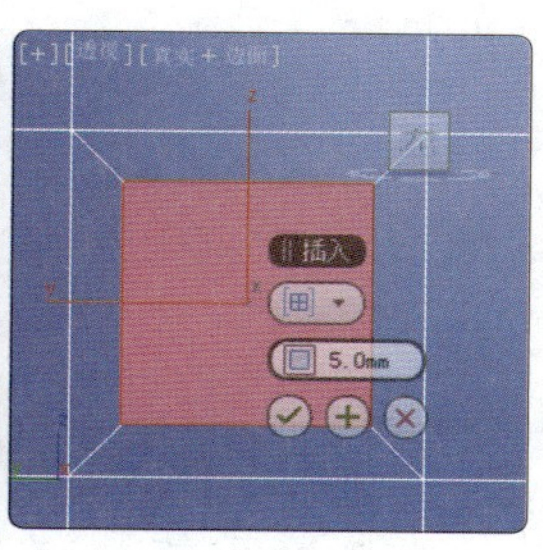

图 5-47

• 翻转：反转选定多边形的法线方向。

• 从边旋转：直接在视口中手动进行旋转操作。单击“设置”按钮■打开助手小盒，可以通过交互式操作旋转多边形。

• 沿样条线挤出：沿样条线挤出当前选择的多边形。单击“设置”按钮■打开助手小盒，可以通过交互式操作沿样条线挤出多边形。

• 编辑三角剖分：通过绘制内边来修改多边形细分为三角形的方式，如图 5-48 所示。

• 重复三角算法：允许 3ds Max 对当前选择的多边形自动执行最佳的三角剖分操作。

• 旋转：通过单击对角线来修改多边形细分为三角形的方式。

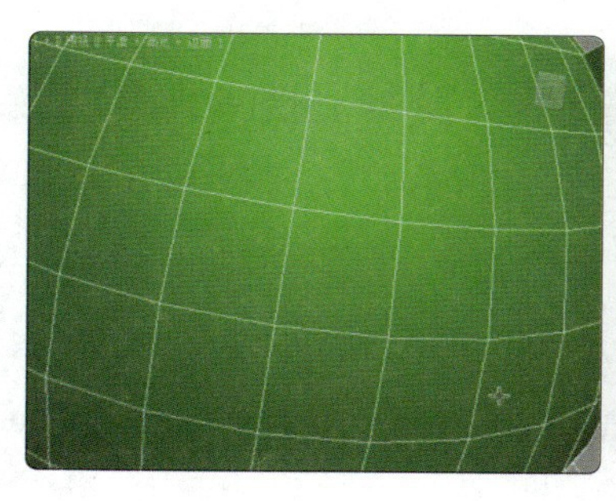

图 5-48

② “多边形：材质 ID”卷展栏如图 5-49 所示，其中主要选项的介绍如下。

• 设置 ID：用于为选定的面片分配特殊的材质 ID，以供多维对象或子对象使用。

• 选择 ID：选择与相邻 ID 字段中指定的材质 ID 对应的子对象。输入或使用该微调器指定 ID，然后单击“选择 ID”按钮。

• 清除选择：勾选该复选框，选择新 ID 或材质名称会取消选择之前选择的所有子对象。

③ “多边形：平滑组”卷展栏如图 5-50 所示，其中主要选项的介绍如下。

• 按平滑组选择：单击该按钮会打开显示了当前平滑组的对话框。

• 清除全部：从选定面片中删除所有的平滑组。

• 自动平滑：基于多边形之间的角度设置平滑组。如果任意两个相邻多边形的法线之间的角度小于角度阈值（由该按钮右侧的微调器设置），则它们会被包含在同一个平滑组中。

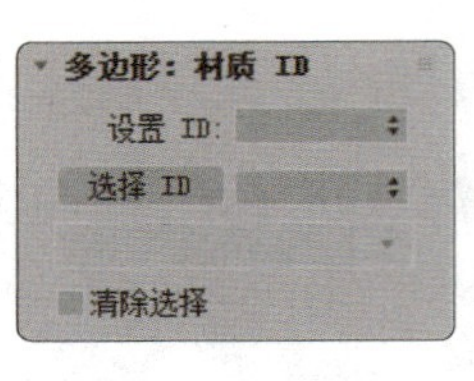

图 5-49

图 5-50

“元素”选择集的卷展栏中的相关选项的功能与“多边形”选择集的卷展栏中的相关选项的功能大体相同，这里就不重复介绍了，具体选项的应用参考“多边形”选择集即可。

2 “涡轮平滑”修改器

“涡轮平滑”修改器用于平滑场景中的几何体。图 5-51 所示为“涡轮平滑”修改器的卷展栏。其中主要选项的介绍如下。

• 迭代次数：设置网格细分的次数。增大该值，新的迭代会通过为已有顶点、边和曲面创建平滑差补顶点来细分网格。修改器会通过细分曲面来使用这些新的顶点。默认值为 10，取值范围在 0 到 10 之间。

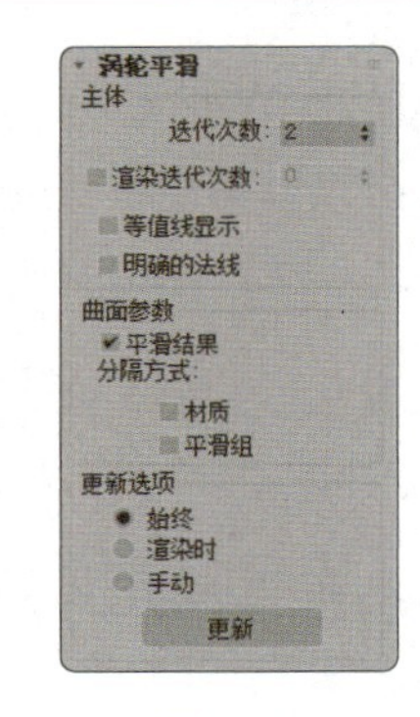

图 5-51

在增加迭代次数时，对于每次迭代，对象中的顶点和曲面的数量以及计算时间会增加 4 倍。对复杂对象应用 4 次迭代会花费很长的计算时间，如果迭代次数过多，则系统可能会反应不过来，这时需要按 Esc 键退出迭代。

• 渲染迭代次数：勾选该复选框，允许在渲染时选择一个不同数量的平滑迭代次数应用于对象，而不再使用“迭代次数”数值框来渲染模型的平滑效果。

• 等值线显示：勾选该复选框，将只显示等值线，即对象平滑之前的原始边。勾选该复选框的好处是可以使显示更清晰。取消勾选该复选框后，会显示所有通过“涡轮平滑”修改器添加的曲面。因此，更高的迭代次数会产生更多的线条。默认取消勾选该复选框。

• 明确的法线：允许“涡轮平滑”修改器为输出计算法线，此方法要比 3ds Max 中网格对象平滑组中用于计算法线的标准方法更迅速。默认取消勾选该复选框。

• 平滑结果：为所有曲面应用相同的平滑组。

• 材质：防止在不共享材质 ID 的曲面之间的边上创建新曲面。

• 平滑组：防止在不共享至少一个平滑组的曲面之间的边上创建新曲面。

• 始终：无论何时改变任何涡轮平滑设置，都会自动更新对象。

• 渲染时：只在渲染时更新对象在视口中的显示效果。

• 手动：启用手动更新。选中“手动”选项时，改变的任意设置在单击“更新”按钮后才会起作用。

• 更新：更新视口中的对象来匹配当前涡轮平滑设置，仅在选中“渲染时”或“手动”选项时才会起作用。

5.2.4 任务实施

（1）启动 3ds Max 2019，依次单击“创建”> “几何体”> “圆柱体”按钮，在“顶”视口中创建圆柱体，在“参数”卷展栏中设置“半径”为 260mm，“高度”为 100mm，“高度分段”为 1，如图 5-52 所示。

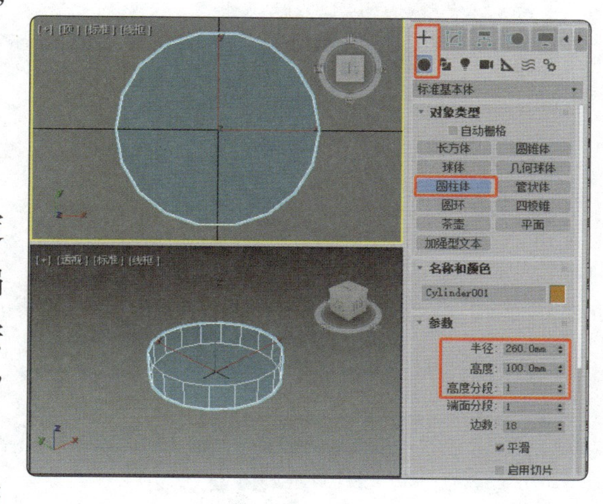

图 5-52

（2）切换到“修改”面板，在“修改器列表”下拉列表中选择“编辑多边形”修改器，将选择集定义为“多边形”；在“顶”视口中选择多边形，在“编辑多边形”卷展栏中单击“倒角”右侧的“设置”按钮，当前视口中会出现助手小盒，设置“切角轮廓”为 -20mm，单击“确定”按钮，如图 5-53 所示。

（3）单击“挤出”右侧的“设置”按钮，当前视口中会出现助手小盒，设置“挤出多边形高度”为 -90mm，如图 5-54 所示。

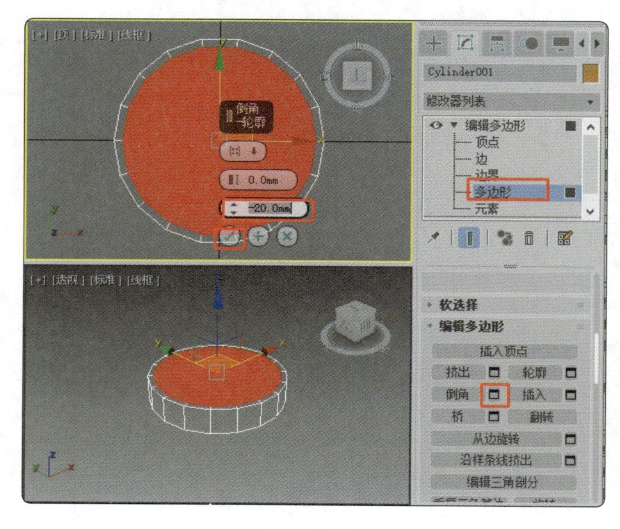

图 5-53

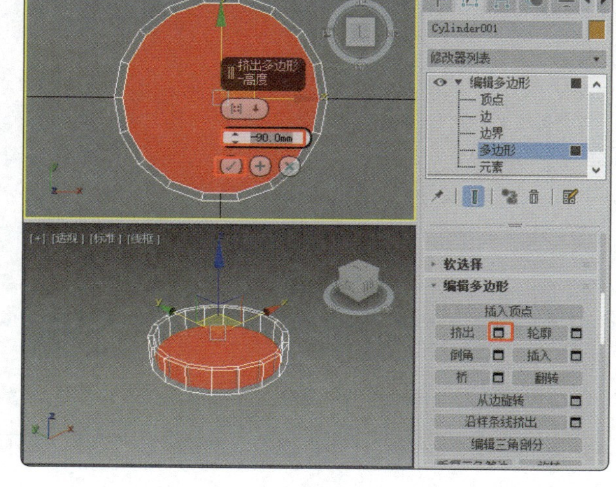

图 5-54

（4）将选择集定义为“边”，在场景中选择图 5-55 所示的边。

（5）选择边后，在“编辑边”卷展栏中单击“切角”右侧的“设置”按钮，当前视口中会出现助手小盒，设置“切角量”为 9.33，“分段”为 3，单击“确定”按钮，如图 5-56 所示。

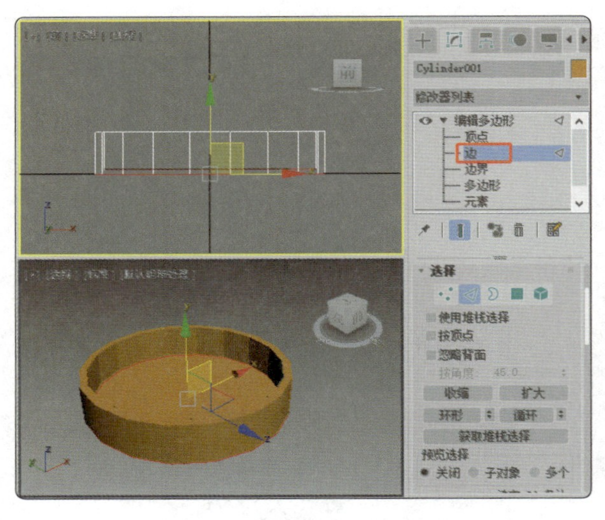

图 5-55

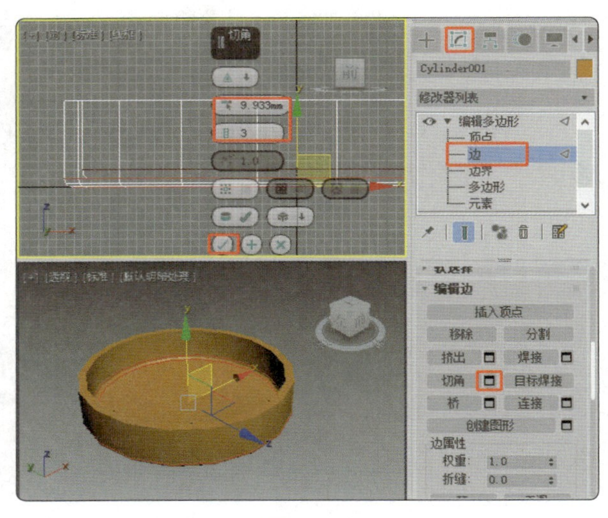

图 5-56

（6）将选择集定义为“多边形”，在场景中选择图 5-57 所示的多边形。

（7）在“编辑多边形”卷展栏中单击“倒角”右侧的“设置”按钮，当前视口中会出现助手小盒，设置“倒角高度”为 38.632，“倒角轮廓”为 -6.264，单击“确定”按钮，如图 5-58 所示。

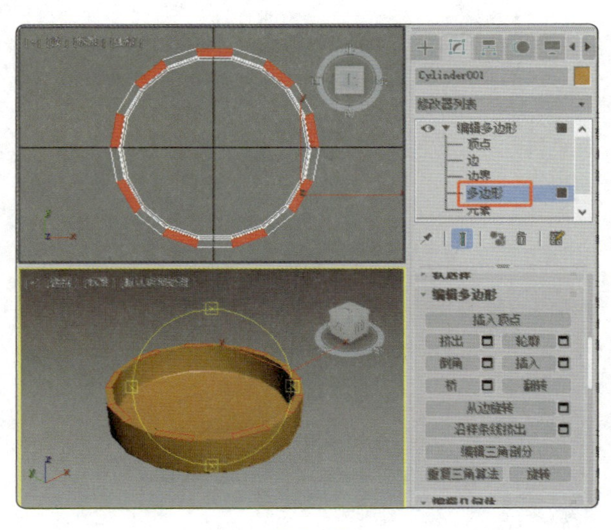

图 5-57

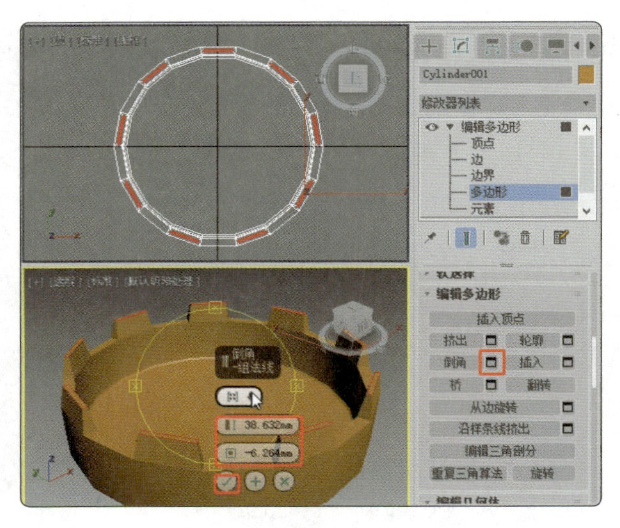

图 5-58

（8）确定当前选择的是多边形，按住 Ctrl 键单击“选择”卷展栏中的“边”按钮，可以根据当前选择的多边形来选择边，如图 5-59 所示。

（9）选择边后，在“编辑边”卷展栏中单击“切角”右侧的“设置”按钮，当前视口中会出现助手小盒，设置“切角量”为 0.929，“切角分段”为 1，单击“确定”按钮，如图 5-60 所示。

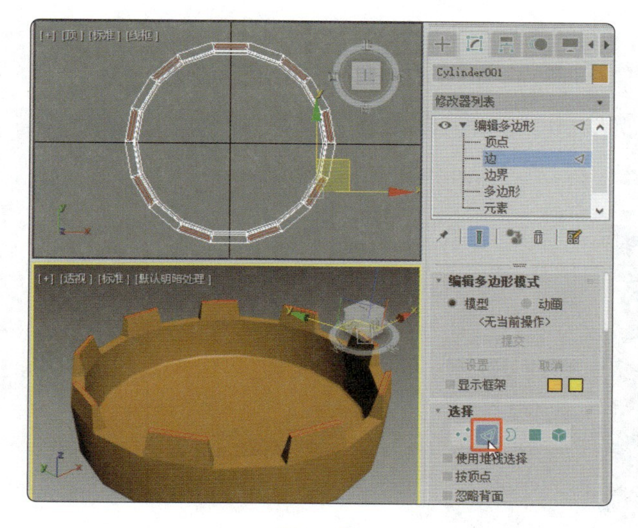

图 5–59

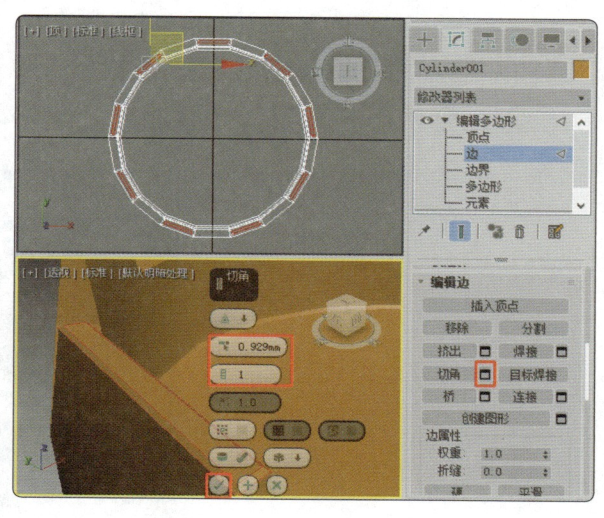

图 5–60

（10）关闭选择集，在“修改器列表”下拉列表中选择“涡轮平滑”修改器，设置“迭代次数”为 2，如图 5-61 所示。

（11）添加“锥化”修改器，在“参数”卷展栏中设置“数量”为 0.38，如图 5-62 所示。

图 5–61

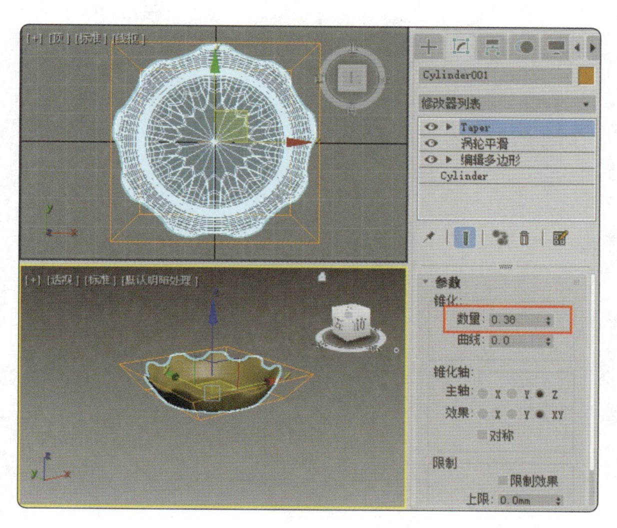

图 5–62

5.2.5 扩展实践：制作足球模型

通过结合使用“编辑网格”修改器、“网格平滑”修改器、“球形化”修改器、“编辑多边形”修改器来制作足球模型（最终效果参看云盘中的“场景 > 项目 5> 足球 ok.max”，见图 5-63）。

图 5–63

任务 5.3 项目演练：制作石灯模型

通过结合使用“车削”修改器、“阵列”命令和“编辑多边形”修改器来完成石灯模型的制作（最终效果参看云盘中的“场景 > 项目 5> 石灯 ok.max”，见图 5-64）。

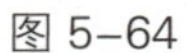
图 5-64

06

项目6 制作高级动画模型

——创建复合对象

3ds Max的基本内置模型是创建复合对象的基础，可以将多个内置模型组合在一起，从而得到千变万化的模型。ProBoolean工具和“放样”工具曾经是3ds Max的主要建模工具。虽然这两个建模工具现在使用得较少，但它们仍然是快速创建一些相对复杂的对象的好工具。通过本项目的学习，读者可以掌握如何制作高级动画模型。

学习引导

知识目标

- 掌握 ProBoolean 工具的使用方法
- 掌握“放样”工具的使用方法

能力目标

- 掌握 ProBoolean 复合对象的创建方法
- 掌握单截面与多截面放样变形的创建方法

素养目标

- 培养对复合对象的设计能力
- 培养对动画模型的审美能力

实训项目

- 制作蜡烛模型
- 制作牵牛花模型

任务 6.1 制作蜡烛模型

微课

制作蜡烛模型

6.1.1 任务引入

本任务是制作蜡烛模型，要求设计风格简约，可以用于装饰和点缀场景。

6.1.2 设计理念

设计时，主要使用“切角长方体”工具、“圆柱体”工具、ProBoolean 工具、“长方体”工具、“线”工具，结合使用“编辑多边形”修改器来制作蜡烛模型（最终效果参看云盘中的“场景 > 项目 6> 蜡烛 ok.max”，见图 6-1）。

图 6-1

6.1.3 任务知识：ProBoolean 工具

ProBoolean 复合对象在执行布尔运算之前，采用了 3ds Max 网格，并增加了额外的功能。它先组合拓扑，然后确定共面三角形并移除附带的边，再在多边形上执行布尔运算。完成布尔运算之后，对结果执行重复三角算法，然后在共面的边隐藏的情况下，将结果发送回 3ds Max 中。这样的额外工作具有双重意义：ProBoolean 复合对象的可靠性非常高；同时因为有更少的边和三角形，所以输出结果更清晰。图 6-2 所示为“拾取布尔对象”卷展栏。

图 6-2

- 开始拾取：在场景中拾取操作对象。

◎ “高级选项”卷展栏

“高级选项”卷展栏如图 6-3 所示，其中主要选项的介绍如下。

- 更新：用于确定在进行更改操作后，何时或以何种方法在布尔对象上进行更新。

▲ 始终：只要更改了布尔对象，就会进行更新。

▲ 手动：仅在单击“更新”按钮后进行更新。

▲ 仅限选定时：不论何时，只要选定了布尔对象，就会进行更新。

▲ 仅限渲染时：仅在渲染或单击“更新”按钮后，才将更新应用于布尔对象。

▲ 更新：对布尔对象应用更改。

▲ 消减 %：从布尔对象的多边形上移除边，从而降低多边形边的百分比。

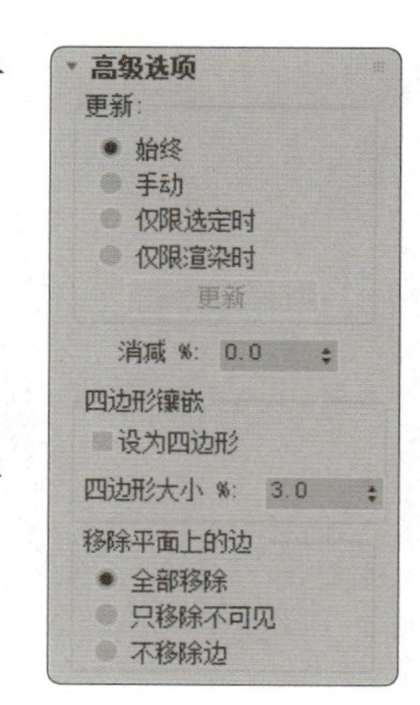

图 6-3

• 四边形镶嵌：用于启用布尔对象的四边形镶嵌。

▲ 设为四边形：勾选该复选框，会将布尔对象的镶嵌形状从三角形改为四边形。

▲ 四边形大小 %：用于确定四边形点整体布尔对象长度的百分比。

• 移除平面上的边：用于确定如何处理平面上的多边形。

▲ 全部移除：移除一个面上的所有共面的边，这样该面将被定义多边形。

▲ 只移除不可见：移除每个面上的不可见边。

▲ 不移除边：不移除边。

◎“参数”卷展栏

“参数”卷展栏如图 6-4 所示，其中主要选项的介绍如下。

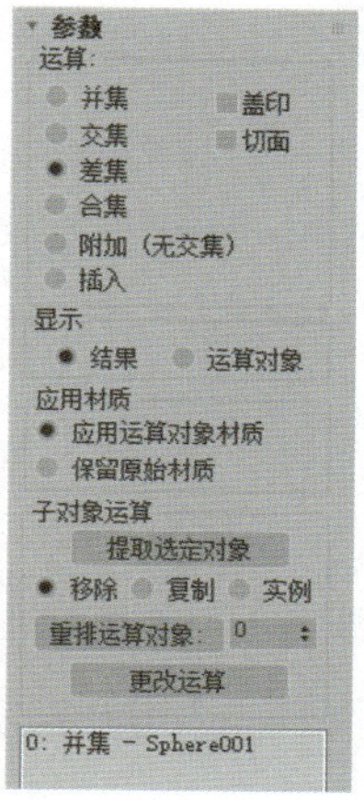

• 运算：用于确定布尔对象如何进行交互。

▲ 并集：将两个或多个单独的实体组合到单个布尔对象中。

▲ 交集：从原始对象之间的物理交集中创建一个新对象，移除未相交的部分。

▲ 差集：从原始对象中移除相交的部分。

图 6-4

▲ 合集：将对象组合到单个布尔对象中，而不移除任何几何体，并在对象相交的位置创建新边。

▲ 盖印：将图形轮廓（或相交边）打印到原始网格对象上。

▲ 切面：切割原始网格对象的面，只影响这些面。选定运算对象的面未添加到布尔运算结果中。

• 显示：用于选择显示模式。

▲ 结果：只显示布尔运算结果而非单个布尔对象的运算结果。

▲ 运算对象：显示定义布尔运算结果的运算对象。使用该模式可编辑运算对象并修改运算结果。

• 应用材质：用于选择材质应用模式。

▲ 应用运算对象材质：布尔运算产生的新面将获取运算对象的材质。

▲ 保留原始材质：布尔运算产生的新面将保留原始对象的材质。

• 子对象运算：用于对在层次视图列表中高亮显示的运算对象进行运算。

▲ 提取选定对象：对在层次视图列表中高亮显示的运算对象进行运算。

▲ 移除：从布尔运算结果中移除在层次视图列表中高亮显示的运算对象。它在本质上撤销了添加到布尔对象中的高亮显示的运算对象，提取的每个运算对象都将再次成为顶层对象。

▲ 复制：提取在层次视图列表中高亮显示的一个或多个运算对象的副本，原始的运算对象仍然是布尔运算结果的一部分。

▲ 实例：提取在层次视图列表中高亮显示的一个或多个运算对象的实例。对提取的这个运算对象实例进行修改也会修改原始的运算对象，因此会影响布尔对象。

▲ 重排运算对象：在层次视图列表中更改高亮显示的运算对象的顺序，将要重排的运算对象移动到“重排运算对象”按钮旁边的文本上即可。

▲ 更改运算：为高亮显示的运算对象更改运算类型。

6.1.4 任务实施

（1）启动 3ds Max 2019，依次单击“创建”＋>“几何体”●>“扩展基本体”>“切角长方体”按钮，在“顶”视口中创建切角长方体，在“参数”卷展栏中设置“长度”为 150mm，“宽度”为 150mm，“高度”为 150mm，“圆角”为 2mm，“圆角分段”为 3，如图 6-5 所示。

（2）依次单击“创建”＋>“几何体”●>“标准基本体”>“圆柱体”按钮，在“顶”视口中创建圆柱体，在“参数”卷展栏中设置“半径”为 58mm，“高度”为 200mm，“边数”为 50，如图 6-6 所示。

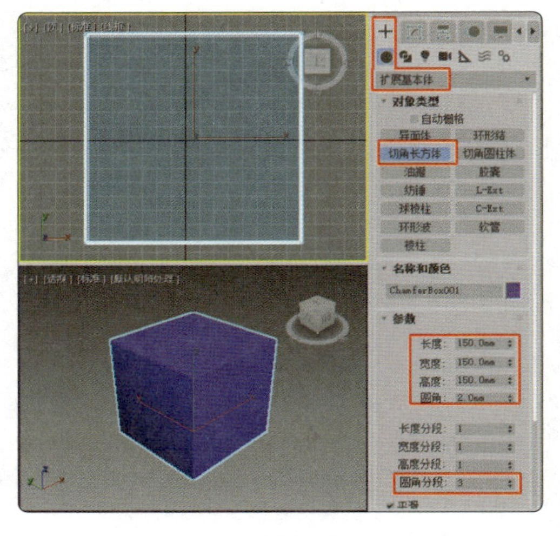

图 6-5

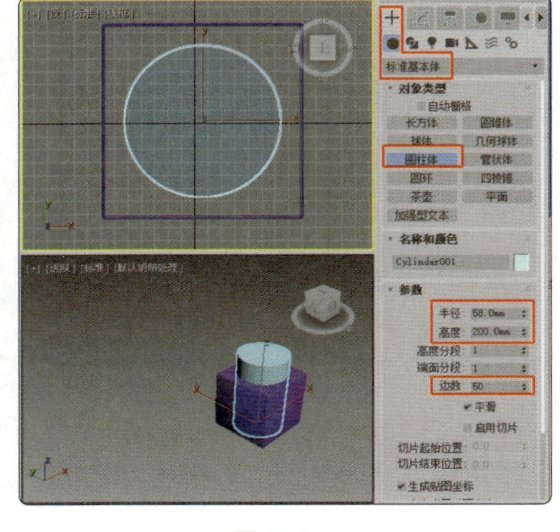

图 6-6

（3）在场景中调整圆柱体的位置，按 Ctrl+V 组合键，在弹出的对话框中选中“复制”选项，单击“确定”按钮，如图 6-7 所示。

（4）在场景中选择切角长方体，依次单击“创建”＋>“几何体”●>“复合对象”>“ProBoolean”按钮，在“拾取布尔对象”卷展栏中单击“开始拾取”按钮，在场景中拾取圆柱体，如图 6-8 所示。进行布尔操作后切角长方体上会出现一个洞，将场景中的圆柱体隐藏，这里就不介绍了。

（5）切换到“修改”命令面板，在场景中选择圆柱体，在“修改器列表”下拉列表中选择“编辑多边形”修改器，将选择集定义为“顶点”，在场景中调整顶点，如图 6-9 所示。

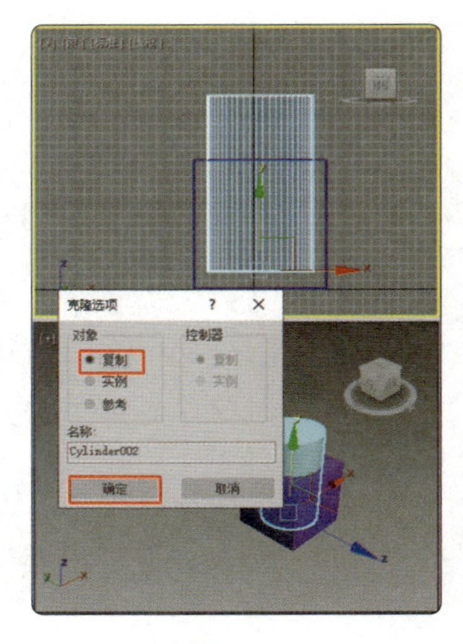

图 6-7

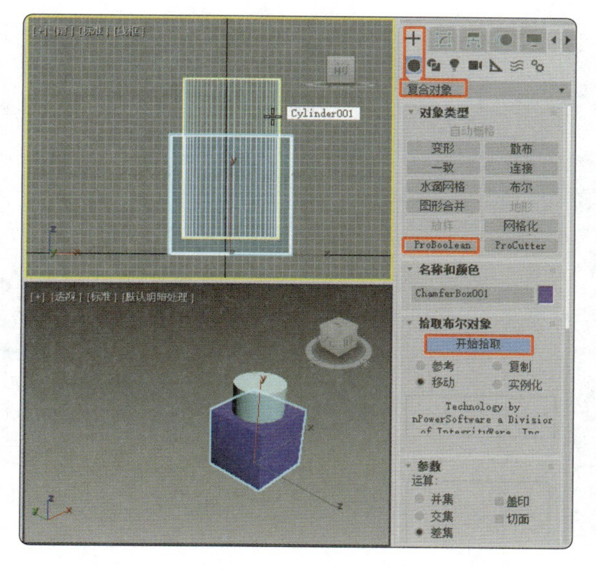

图 6–8

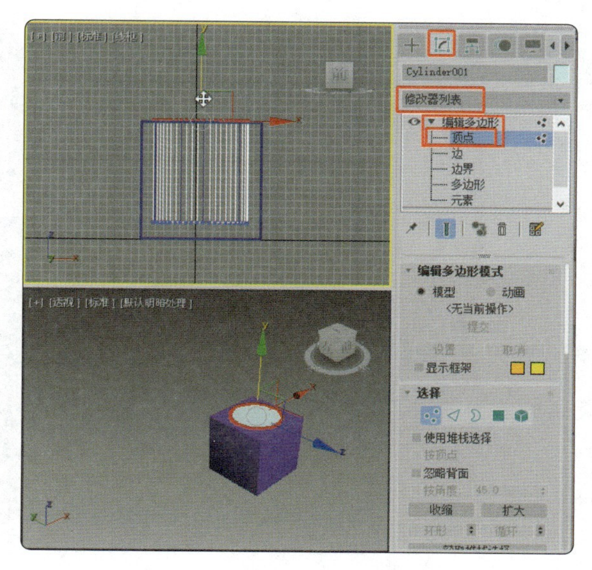

图 6–9

（6）将选择集定义为“边”，在场景中选择圆柱体顶面的一圈边，如图 6-10 所示。

（7）选择边后，在“编辑边”卷展栏中单击“切角”右侧的“设置”按钮，在弹出的助手小盒中设置“切角量”为 2.5mm，“切角分段”为 3，单击“确定”按钮，如图 6-11 所示。

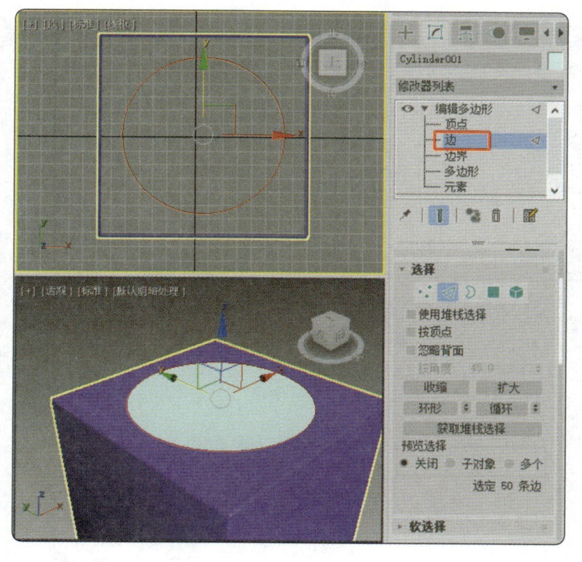

图 6–10

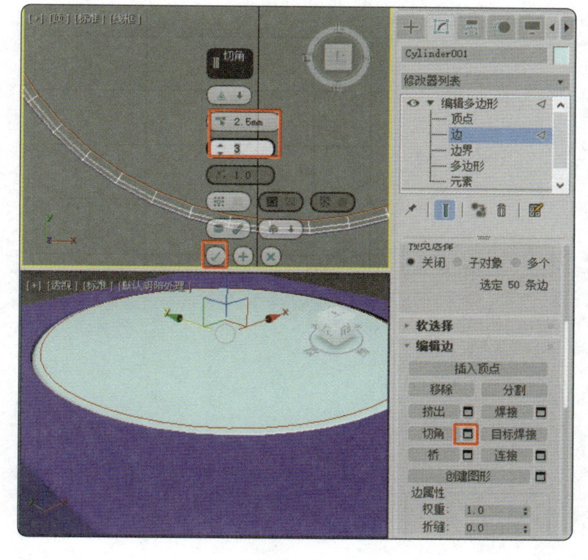

图 6–11

（8）在工具栏中的“选择并均匀缩放”按钮上单击鼠标右键，在弹出的对话框的“偏移：世界”组中设置“%”为 99.5，如图 6-12 所示。

（9）依次单击“创建” >“图形” > “样条线” > “线”按钮，在“前”视口中按住鼠标左键并创建曲线，并在“渲染”卷展栏中勾选“在渲染中启用”和“在视口中启用”复选框，设置“径向”组中的“厚度”为 1mm，如图 6-13 所示。

图 6-12

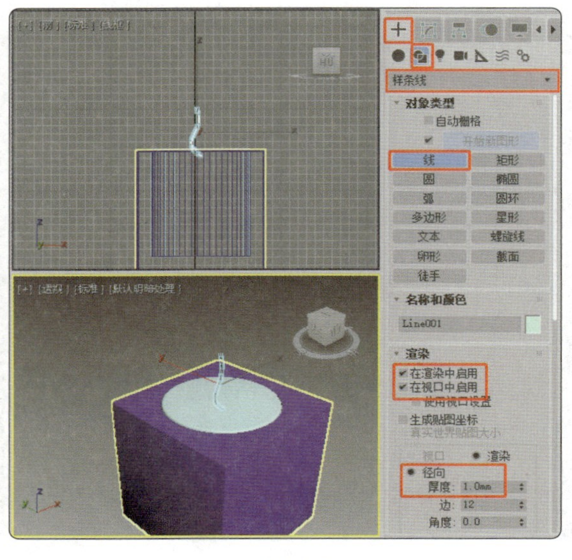

图 6-13

（10）在场景中选择所有模型，单击“选择并移动”按钮，按住 Shift 键移动复制模型，并为复制出的模型添加“编辑多边形”修改器，将选择集定义为“顶点”，在场景中调整顶点，如图 6-14 所示。

（11）使用同样的方法复制并调整模型，如图 6-15 所示。

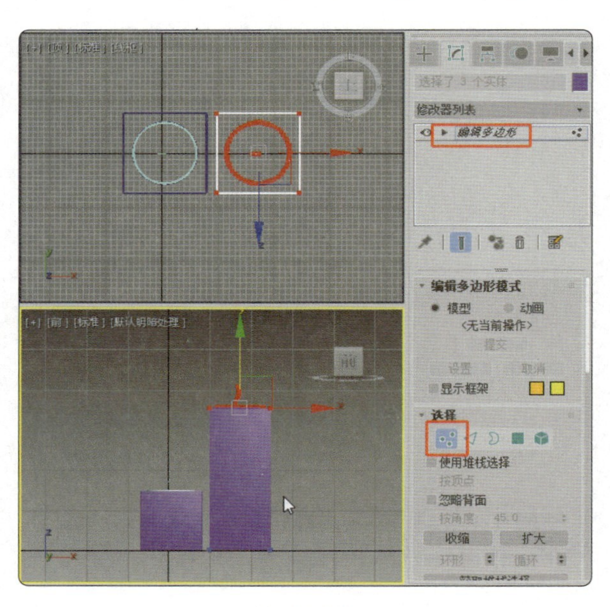

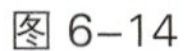
图 6-14

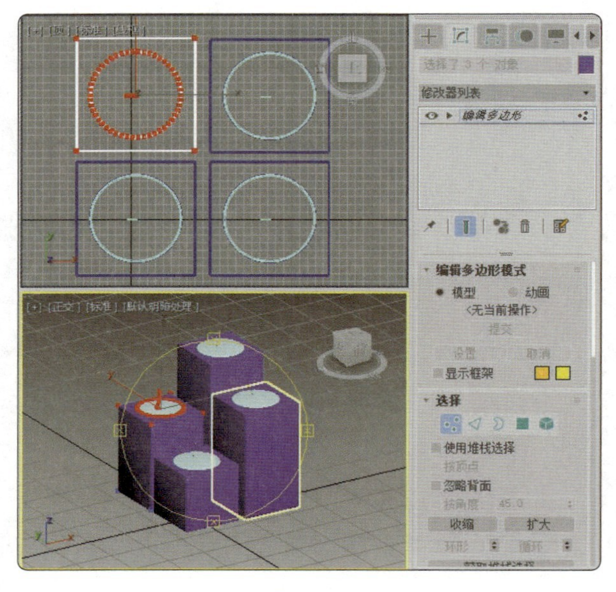

图 6-15

（12）依次单击“创建”+>“几何体”>“标准基本体”>“长方体”按钮，在“顶”视口中创建长方体，在“参数”卷展栏中设置“长度”为 400mm，“宽度”为 400mm，“高度”为 -50mm，如图 6-16 所示。

（13）切换到“修改”命令面板，为长方体添加“编辑多边形”修改器，将选择集定义为“多边形”；在场景中选择顶部的多边形，在“编辑多边形”卷展栏中单击“倒角”右侧的“设置”按钮，在弹出的助手小盒中设置“倒角轮廓”为 -20mm，单击“确定”按钮，如图 6-17 所示。

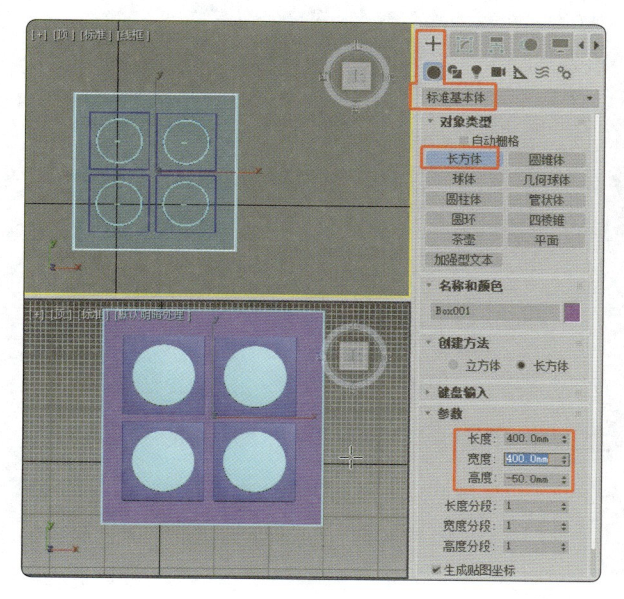

图 6-16

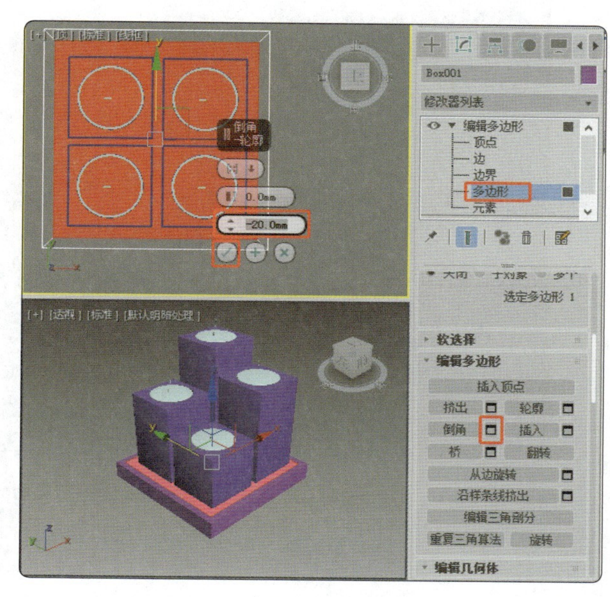

图 6-17

（14）单击“挤出”右侧的“设置”按钮，在弹出的助手小盒中设置“挤出高度”为 -30mm，单击“确定”按钮，如图 6-18 所示。

（15）将选择集定义为“边”，在场景中选择边，如图 6-19 所示。

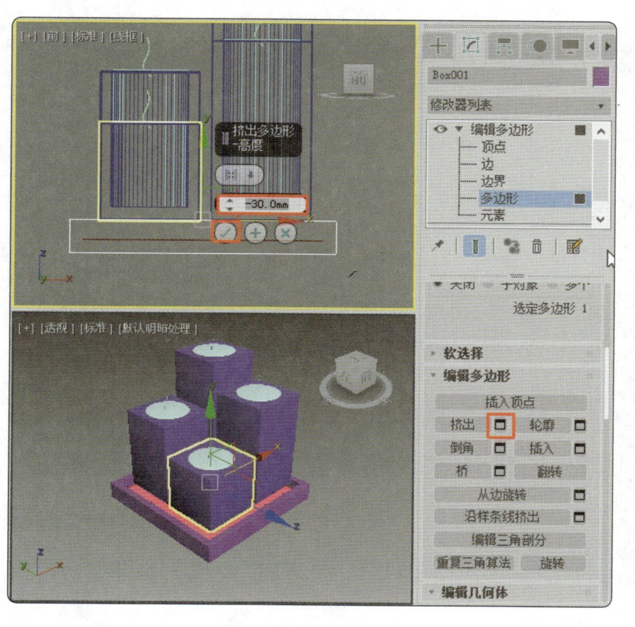

图 6-18

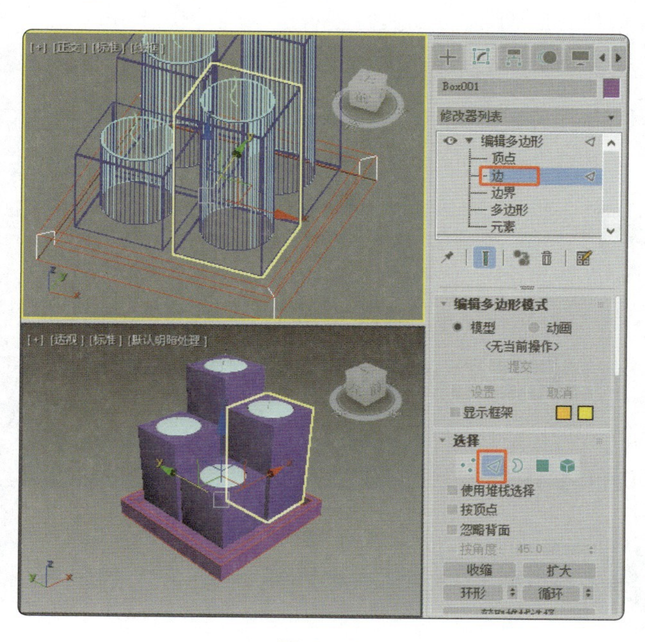

图 6-19

（16）在“编辑边”卷展栏中单击“切角”右侧的“设置”按钮，在弹出的助手小盒中设置“切角量”为 2mm，“切角分段”为 2，单击“确定”按钮，如图 6-20 所示，完成蜡烛模型的制作。

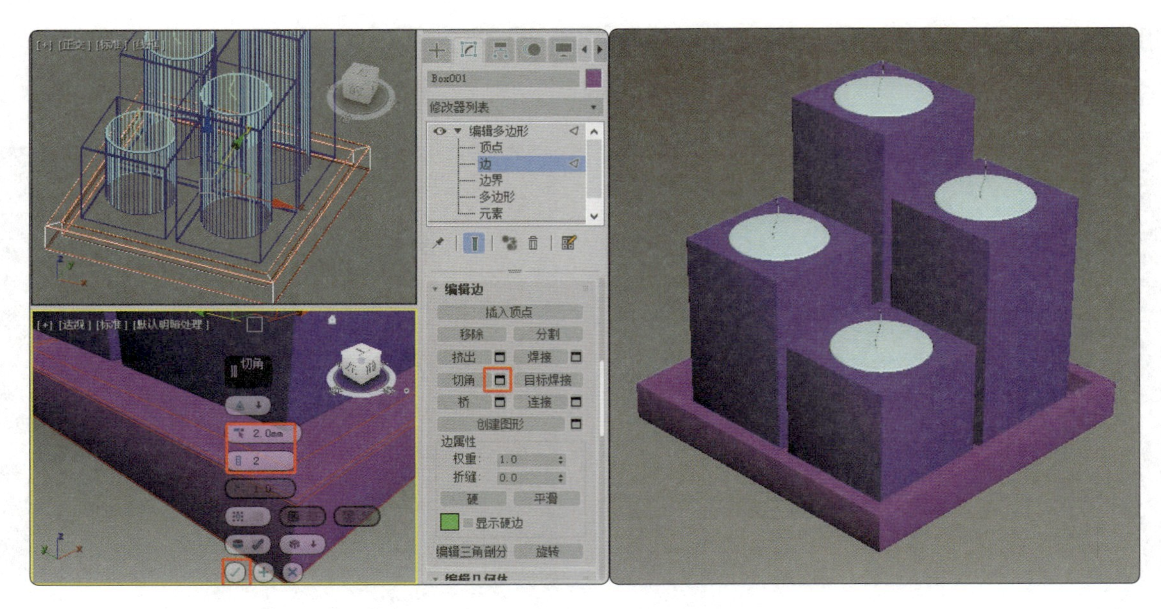

图 6-20

6.1.5 扩展实践：制作草坪灯模型

图 6-21

创建切角圆柱体，通过为其添加“噪波”和“网格平滑”修改器来模拟石材的效果，并使用ProBoolean工具创建出内部的空间，再结合使用几何体完成草坪灯模型的制作（最终效果参看云盘中的“场景 > 项目 6> 草坪灯 ok.max”，见图 6-21）。

任务 6.2 制作牵牛花模型

6.2.1 任务引入

本任务是制作牵牛花模型，要求设计形象逼真，展现出花朵旺盛的生命力。

6.2.2 设计理念

设计时，先创建星形作为基本图形，然后为其创建一个路径，对图形进行放样处理后，通过创建可渲染的线和螺旋线完成牵牛花模型的制作（最终效果参看云盘中的“场景 > 项目 6> 牵牛花 ok.max”，见图 6-22）。

图 6-22

6.2.3 任务知识："放样"工具

"放样"工具的用法主要分为两种：一种是单截面放样变形，只用进行一次放样变形即可制作出需要的模型；另一种是多截面放样变形，用于制作较为复杂的模型，在制作过程中要对多个路径进行放样变形。

◎ 单截面放样变形

单截面放样变形是放样的基础，也是使用比较普遍的放样方法。

（1）在视口中创建一个星形和一条线，如图 6-23 所示。

（2）选择作为路径的线，依次单击"创建" ＋ >"几何体" ● >"复合对象">"放样"按钮，命令面板中会显示放样的参数，如图 6-24 所示。

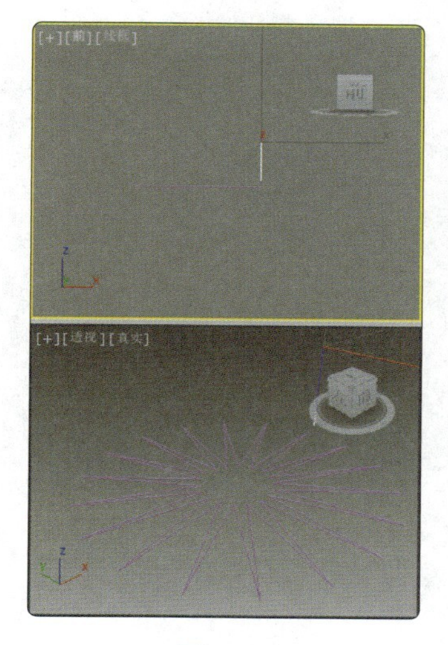

图 6-23

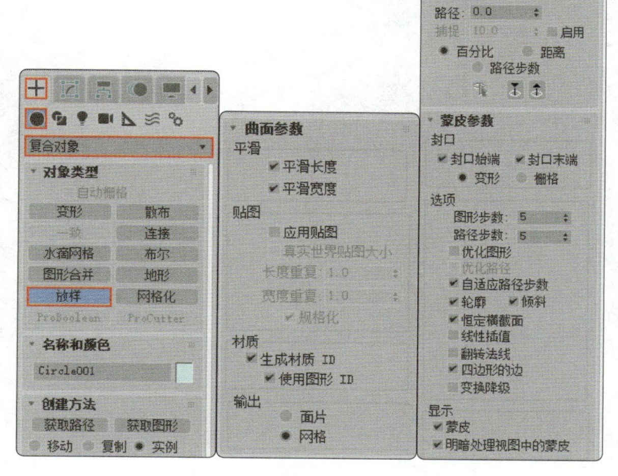

图 6-24

（3）单击"获取图形"按钮，在视口中单击星形，会以星形为截面生成三维模型，如图 6-25 所示。

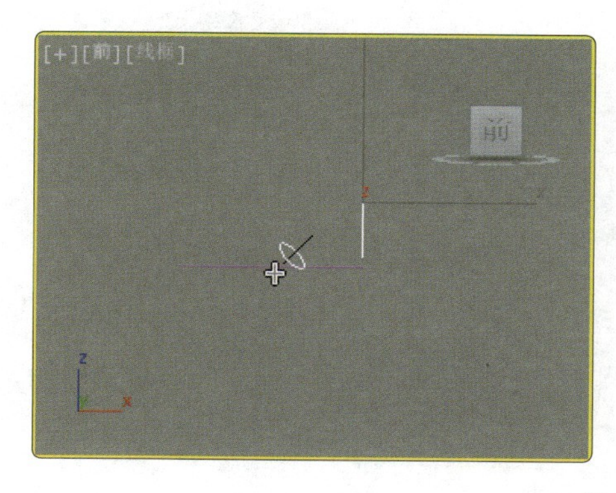

图 6-25

◎ 多截面放样变形

在路径的不同位置摆放不同的二维图形，然后在"路径参数"卷展栏中的"路径"数值框中输入数值或单击微调按钮（百分比、距离、路径步数）来实现复杂模型的创建。

在实际制作过程中，有一部分模型只用单截面放样变形是不能完成的，复杂的模型由不同的截面放样变形而成，所以就要用到多截面放样变形。

（1）在“顶”视口中分别创建圆形和星形作为放样图形，然后在“前”视口中创建弧线作为放样路径，如图 6-26 所示。

（2）在视口中选择作为路径的弧线，依次单击“创建” > “几何体” > “复合对象” > “放样”按钮，在“创建方法”卷展栏中单击“获取图形”按钮，在视口中单击星形，这时二维图形变成了三维模型，如图 6-27 所示。

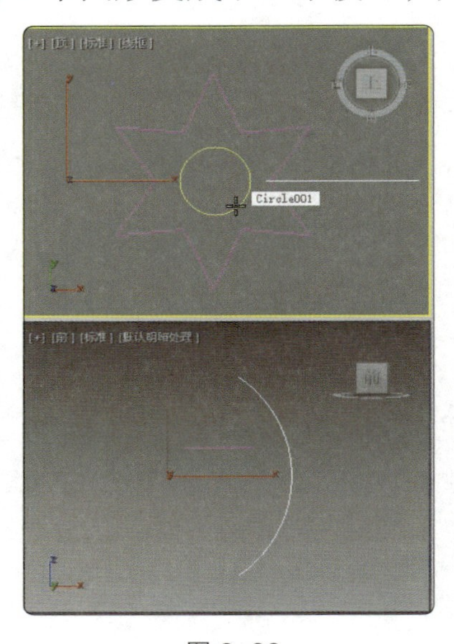

图 6-26

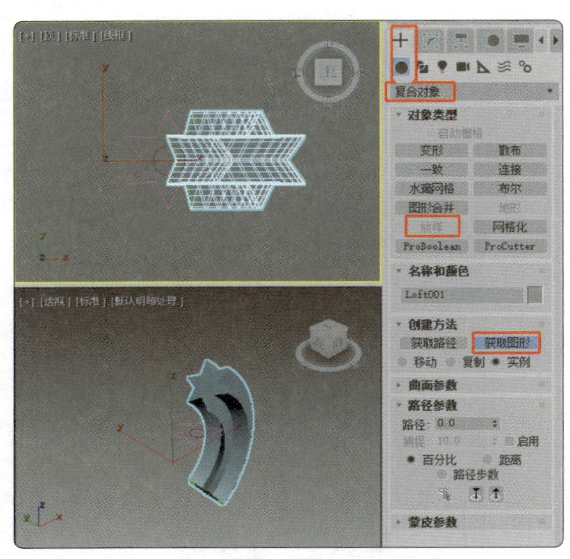

图 6-27

（3）在“路径参数”卷展栏中设置“路径”为 100，再次单击“创建方法”卷展栏中的“获取图形”按钮，在视口中单击圆形，如图 6-28 所示。

（4）切换到“修改”命令面板，然后将当前选择集定义为“图形”，这时命令面板中会出现新的参数，如图 6-29 所示。

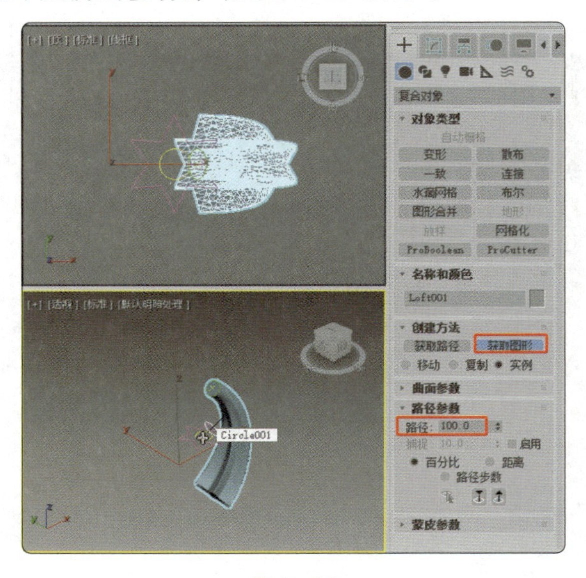

图 6-28

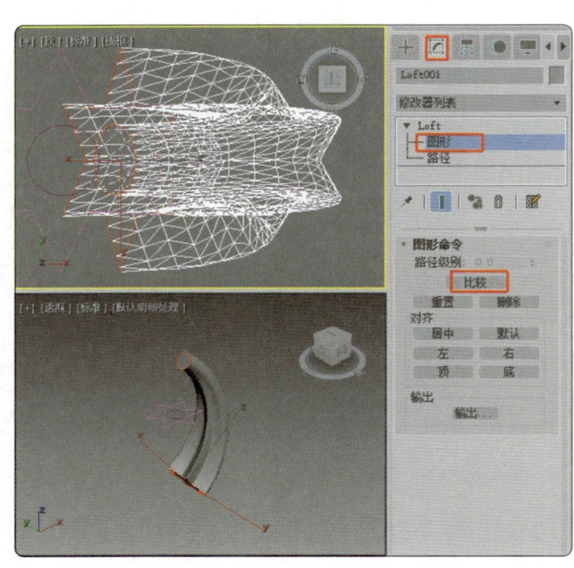

图 6-29

（5）在“图形命令”卷展栏中单击“比较”按钮，弹出“比较”对话框，如图 6-30 所示。

（6）在“比较”对话框中单击“拾取图形”按钮，分别在视口中的放样模型的两个截面图形上单击，将两个截面图形拾取到“比较”对话框中，如图 6-31 所示。

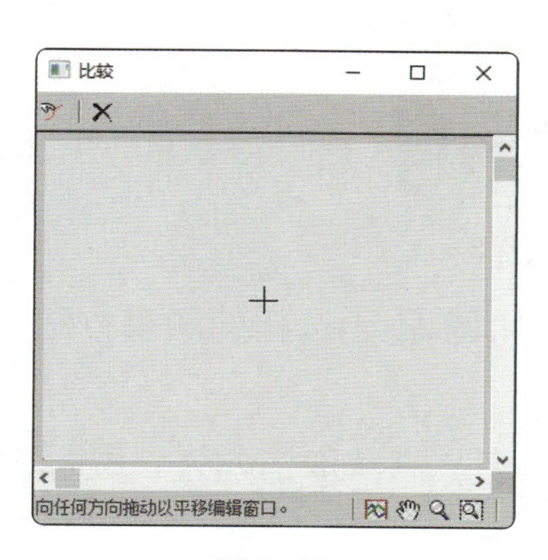

图 6-30

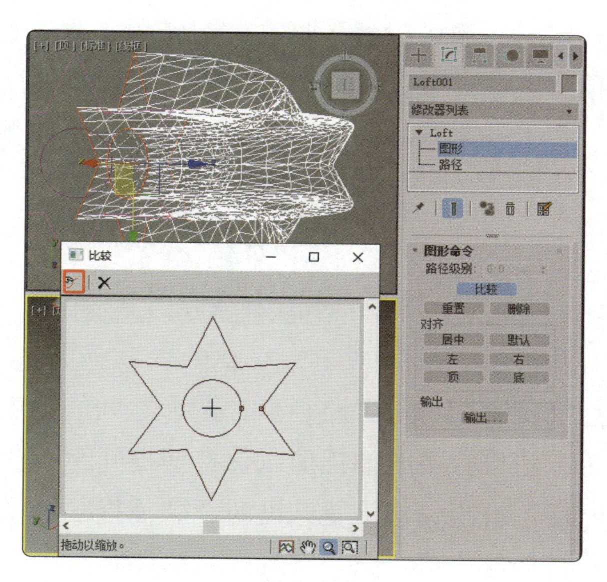

图 6-31

在“比较”对话框中，可以看到两个截面图形的起始点，如果起始点没有对齐，则可以使用“选择并旋转”工具进行手动调整，使它们对齐。

“放样”工具的参数由 5 部分组成，其中包括“创建方法”“路径参数”“曲面参数”“蒙皮参数”“变形”卷展栏。

◎“创建方法”卷展栏

“创建方法”卷展栏（见图 6-32）用于决定在放样过程中使用哪一种方式进行放样其主要选项介绍如下。

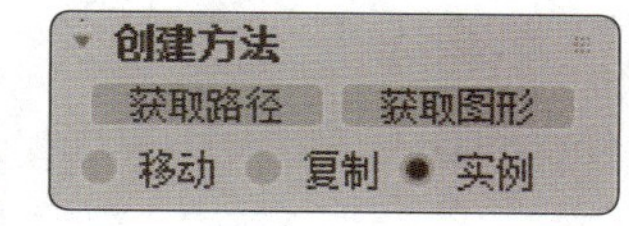

图 6-32

• 获取路径：用于将路径指定给选定的图形或更改当前指定的路径。

• 获取图形：用于将图形指定给选定的路径或更改当前指定的图形。

• 移动：选择的路径或图形不产生复制品，这表示选择后的模型在场景中不独立存在，其他路径或图形无法再使用。

• 复制：选择的路径或图形会产生一个复制品。

• 实例：选择的路径或图形会产生一个与其相关联的复制品，该复制品与原型相关联，即对原型进行修改，关联复制品也会发生变化。

先指定路径再拾取图形，或先指定图形再拾取路径，本质上对模型的形态没有影响，根据图形放置的需要选择对应的方式即可。

◎ “路径参数”卷展栏

“路径参数”卷展栏（见图 6-33）中的选项用于控制沿着放样路径排列的多个图形的位置。其主要选项介绍如下。

• 路径：用于设置图形在路径上的位置。图 6-34 所示为在多个路径位置插入不同图形的效果。

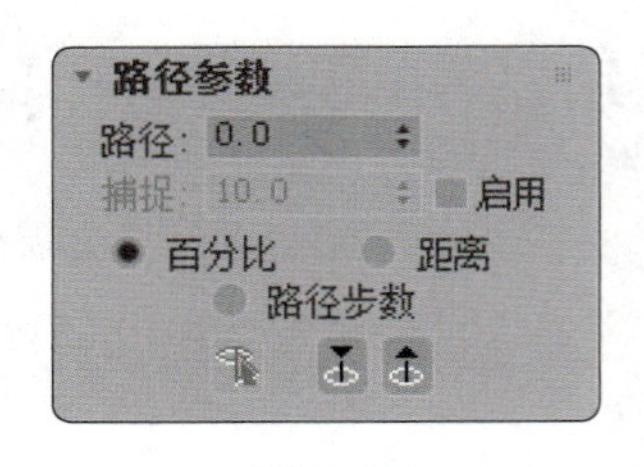

图 6–33

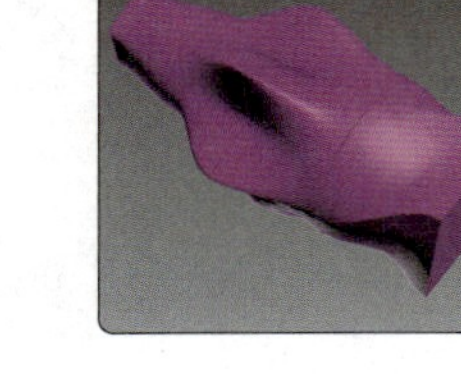
图 6–34

• 捕捉：用于设置路径上的图形之间的恒定距离。该捕捉值依赖于选择的测量方法，更改测量方法也会更改捕捉值以保持捕捉间距不变。

• 启用：当勾选该复选框时，“捕捉”选项会处于激活状态。默认取消勾选该复选框。

• 百分比：可将路径级别表示为路径总长度的百分比。

• 距离：可将路径级别表示为路径第一个顶点的绝对距离。

• 路径步数：可将图形置于路径步数和顶点上，而不是作为沿着路径的一个百分比或距离。

（拾取图形）：用来选取图形，使该图形成为作用图形，以便选取图形或更新图形。

（上一个图形）：用于转换到上一个图形。

（下一个图形）：用于转换到下一个图形。

◎ “变形”卷展栏

“变形”卷展栏如图 6-35 所示，包含“缩放”“扭曲”“倾斜”“倒角”“拟合”按钮。单击任意按钮会弹出与之对应的变形对话框。

变形对话框（见图 6-36）中主要选项的介绍如下。

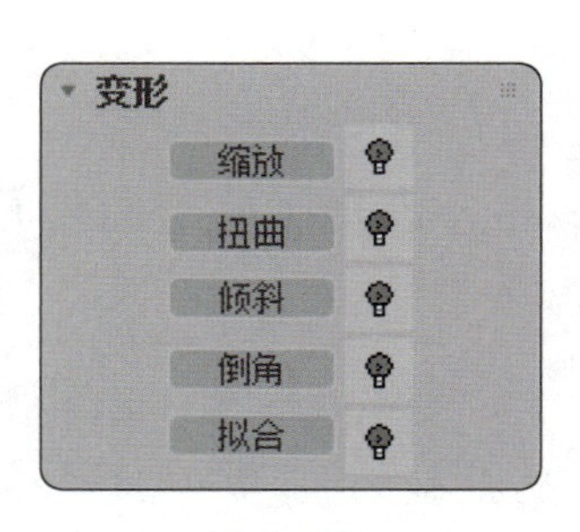

图 6–35

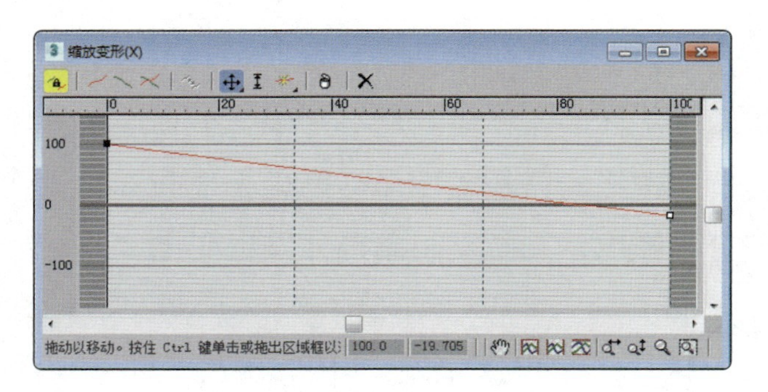

图 6–36

• 变形曲线：通常为使用常量值的直线。要生成更精细的变形曲线，可以插入控制点并更改它们的属性。使用变形对话框工具栏中的按钮可以插入和更改控制点。

• （均衡）：均衡是一个动作按钮，也是一种曲线编辑模式，可以用于对轴和形状应用相同的变形效果。

• （显示 X 轴）：仅显示红色的 x 轴变形曲线。

• （显示 Y 轴）：仅显示绿色的 y 轴变形曲线。

• （显示 XY 轴）：同时显示 x 轴和 y 轴变形曲线，各条变形曲线使用它们各自的颜色。

• （变换变形曲线）：在 x 轴和 y 轴之间复制变形曲线。此按钮在（均衡）按钮启用时是禁用的。

• （移动控制点）：更改变形的量（垂直移动）和变形的位置（水平移动）。

• （缩放控制顶点）：更改变形的量，而不更改变形的位置。

• （插入角点）：单击变形曲线的任意位置，可以在该位置插入角点控制点。

• （删除控制点）：用于删除选择的控制点，也可以按 Delete 键来删除选择的控制点。

• （重置曲线）：删除所有控制点（变形曲线两端的控制点除外）并恢复变形曲线的默认值。

• 数值字段：只有选择了一个控制点时，才能访问这两个字段。第一个字段提供了控制点的水平位置，第二个字段提供了控制点的垂直位置（或值）。可以通过直接输入数值来编辑这些字段。

• （平移）：在对话框中拖动，可向任意方向移动变形曲线。

• （最大化显示）：更改放大值，使整个变形曲线可见。

• （水平方向最大化显示）：更改沿路径长度方向的放大值，使得整个路径区域在对话框中可见。

• （垂直方向最大化显示）：更改沿变形值方向的放大值，使得整个变形区域在对话框中可见。

• （水平缩放）：更改沿路径长度方向的放大值。

• （垂直缩放）：更改沿变形值方向的放大值。

• （缩放）：更改沿路径长度和变形值方向的放大值，保持变形曲线的纵横比。

• （缩放区域）：在对话框中拖动某个区域，该区域会被放大，以填充变形对话框。

6.2.4 任务实施

（1）启动 3ds Max 2019，依次单击“创建”> “图形”> “星形”按钮，在“顶”视口中创建星形，在“参数”卷展栏中设置“半径 1”为 110mm，“半径 2”为 100mm，“圆角半径 1”为 10mm，“圆角半径 2”为 10mm，如图 6-37 所示。

（2）依次单击“创建”> “图形”> “线”按钮，在“前”视口中创建一条线作为路径，如图 6-38 所示。

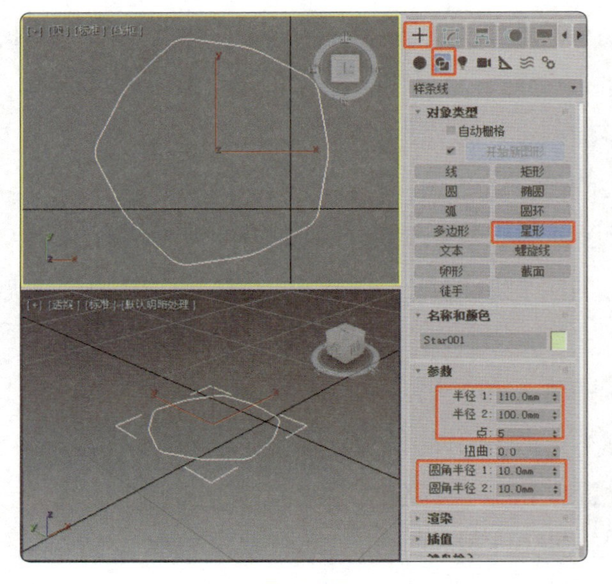

图 6–37

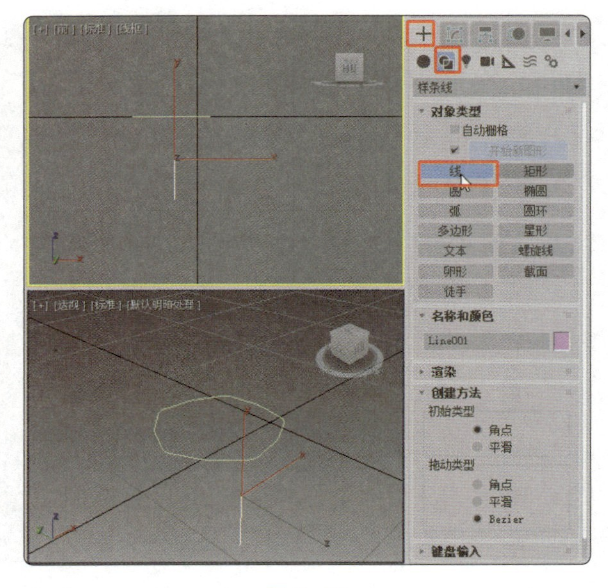

图 6–38

（3）在场景中选择作为路径的线，依次单击“创建”> “几何体”> “复合对象”>“放样”按钮，在“创建方法”卷展栏中单击“获取图形”按钮，在场景中拾取创建的星形，在“蒙皮参数”卷展栏中取消勾选“封口始端”和“封口末端”复选框，如图 6-39 所示。

（4）如果场景中的模型过高，则可以在堆栈中定义放样的选择集为“路径”；在场景中选择放样模型中的路径，可以看到堆栈中显示了“Line”，将选择集定义为“顶点”，在场景中调整顶点的位置，调整到合适的高度即可，如图 6-40 所示。如果对模型不满意，则使用同样的方法进行调整即可。

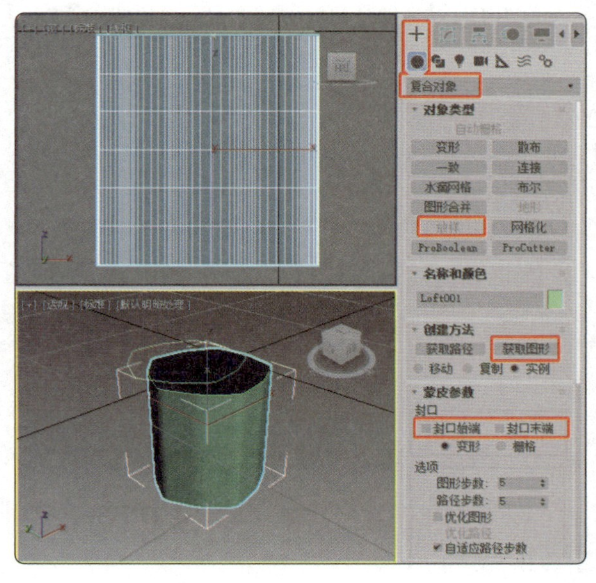

图 6–39

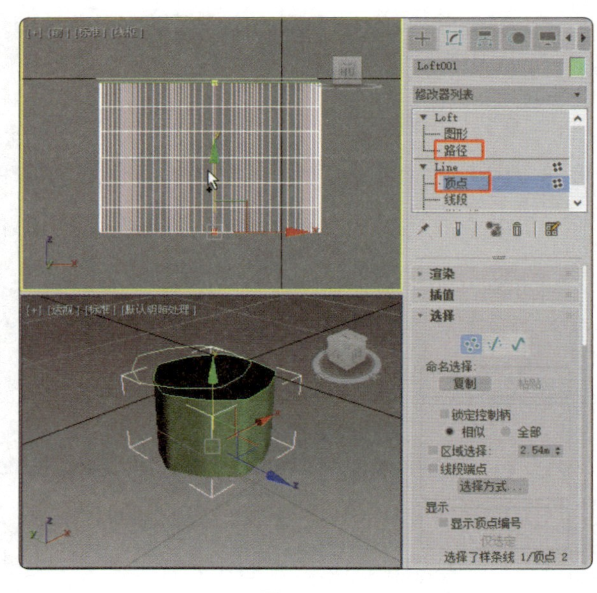

图 6–40

（5）关闭选择集，在“变形”卷展栏中单击“缩放”按钮，在弹出的“缩放变形”对话框中选择“移动控制点”工具，在左侧的控制点上单击鼠标右键，在弹出的快捷菜单中选择“Bezier 角点”，在场景中调整变形曲线，并调整控制点的位置，如图 6-41 所示。

（6）模型变形后，为模型添加“壳”修改器，在“参数”卷展栏中设置“外部量”为 0.1mm，如图 6-42 所示。

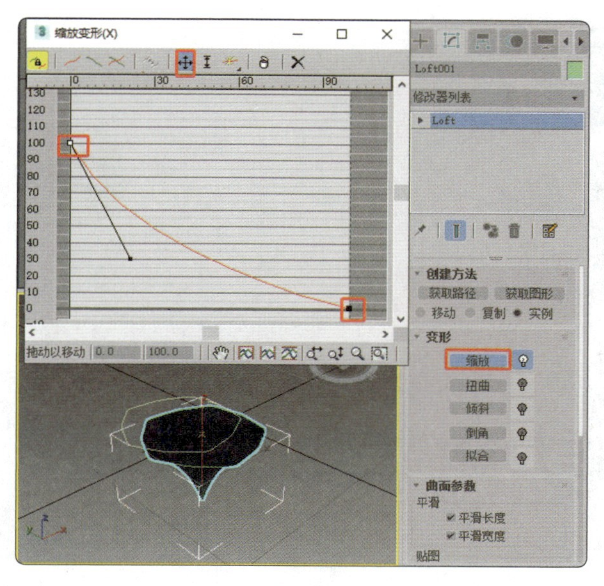

图 6-41

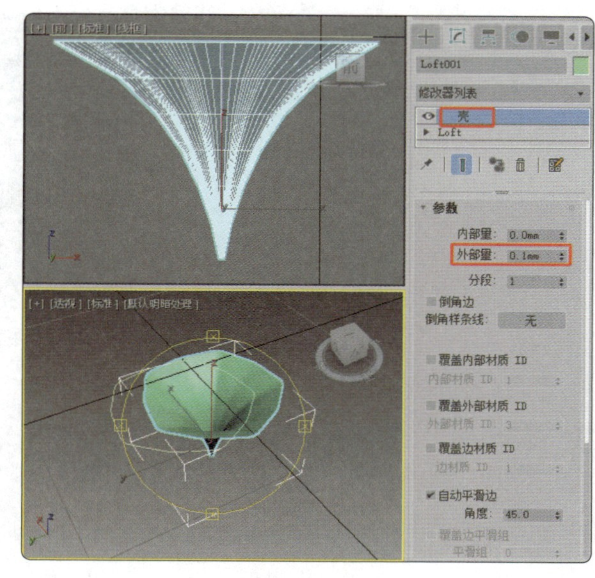

图 6-42

（7）在堆栈中选择“Loft”，在“蒙皮参数”卷展栏中设置“图形步数”为 10，“路径步数”为 30，设置模型的平滑效果，如图 6-43 所示。

（8）在场景中创建可渲染的线和螺旋线，作为牵牛花的茎和须，如图 6-44 所示。

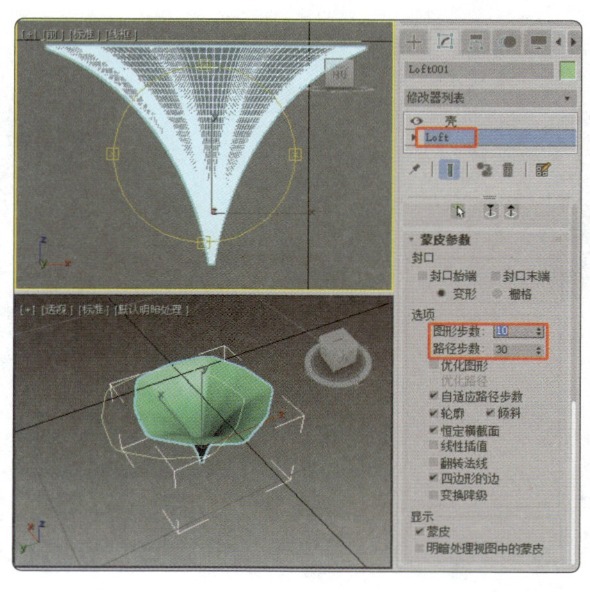

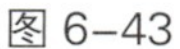
图 6-43

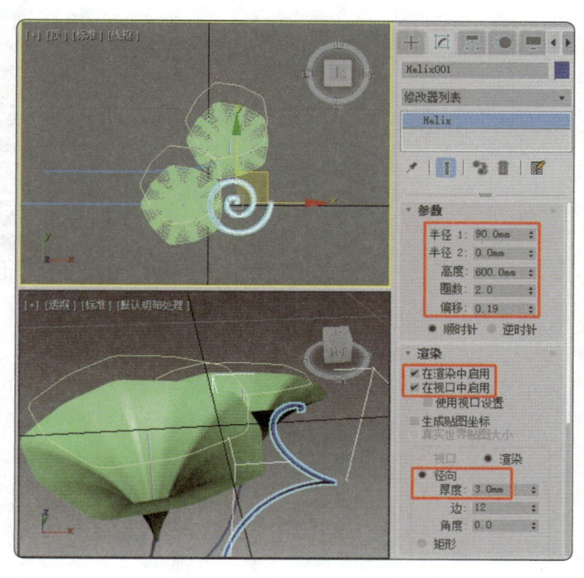

图 6-44

6.2.5 扩展实践：制作鱼缸模型

创建 3 个图形作为放样的 3 个截面，创建线作为放样路径，然后为模型添加“编辑多边形”修改器、“平滑”修改器、“壳”修改器、“涡轮平滑”修改器完成鱼缸模型的制作（最终效果参看云盘中的“场景 > 项目 6> 鱼缸 ok.max”，见图 6-45）。

图 6-45

任务 6.3 项目演练：制作刀盒模型

本任务要求先创建图形，并为图形添加“挤出”修改器，制作出基本的刀盒模型；然后创建长方体和圆柱体作为布尔对象，制作出刀洞，完成刀盒模型的制作（最终效果参看“场景 > 项目 6> 刀盒 ok.max”，见图 6-46）。

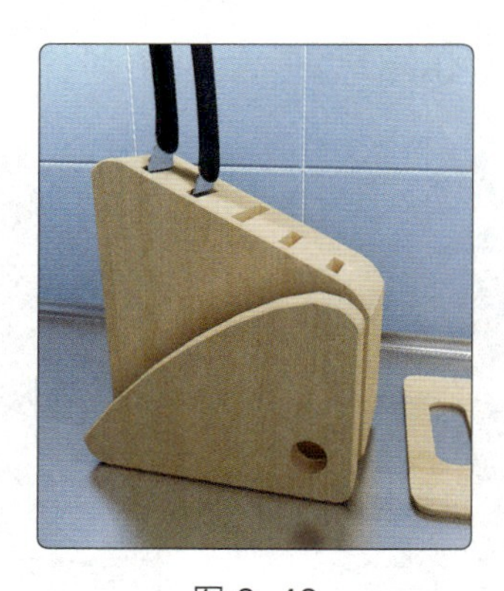

图 6-46

项目7

制作材质贴图效果

——应用材质与贴图

07

应用材质与贴图是三维创作中非常重要的环节，它的重要性和难度丝毫不亚于建模。通过本项目的学习，读者可以掌握材质编辑器中参数的设置方法，掌握常用的材质和贴图，以及“UVW贴图”修改器的使用方法。

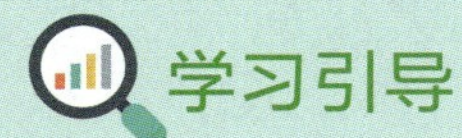

知识目标

- 掌握常用的标准材质
- 掌握 VRay 材质

能力目标

- 掌握材质的使用方法
- 掌握贴图的应用技巧

素养目标

- 培养对不同材质和贴图的鉴赏能力

实训项目

- 制作具有金属质感的模型
- 制作具有玻璃质感的模型
- 制作多维 / 子对象材质模型

任务 7.1 制作具有金属质感的模型

7.1.1 任务引入

本任务是制作具有金属质感的模型，要求设计时使用 3ds Max 的默认材质制作模型的材质，使模型具有强烈的高光和反射效果。

7.1.2 设计理念

设计时，先选择明暗器类型为“金属”，使材质具有金属的特性；再使用“位图”贴图设置金属材质的反射效果，使金属材质具有真实的反射效果（最终效果参看云盘中的“场景 > 项目 7> 钢管 ok.max”，见图 7-1）。

图 7-1

7.1.3 任务知识：材质编辑器

3ds Max 2019 的材质编辑器是一个独立的模块，可以通过“渲染 > 材质编辑器”命令打开材质编辑器，也可以在工具栏中单击“材质编辑器”按钮（或按快捷键 M）打开材质编辑器。“Slate 材质编辑器”窗口如图 7-2 所示。

“Slate 材质编辑器”对话框是一个具有多个元素的图形界面。

按住“材质编辑器”按钮，弹出隐藏的按钮，释放鼠标会打开精简的“材质编辑器”窗口，如图 7-3 所示。

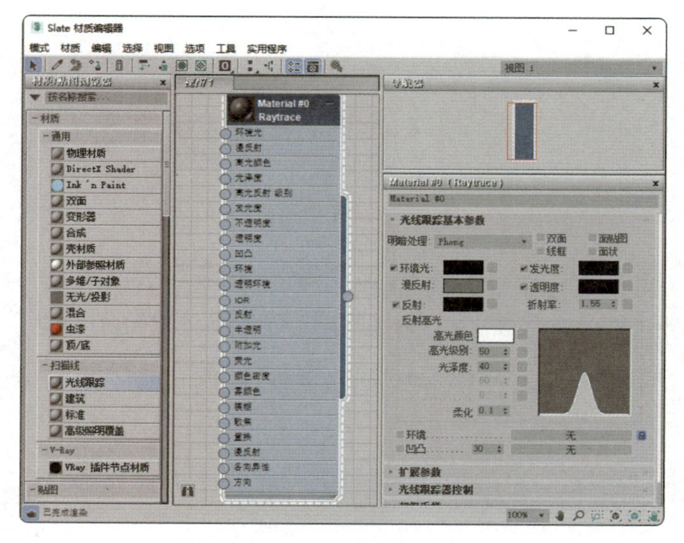

图 7-2

图 7-3

7.1.4 任务实施

（1）启动 3ds Max 2019，在菜单栏中选择“文件 > 打开”命令，打开素材文件（素材文件为云盘中的“场景 > 项目 7> 钢管 .max”），场景中的效果如图 7-4 所示。

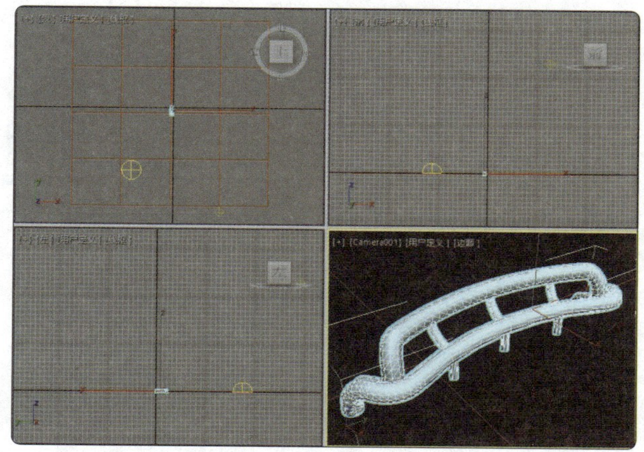

图 7-4

（2）在场景中选择钢管模型。按 M 键打开“材质编辑器”窗口，选择一个新的材质样本球，将其重命名为“钢管”，并在“明暗器基本参数”卷展栏中设置明暗器类型为“金属”。

（3）在“金属基本参数”卷展栏中设置“环境光”的“红”“绿”“蓝”分别为 0、0、0，设置“漫反射”的“红”“绿”“蓝”分别为 255、255、255；在“反射高光”组中设置“高光级别”和“光泽度”分别为 100 和 80，如图 7-5 所示。

（4）在“贴图”卷展栏中单击“反射”右侧的“无贴图”按钮，在弹出的“材质 / 贴图浏览器”对话框中选择“位图”贴图，单击“确定”按钮，如图 7-6 所示。

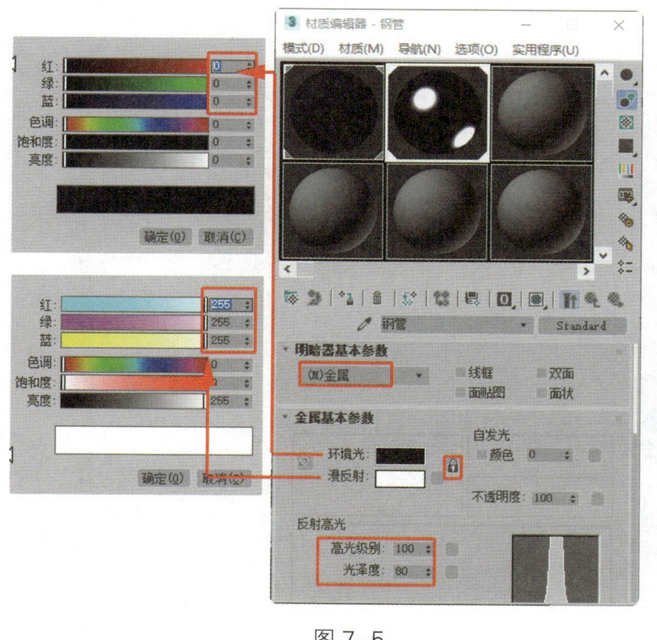

图 7-5

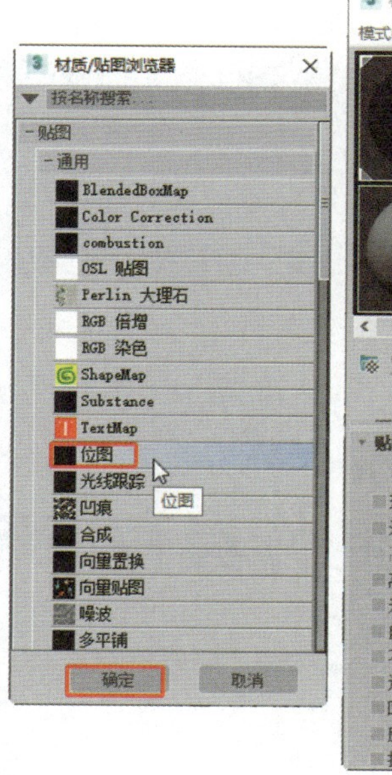

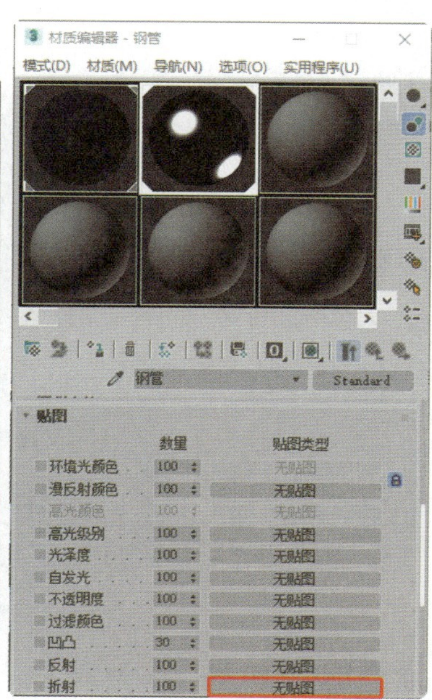

图 7-6

（5）在弹出的对话框中选择云盘中的“贴图 >LAKEREM.JPG”文件，单击“打开”按钮，如图 7-7 所示，进入贴图层级，使用默认参数。

（6）单击“转到父对象”按钮返回上一级界面，在“贴图”卷展栏中设置“反射”的

“数量”为 60，如图 7-8 所示，确定场景中的钢管模型处于选中状态，单击“将材质指定给选定对象”按钮为其指定材质。

图 7-7

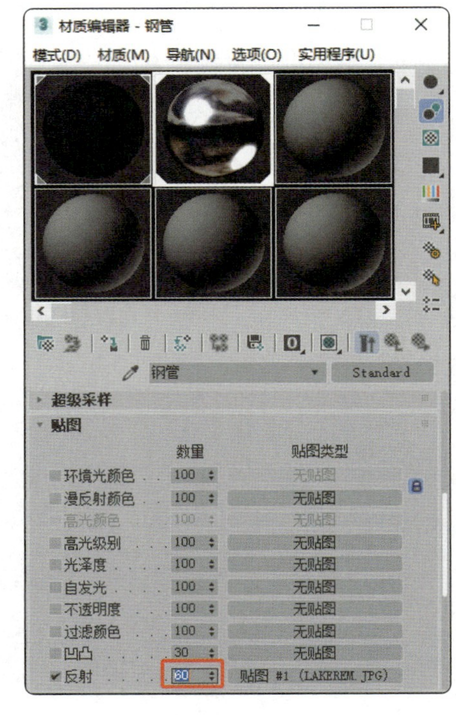

图 7-8

7.1.5 扩展实践：制作具有塑料质感的模型

在为塑料材质设置“漫反射”和“高光反射”的颜色时，同时设置“不透明度”参数，完成具有塑料质感的模型的制作（最终效果参看云盘中的“场景 > 项目 7> 塑料质感 ok.max”，见图 7-9）。

图 7-9

微课

制作具有塑料质感的模型

任务 7.2 制作具有玻璃质感的模型

7.2.1 任务引入

本任务是制作一个结构不规则的具有玻璃质感的模型，要求设计体现出玻璃的质感和透明感，注意表现出光线的反射和折射效果。

7.2.2 设计理念

图 7–10

设计时，主要使用 VRay 材质进行制作，然后设置“反射”和“折射”的颜色，从而完成具有玻璃质感的模型的制作（最终效果参看云盘中的“场景 > 项目 7> 玻璃杯 ok.max”，见图 7-10）。

7.2.3 任务知识：VRay 材质

1 VRayMtl 材质

VRayMtl 材质是仿真材质，用其制作出的模型的效果通常都很真实。

下面介绍 VRayMtl 材质中常用的参数。

◎“基本参数”卷展栏

“基本参数”卷展栏如图 7-11 所示，其中主要选项的介绍如下。

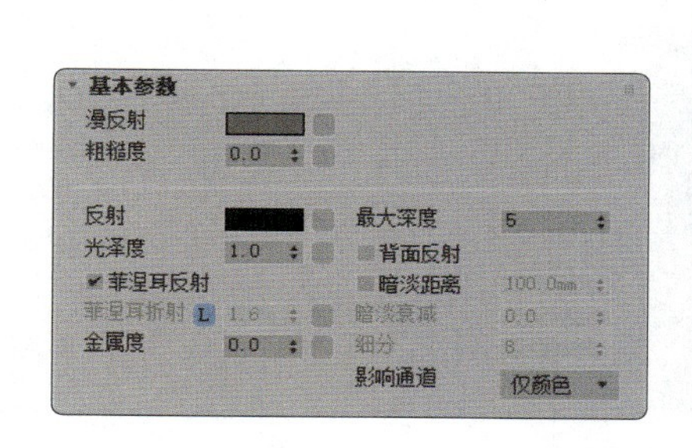

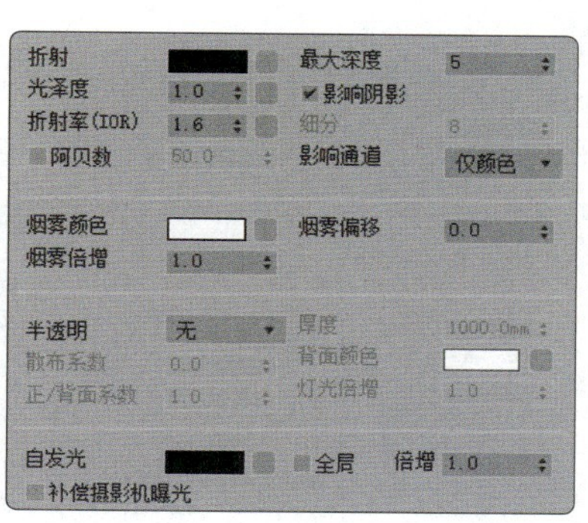

图 7–11

• 漫反射：用于设置物体表面的颜色和纹理。单击色块，可以调整漫反射的颜色。单击色块右侧的“无”按钮■，可以选择不同类型的贴图。

• 粗糙度：数值越大，粗糙效果越明显，可以用于模拟绒布的效果。

• 反射：物体表面反射的强度是由色块颜色的“亮度”来控制的，颜色越“白”（亮）反射越强，颜色越“黑”（暗）反射越弱；而这里的色块颜色决定了反射的颜色，和反射的强度是分开计算的。单击右侧的“无”按钮■，可以使用贴图控制反射的强度、颜色、区域。

任何参数在指定贴图后，原有的数值或颜色均会被贴图覆盖；如果需要设置的数值或颜色起到一定的作用，则可以在“贴图”卷展栏中减少贴图的数量，这样可以让数值或颜色与贴图同时生效。

• 光泽度：反射光线的光泽度，控制反射光线的清晰度。数值为 1 的意味着会产生完美的镜面反射效果，数值较小时会产生模糊或光滑的反射效果。

• 菲涅耳反射：勾选该复选框时，反射强度依赖于视角的表面。自然界中的某些物质（玻璃等）以这种方式反射光线。注意，菲涅耳效应与折射率有关。

• 菲涅耳折射：指定计算菲涅耳折射率时使用的返回值。通常该参数处于锁定状态，但可以将其解锁，以更好地控制折射效果。

• 金属度：控制材料从电介质（0）到金属（1）的反射模型。当金属度为0.5~1时，可以真实地模拟现实世界中的金属材质。对于真实世界中的金属材质，反射颜色通常应该设置为白色。

• 最大深度：指定一束光线能被反射的最大次数。具有大量反射和折射光线的场景可能需要设置更大的值。

• 背面反射：勾选该复选框，会计算背面反射。注意，这也会影响总内部反射（当作折射计算）。

• 暗淡距离：勾选该复选框后，用户可以手动设置参与反射计算的物体之间的距离，距离大于该值则不参与反射计算。

提示

渲染室内大面积的玻璃或金属物体时，反射次数需要设置得大一些；渲染水泥地面和墙体时，反射次数可以适当设置得小一些，这样可以在不影响品质的情况下提高渲染速度。

• 暗淡衰减：可以设置反射效果的衰减强度。

• 细分：用于控制反射光线的品质。品质过低，在渲染时会出现噪点。

提示

“细分”的数值一般与“光泽度”的数值是成反比的，“光泽度”的数值越小（越模糊），“细分”的数值应越大。一般当“光泽度”的数值为0.9时“细分”的数值为10，当“光泽度”的数值为0.76时“细分”的数值为24，但是“细分”的数值一般最多为32，因为“细分”的数值越大，渲染速度越慢。如果某个材质在效果图中占的比例较大，则应适量地增加其“细分”的数值，以防止出现噪点。

• 折射：颜色越白，物体越透明，物体内部产生的折射光线也就越多；颜色越黑，物体的透明度越低，物体内部产生的折射光线也就越少。可以通过贴图控制折射的强度和区域。

• 光泽度：用于控制物体的折射模糊度，数值越小越模糊。默认数值为1，表示不产生折射模糊效果。可以使用灰度贴图控制模糊效果。

• 折射率：设置透明物体的折射率。物理学中常用的物体折射率：水为1.33、水晶为1.55、金刚石为2.42、玻璃按成分不同为1.5～1.9。

• 阿贝数：用于增强或减弱分散效应。勾选该复选框并降低数值会增强分散效应，反之会减弱分散效应。

- 最大深度：用于控制折射的最大次数。
- 影响阴影：用于控制透明物体产生的阴影。勾选该复选框时，透明物体将产生真实的阴影。该选项仅对 VRay 灯光和 VRay 阴影有效。
- 细分：用于控制折射模糊的品质，与反射的“细分”的原理一样。
- 影响通道：用于设置折射效果是否影响对应的图像通道。

如果有透明物体，如室外游泳池、室内的玻璃窗等，则需要勾选“影响阴影”复选框，并选择“影响通道”的类型为“颜色 +Alpha”。

- 烟雾颜色：用于调整透明物体的颜色。
- 烟雾倍增：可以理解为烟雾的浓度。数值越大，烟雾越浓。一般用于降低“烟雾颜色”的浓度，例如“烟雾颜色”的“饱和度”最低为 1，若感觉饱和度还是太高，则可以调节此选项。
- 烟雾偏移：用于改变烟雾的颜色。负值表示增强烟雾对物体较厚部分的影响强度，正值表示在所有厚度上均匀分布烟雾颜色。
- 半透明：半透明效果的类型有 3 种，即硬（蜡）模型、软（水）模型、混合模型。
- 散布系数：物体内部的散射总量。0 表示光线在物体内部的所有方向上都被散射；1 表示光线在物体内部的一个方向上被散射，而不考虑物体内部的曲面。
- 正 / 背面系数：控制光线在物体内部的散射方向。0 表示光线沿着光线照射的方向向前散射，1 表示光线沿着光线照射的方向向后散射。
- 厚度：用于控制光线在物体内部被追踪的深度，可以理解为光线的穿透力。
- 背面颜色：用于控制半透明效果的颜色。
- 灯光倍增：用于设置光线穿透力的倍增值。
- 自发光：调整色块可以使物体具有自发光效果。
- 全局：取消勾选该复选框后，“自发光”将不对其他物体产生全局照明效果。
- 倍增：用于设置发光的强度。

◎“双向反射分布函数”卷展栏

“双向反射分布函数”卷展栏如图 7-12 所示，其中主要选项的介绍如下。

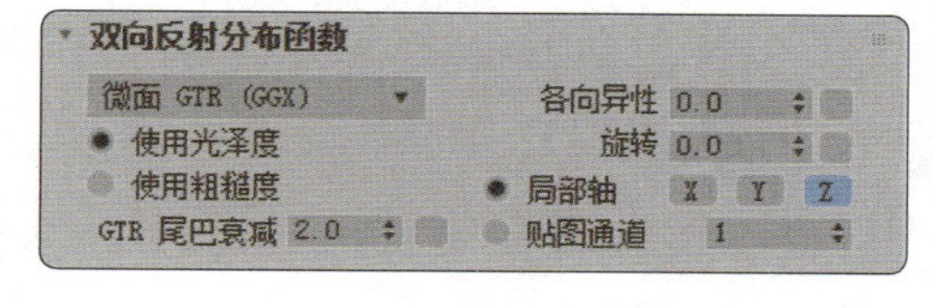

图 7-12

- 明暗器下拉列表：包含 4 种明暗器类型，即反射、沃德、多面、微面 GTR（GGX）。“反射”适用于硬度大的物体，高光区域很小；“沃德”适用于表面柔软或粗糙的物体，高光区域最大；“多面”适用于大多数物体，高光区域大小适中；“微面 GTR（GGX）”表达能力很强，相当于把上面的 3 种类型进行混合，高光反射的层次效果最丰富。默认为“反射”。
- 各向异性：控制高光区域的形状，可以用该参数来控制拉丝效果。
- 旋转：控制高光区域的旋转方向。

• 局部轴：有 x、y、z 这 3 个轴可供选择。

• 贴图通道：可以使用不同的贴图通道与 UVW 贴图进行关联，从而让一个物体在多个贴图通道中使用不同的 UVW 贴图，这样可以得到对应的贴图坐标。

• 使用光泽度、使用粗糙度：这两个选项用于控制如何解释反射光泽度。当选中“使用光泽度”选项时，光泽度按原样使用，设置高的光泽度值（如 1）会产生尖锐的反射高光；当选中“使用粗糙度”选项时，采用反射光泽度的反比值。

• GTR 尾巴衰减：控制从突出显示的区域到非突出显示的区域的转换。

◎“选项”卷展栏

“选项”卷展栏如图 7-13 所示，其中主要选项的介绍如下。

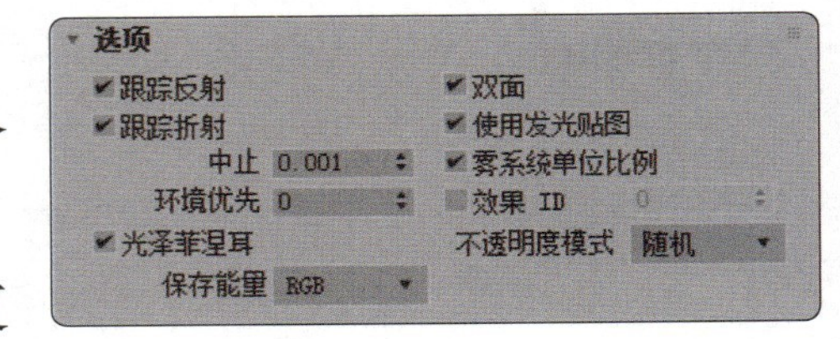

图 7-13

• 跟踪反射：控制是否跟踪反射光线。取消勾选该复选框后，将不渲染反射效果。

• 跟踪折射：控制是否跟踪折射光线。取消勾选该复选框后，将不渲染折射效果。

• 中止：指定一个阈值，低于这个阈值，反射或折射光线将不会被跟踪。

• 环境优先：确定当反射或折射的光线穿过材质时使用的环境，每种材质都有一个覆盖环境。

• 光泽菲涅耳：勾选该复选框后，反射和折射的效果更自然。

• 保存能量：决定漫反射、反射和折射的颜色如何相互影响。VRay 材质试图保持让从物体表面反射的光的总量小于或等于落在其表面的光的总量（就像在现实生活中发生的那样）。为此，可以应用以下规则，反射的级别能使漫反射和折射的级别变低（白色反射将消除所有漫反射和折射效果），折射的级别能使漫反射的级别变低（白色折射将消除所有漫反射效果）。此参数决定 RGB 组件的调光是单独进行的还是根据强度进行的。

• 双面：默认勾选该复选框，可以渲染背面；取消勾选该复选框后，将只渲染正面。

• 使用发光贴图：控制当前材质是否使用发光贴图。

• 雾系统单位比例：控制是否使用雾系统单位比例。

• 效果 ID：勾选该复选框后，用户可以手动设置效果 ID，其会覆盖材质本身的 ID。

• 不透明度模式：控制不透明度的取样方式。

◎“贴图”卷展栏

“贴图”卷展栏如图 7-14 所示，其中主要选项的介绍如下。

贴图		
凹凸	30.0	无贴图
漫反射	100.0	无贴图
漫反射粗糙度	100.0	无贴图
自发光	100.0	无贴图
反射	100.0	无贴图
高光光泽度	100.0	无贴图
光泽度	100.0	无贴图
菲涅耳折射率	100.0	无贴图
金属度	100.0	无贴图
各向异性	100.0	无贴图
各向异性旋转	100.0	无贴图
GTR 衰减	100.0	无贴图
折射	100.0	无贴图
光泽度	100.0	无贴图
折射率 (IOR)	100.0	无贴图
半透明	100.0	无贴图
烟雾颜色	100.0	无贴图
置换	100.0	无贴图
不透明度	100.0	无贴图
环境		无贴图

图 7-14

• 半透明：其功能与“基本参数”卷展栏中的“背面颜色”选项的功能相同。

• 环境：使用贴图为当前材质添加环境效果。

2 VR 灯光材质

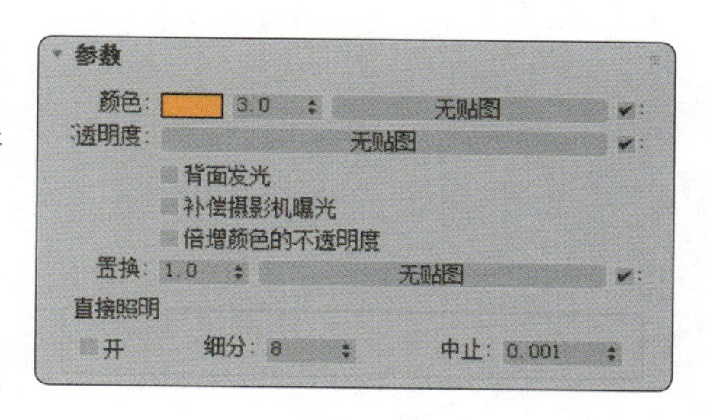

图 7-15

下面介绍 VR 灯光材质常用的参数。图 7-15 所示为“参数”卷展栏。其中主要选项的介绍如下。

• 颜色：通过右侧的色块，可以设置发光材质的颜色；在数值框中输入数值，可以设置发光材质的发光倍增值；单击“无贴图”按钮，可以为发光材质指定贴图。

• 透明度：单击“无贴图”按钮，可以指定不透明度的遮罩贴图。在黑白贴图中，白色为发光部分，黑色为遮罩部分。

• 背面发光：勾选该复选框可以设置对立面的发光效果。

7.2.4 任务实施

图 7-16

（1）启动 3ds Max 2019，打开场景文件（云盘中的“场景 > 项目 7> 玻璃杯 .max”），在场景中选择玻璃杯模型，如图 7-16 所示。

（2）按 M 键打开“材质编辑器”窗口，从中选择一个新的材质样本球，如图 7-17 所示。单击 Standard 按钮，在弹出的“材质 / 贴图浏览器”对话框中选择 VRayMtl 材质，单击“确定”按钮。

（3）在“基本参数”卷展栏中设置“漫反射”的“红”“绿”“蓝”均为 128，“折射”的“红”“绿”“蓝”均为 255，如图 7-18 所示。

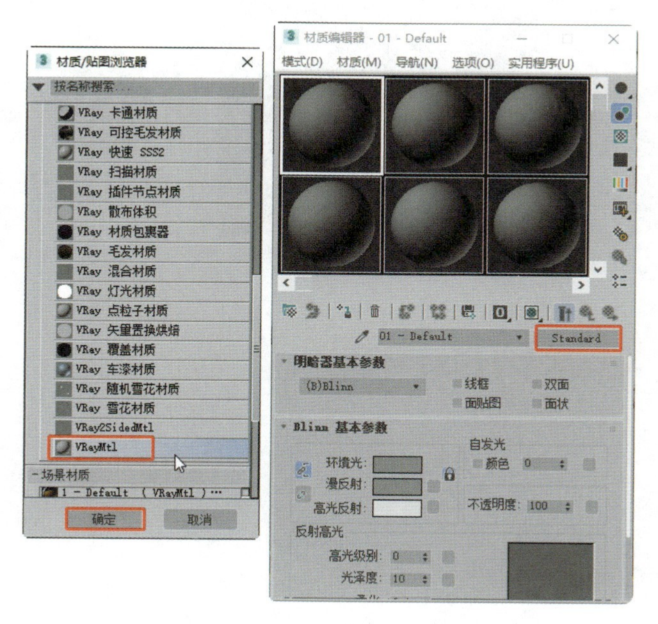

图 7-17

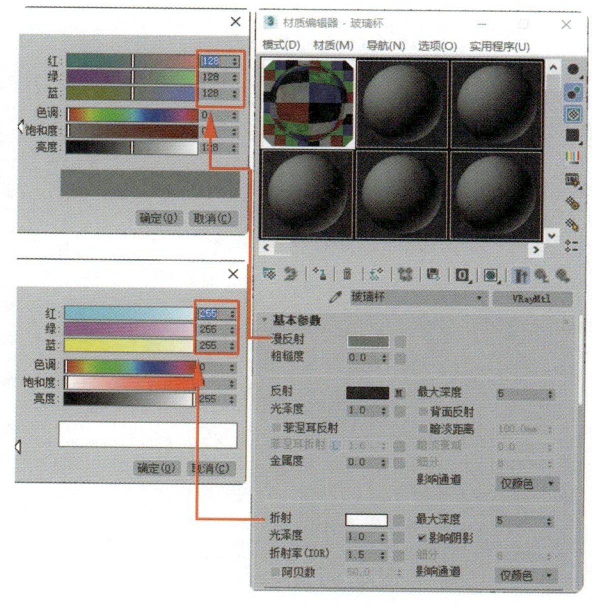

图 7-18

（4）在“贴图”卷展栏中单击“反射”右侧的“无贴图”按钮，在弹出的“材质/贴图浏览器”对话框中选择“衰减”贴图，为材质指定衰减贴图，如图 7-19 所示。

（5）指定衰减贴图后，进入贴图层级面板，在“衰减参数”卷展栏中设置第一个色块的“红”“绿”“蓝”均为 8、第二个色块的“红”“绿”“蓝”均为 96，如图 7-20 所示。设置好材质后，单击“转到父对象”按钮，返回到上一级界面，单击（将材质指定给选定对象）按钮，将材质指定给模型。

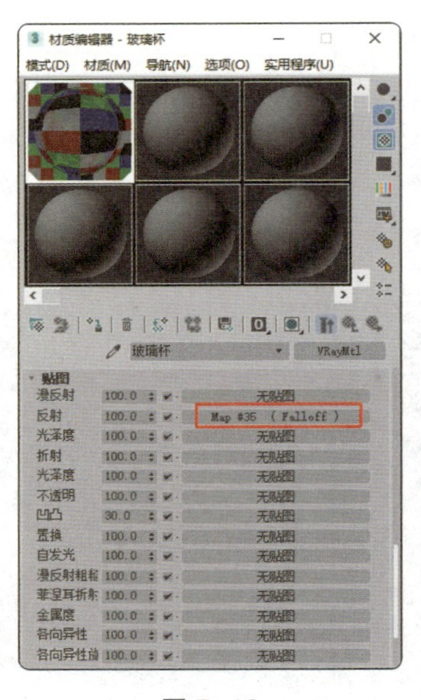

图 7-19

图 7-20

7.2.5 扩展实践：制作 VRay 灯光材质模型

VR 灯光材质是 VRay 渲染中的一种发光材质。将材质设置为发光材质，并设置材质的倍增值和颜色即可完成 VRay 灯光材质模型的制作（最终效果参看云盘中的“场景 > 项目 7>VRay 灯光材质 ok.max”，见图 7-21）。

图 7-21

任务 7.3 制作多维/子对象材质模型

7.3.1 任务引入

本任务是制作多维/子对象材质模型——饭盒，要求设计风格简洁，体现出饭盒的材质。

7.3.2 设计理念

设计时，先在场景中选择模型，设置模型的材质ID，再为其设置多维/子对象材质，设置“设置数量”为2，并单独设置子材质（最终效果参看云盘中的“场景 > 项目 7> 饭盒材质 ok.max”，见图 7-22）。

图 7-22

7.3.3 任务知识：多维 / 子对象材质和位图贴图

1 多维 / 子对象材质

使用多维 / 子对象材质可以为对象分配不同的材质。创建多维材质，将其指定给对象，并使用“网格选择”修改器选中面，然后选择多维材质中的子材质并将其指定给选中的面，或者为选中的面指定不同的材质 ID，并设置对应 ID 的材质。图 7-23 所示为“多维 / 子对象基本参数”卷展栏，其中主要选项的介绍如下。

- 设置数量：单击该按钮，可在弹出的对话框中设置子材质的数量。
- 添加：单击该按钮，可将新的子材质添加到列表中。

2 位图贴图

在“贴图”卷展栏中单击“位图”右侧的“无贴图”按钮，在弹出的对话框中选择“位图”贴图，再在弹出的对话框中选择 3ds Max 支持的位图文件，进入位图贴图设置面板。

◎“位图参数”卷展栏

“位图参数”卷展栏如图 7-24 所示，其中主要选项的介绍如下。

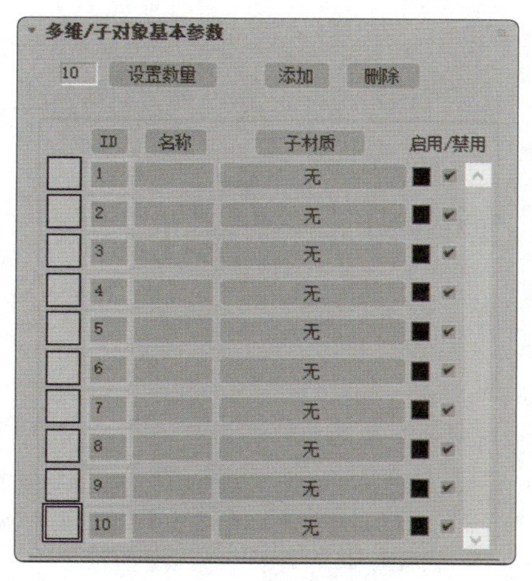

图 7-23

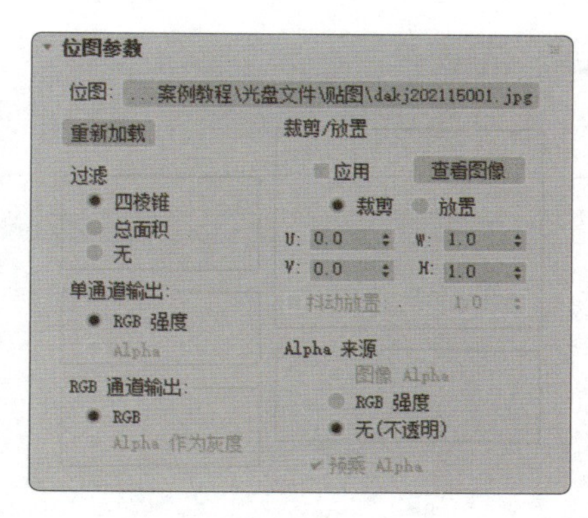

图 7-24

- 重新加载：按照相同的路径和名称重新加载位图，这主要是因为在其他软件中对该位图做了修改，重新加载它才能使修改后的效果生效。
- 过滤：确定对位图进行抗锯处理的过滤方式。“四棱锥”过滤方式已经能满足需求了。

过滤方式提供了更加优秀的过滤效果，只是会占用更多的内存。如果对“凹凸”贴图的效果不满意，则可以选择一种过滤方式，使其效果更加优秀。这是提高 3ds Max“凹凸”贴图渲染品质的一个关键参数，不过渲染时间也会大幅增加。

• RGB 强度：将红、绿、蓝通道的强度作用于贴图。像素点的颜色将被忽略，只使用它的明度值，彩色将在 0（黑）～ 255（白）级的灰度值之间进行计算。

• Alpha：将贴图自带的 Alpha 通道的强度作用于贴图。

• Alpha 作为灰度：以 Alpha 通道图像的灰度级别来显示色调。

• 裁剪 / 放置：贴图参数中非常有力的一种控制方式，它可以在位图中的任意一个部分进行裁剪，并将裁剪的部分作为贴图。不过在裁剪后，必须勾选“应用”复选框才会起作用。

▲ 裁剪：允许在位图内裁剪局部图像作为贴图，其下的 U、V 值控制局部图像的相对位置，W、H 值控制局部图像的宽度和高度。

▲ 放置：其下的 U、V 值控制缩小后的位图相对于原位图的位置，这会同时影响贴图在物体表面的位置，W、H 值控制位图缩小后的长宽比。

▲ 抖动放置：针对“放置”方式起作用，这时位图的比例和尺寸由系统提供的随机值来控制。

▲ 查看图像：单击该按钮，会弹出一个虚拟图像设置框，利用它可以直观地进行剪切和放置操作，如图 7-25 所示。如果勾选了“应用”复选框，则可以在材质样本球上看到裁剪的部分被应用了。

• 图像 Alpha：如果图像具有 Alpha 通道，则将使用它的 Alpha 通道。

• RGB 强度：将由彩色图像转换的灰度图像作为透明通道的来源。

• 无（不透明）：不使用透明信息。

• 预乘 Alpha：确定以何种方式来处理位图的 Alpha 通道，默认勾选该复选框，如果取消勾选该复选框，则 RGB 值将被忽略。只有发现不重复贴图不正确时才取消勾选该复选框。

◎“坐标”卷展栏

“坐标”卷展栏如图 7-26 所示，其中主选项的介绍如下。

图 7–25

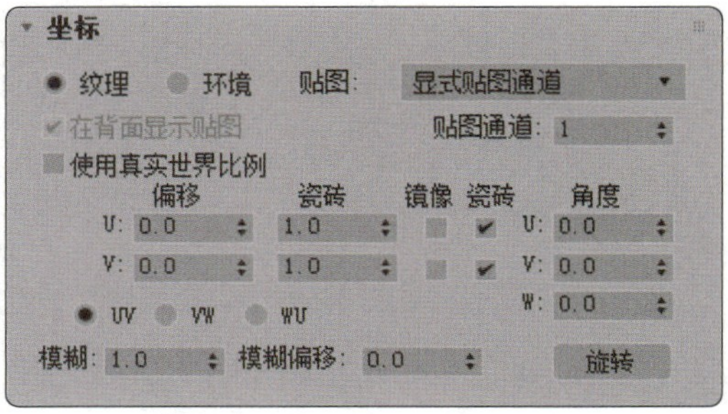

图 7–26

• 纹理：将贴图作为纹理应用于物体表面，从“贴图”下拉列表中选择坐标类型。

• 环境：将贴图作为环境贴图，从“贴图”下拉列表中选择坐标类型。

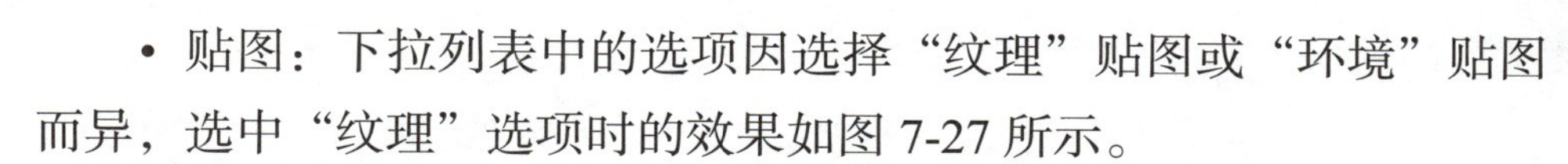

• 贴图：下拉列表中的选项因选择“纹理”贴图或“环境”贴图而异，选中“纹理”选项时的效果如图 7-27 所示。

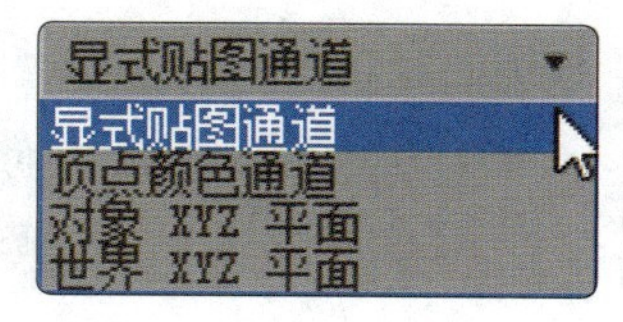

图 7-27

• 显式贴图通道：使用任意贴图通道。如果选择该选项，则“贴图通道”选项将处于激活状态，可选择从 1 到 99 的任意通道。

• 顶点颜色通道：使用指定的顶点颜色作为通道。可以使用“顶点绘制”修改器、指定顶点颜色工具指定顶点的颜色，也可以使用可编辑网格顶点控件、可编辑多边形顶点控件指定顶点的颜色。

• 对象 XYZ 平面：使用基于对象的本地坐标的平面贴图（不考虑轴点位置）。用于渲染时，除非勾选“在背面显示贴图”复选框，否则平面贴图不会投影到对象背面。

• 世界 XYZ 平面：使用基于场景的世界坐标的平面贴图（不考虑对象边界框）。用于渲染时，除非勾选“在背面显示贴图”复选框，否则平面贴图不会投影到对象背面。

选中“环境”选项时的效果如图 7-28 所示。

• 球形环境、柱形环境、收缩包裹环境：将贴图投影到场景中，就像将其贴到背景中的不可见对象上一样。

• 屏幕：将屏幕投影为场景中的平面背景。

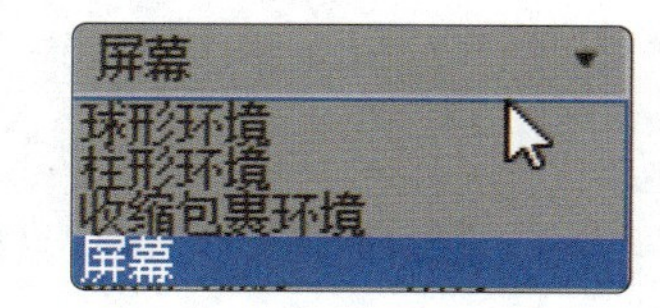

图 7-28

• 在背面显示贴图：勾选该复选框后，平面贴图将被投影到对象的背面，并且能对其进行渲染。取消勾选该复选框后，不能在对象的背面对平面贴图进行渲染。默认勾选该复选框。

• 使用真实世界比例：勾选该复选框后，将使用真实的宽度值和高度值而不使用 UV 值将贴图应用于对象。默认取消勾选该复选框。

• 偏移：在 UV 坐标系中更改贴图的位置，移动贴图以符合它的大小。

• 瓷砖：决定贴图沿每个坐标轴平铺（重复）的次数。

• 镜像：从左至右（U 轴）和（或）从上至下（V 轴）镜像贴图。

• 角度：通过 U、V、W 设置贴图旋转的角度。

• UV、VW、WU：更改贴图使用的坐标系。默认的 UV 坐标系用于将贴图作为幻灯片投影到对象表面；VW 坐标系与 WU 坐标系用于对贴图进行旋转，使其与对象表面垂直。

• 旋转：单击该按钮，会显示旋转贴图坐标对话框，在弧形球上拖动可以旋转贴图（与用于旋转视口的弧形球相似，在圆圈中拖动表示绕 3 个轴旋转，而在其外部拖动则仅绕 W 轴旋转）。

• 模糊：基于贴图离视口的距离影响贴图的锐度或模糊度。

• 模糊偏移：影响贴图的锐度或模糊度，而与贴图离视口的距离无关。“模糊偏移”用于模糊对象空间中的图像。如果需要对贴图的细节进行软化处理或者散焦处理以达到模糊图像的效果，则可以使用此选项。

◎“噪波”卷展栏

“噪波”卷展栏如图 7-29 所示，其中主选项的介绍如下。

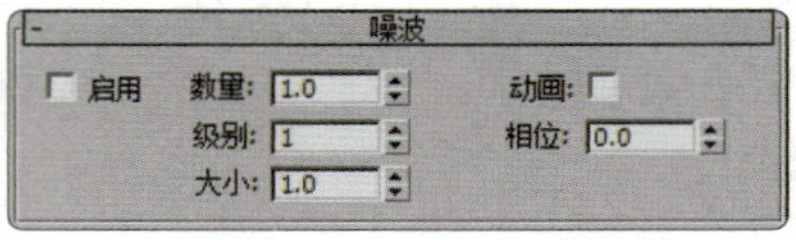

图 7-29

• 启用：决定“噪波”参数是否影响贴图。

• 数量：设置分形功能的强度值。如果“数量”值为 0，则没有噪波；如果数量值为 100，则贴图将变为纯噪波。默认设置为 1。

• 级别：“级别”或迭代次数应用函数的次数。“数量”值决定了层级的效果，“数量”值越大，增加层级的效果就越明显，取值范围为 1 ～ 10，默认设置为 1。

• 大小：设置噪波相对于几何体的比例。如果数值很小，那么噪波效果相当于白噪声。如果数值很大，那么噪波尺度可能超出几何体的尺度。如果出现这样的情况，那么将不会产生噪波效果或者产生的噪波效果不明显。

• 动画：决定动画是否启用噪波效果。如果要将噪波设置为动画，则必须勾选该复选框。

• 相位：控制噪波的动画速度。

◎“时间”卷展栏

“时间”卷展栏如图 7-30 所示，其中主要选项的介绍如下。

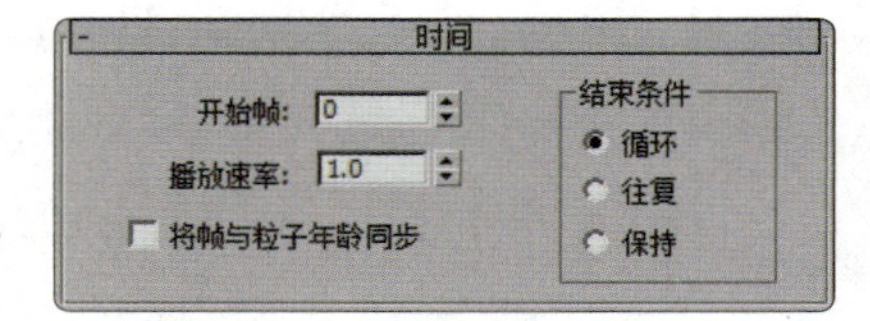

图 7-30

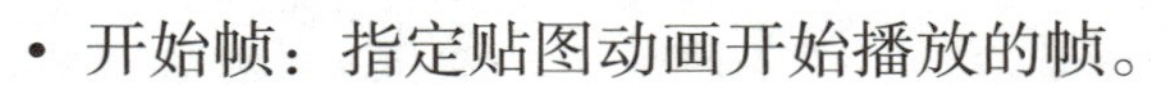

• 开始帧：指定贴图动画开始播放的帧。

• 播放速率：对应用于贴图的动画进行加速或减速播放。

• 将帧与粒子年龄同步：勾选该复选框后，3ds Max 会将位图序列的帧与贴图应用的粒子的年龄同步。利用这种效果，每个粒子从出生开始就会显示序列，而不是被指定给当前帧。默认取消勾选该复选框。

• 结束条件：如果贴图动画比较短，则需要确定其播放完成后的效果。

▲ 循环：使贴图动画循环播放。

▲ 往复：反复地使贴图动画向前播放，然后向后播放，从而使每个贴图动画平滑循环播放。

▲ 保持：冻结贴图动画的最后一帧。

◎“输出”卷展栏

“输出”卷展栏如图 7-31 所示，其中主要选项的介绍如下。

图 7-31

• 反转：反转贴图的色调，使贴图类似彩色照片的底片。默认取消勾选该复选框。

• 输出量：控制要混合为合成材质的贴图的数量。

• 钳制：勾选该复选框后，在增加 RGB 级别时贴图不会有自发光效果。默认取消勾选该复选框。

• RGB 偏移：根据设置的数值增加贴图颜色的 RGB 值，此选项会对色调产生影响。最终贴图会变成白色的并有自发光效果。降低这个值会减少色调，使之向黑色转变。

• 来自 RGB 强度的 Alpha：勾选该复选框后，会根据贴图中 RGB 通道的强度生成一个 Alpha 通道。黑色区域变得透明，而白色区域变得不透明，中间颜色根据它们的强度值变得半透明。

• RGB 级别：根据设置的数值使贴图颜色的 RGB 值加倍，此选项会对颜色的饱和度产生影响。

• 启用颜色贴图：勾选该复选框可使用颜色贴图。默认取消勾选该复选框。

• 凹凸量：调整凹凸的量。

• 颜色贴图：当“启用颜色贴图”复选框处于勾选状态时可用。

▲ 单色：将贴图曲线分别指定给每个 RGB 过滤通道（RGB）或合成通道（单色）。

▲ 复制曲线点：勾选该复选框后，当切换到 RGB 贴图时，将复制添加到单色贴图中的点。如果对 RGB 贴图进行此操作，则这些点会被复制到单色贴图中。

7.3.4 任务实施

（1）启动 3ds Max 2019，打开场景文件（云盘中的“场景 > 项目 7> 饭盒材质 .max”），在场景中选择模型，如图 7-32 所示。

（2）在堆栈中选择“可编辑多边形”修改器，将选择集定义为“元素”，在场景中选择图 7-33 所示的元素，在“多边形 : 材质 ID”卷展栏中设置“设置 ID”为 1。

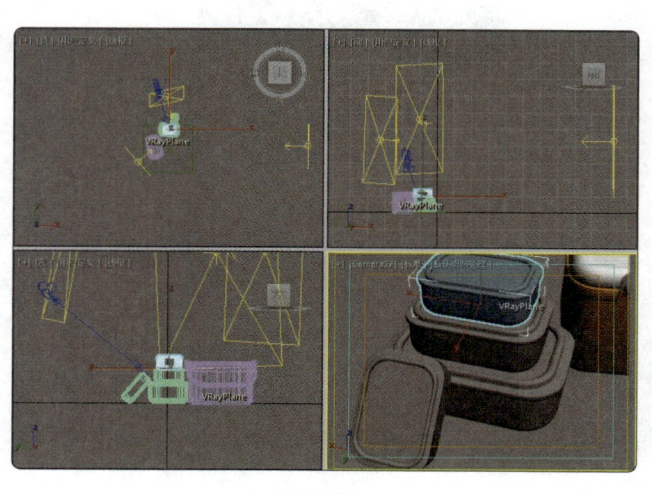

图 7-32

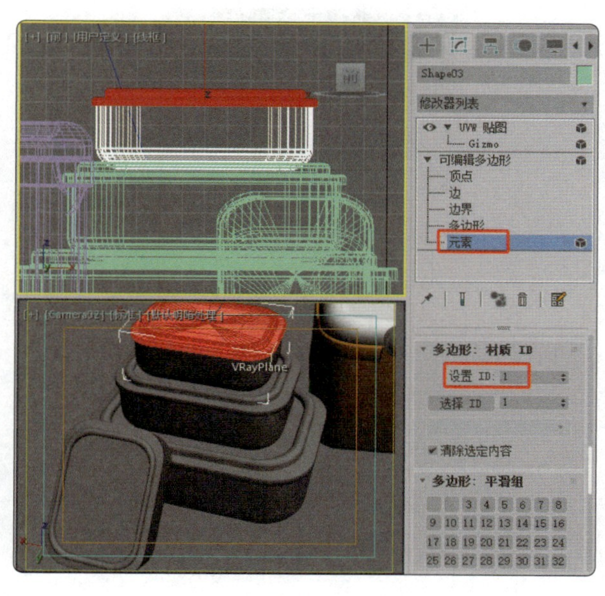

图 7-33

（3）按 Ctrl+I 组合键在场景中反选元素，设置“设置 ID”为 2，如图 7-34 所示。

（4）打开“材质编辑器”窗口，选择一个新的材质样本球，单击 Standard 按钮，在弹出的“材质 / 贴图浏览器”对话框中选择“多维 / 子对象”材质，单击“确定”按钮，如图 7-35

所示。

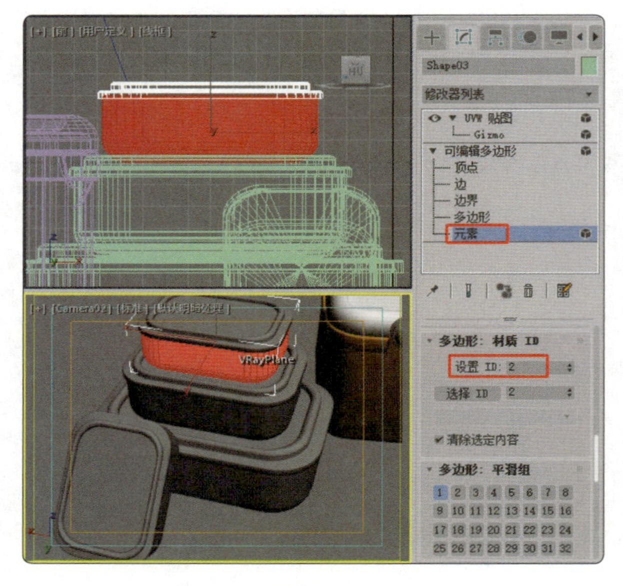

图 7-34

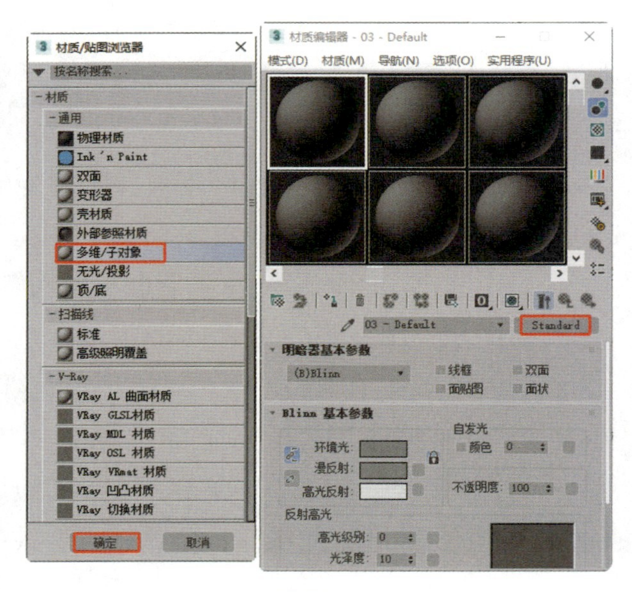

图 7-35

（5）弹出“替换材质”对话框，从中选中“丢弃旧材质？”选项，单击“确定”按钮，如图 7-36 所示。

（6）在“多维 / 子对象基本参数”卷展栏中单击“设置数量”按钮，在弹出的对话框中设置“材质数量”为 2，单击“确定”按钮，如图 7-37 所示。

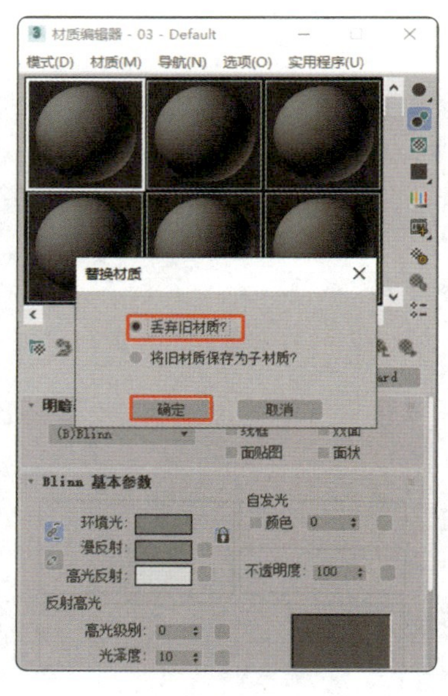

图 7-36

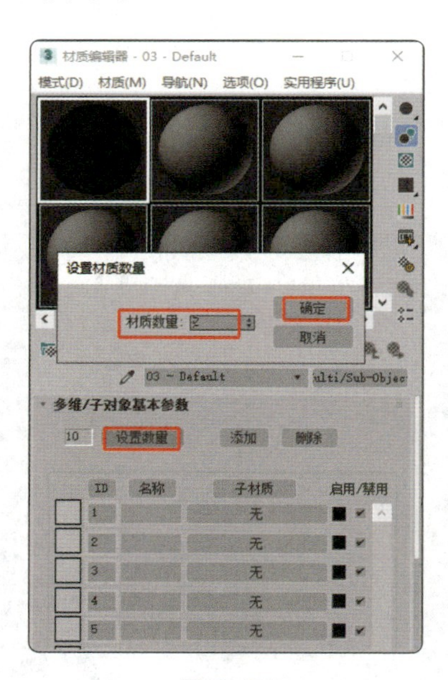

图 7-37

（7）在“多维 / 子对象基本参数”卷展栏中单击 ID 为 1 的材质右侧的“无”按钮，在弹出的“材质 / 贴图浏览器”对话框中选择 VRayMtl 材质，单击“确定”按钮，如图 7-38 所示。

（8）进入材质设置面板，在“基本参数”卷展栏中设置“漫反射”的“红”“绿”“蓝”

为 255、211、78，设置“反射”的“红”“绿”“蓝”为 155、155、155，设置“光泽度”为 0.8，勾选“菲涅耳反射”复选框，如图 7-39 所示。

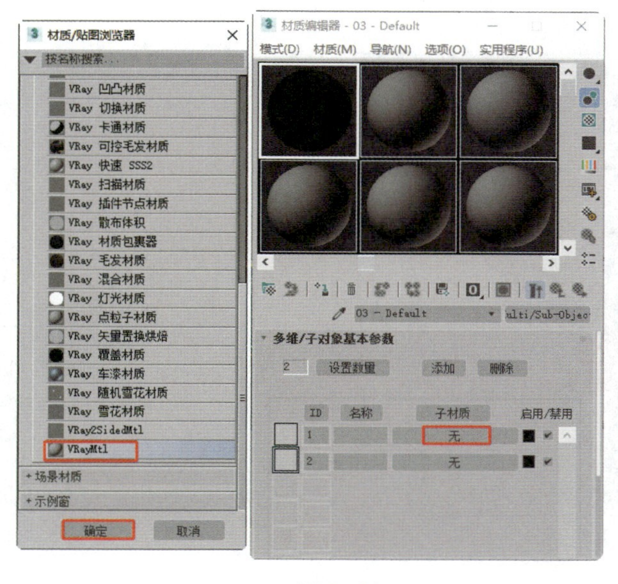

图 7-38

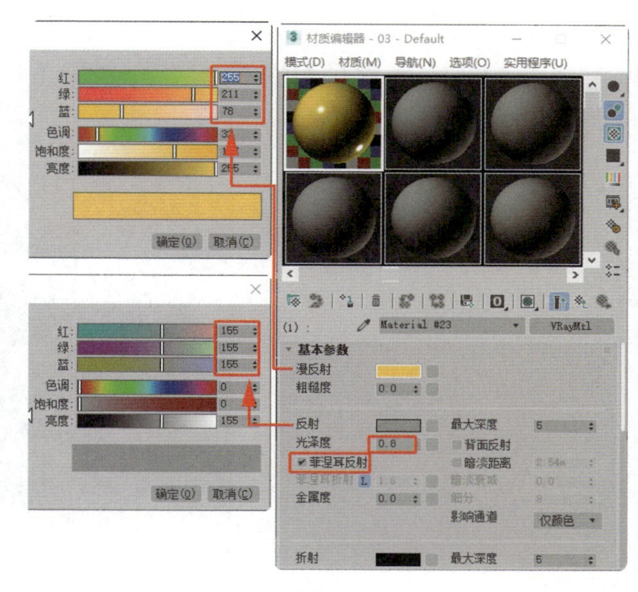

图 7-39

（9）单击“转到父对象”按钮，返回到上一级界面。单击 ID 为 2 的材质右侧的“无”按钮，在弹出的“材质 / 贴图浏览器”对话框中选择 VRayMtl 材质，单击“确定”按钮，如图 7-40 所示。

（10）进入材质设置面板，在“基本参数”卷展栏中设置“漫反射”的“红”“绿”“蓝”为 255、255、255，设置“反射”的“红”“绿”“蓝”为 82、82、82，设置“折射”的“红”“绿”“蓝”为 230、230、230，如图 7-41 所示。

（11）选择饭盒模型，单击“将材质指定给选定对象”按钮，将该材质指定给饭盒模型。

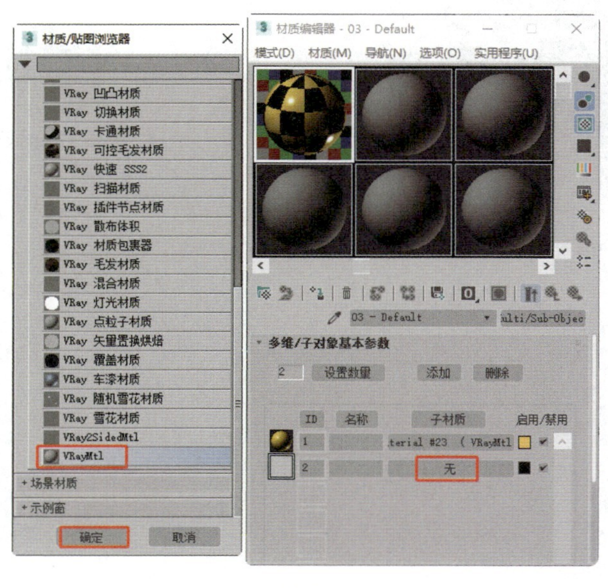

图 7-40

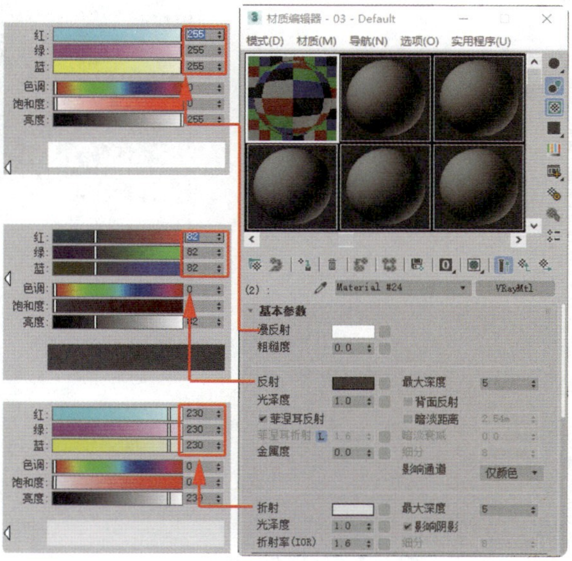

图 7-41

7.3.5 扩展实践：制作大理石材质模型

打开场景文件，在场景中选择模型，为“漫反射”指定“位图”贴图，并设置一个反射颜色或贴图，完成大理石材质模型的制作（最终效果参看云盘中的“场景 > 项目 7> 大理石材质 ok.max”，见图 7-42）。

图 7–42

任务 7.4 项目演练：制作木纹材质模型

本任务的木纹材质是一种简单的无漆木纹材质。本任务要求为 VRayMtl 材质的“漫反射”指定“位图”贴图，完成木纹材质模型的制作（最终效果参看云盘中的“场景 > 项目 7> 木纹材质 ok.max”，见图 7-43）。

图 7–43

08

项目8

制作灯光与摄影效果

——应用灯光与摄影机

灯光主要用于对场景进行照明、烘托场景气氛和增强画面的视觉冲击力。照明效果是由灯光的亮度决定的；气氛是由灯光的颜色、衰减程度和阴影决定的；视觉冲击力是结合建模操作和材质的使用，并配合灯光与摄影机的运用来实现的。通过本项目的学习，读者可以掌握如何设置灯光与摄影机。

学习引导

知识目标

- 掌握灯光工具的使用方法
- 掌握摄影机工具的使用方法

能力目标

- 掌握场景的布光方法
- 掌握摄影机动画的创建方法

素养目标

- 培养对不同灯光的鉴赏能力

实训项目

- 应用“天光”工具
- 创建摄影机动画

任务 8.1 应用“天光”工具

8.1.1 任务引入

本任务是应用“天光”工具建立日光模型，要求将“天光”工具与光跟踪器一起使用，且效果要接近真实的天光。

图 8–1

8.1.2 设计理念

设计时，打开场景文件，在场景中创建天光，并结合使用“高级照明 > 光跟踪器”命令来完成天光的创建（最终效果参看云盘中的“场景 > 项目 8>‘天光’，工具的应用 ok.max”，见图 8-1）。

8.1.3 任务知识：灯光工具

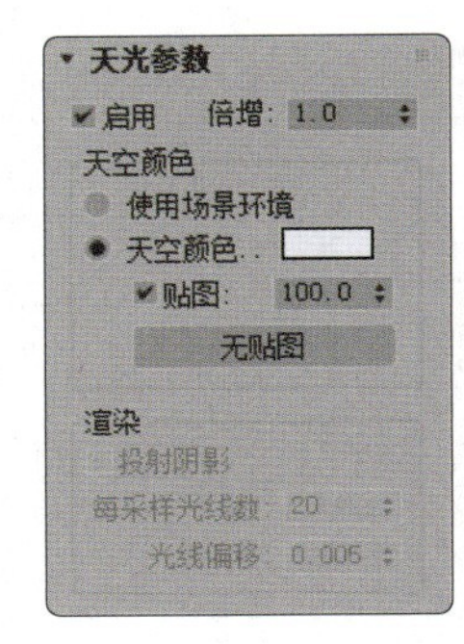

图 8–2

1 “天光”工具

用“天光”工具建立日光模型，意味着需配合使用光跟踪器。

“天光参数”卷展栏如图 8-2 所示，其中主要选项的介绍如下。

- 启用：启用和禁用灯光。
- 倍增：将灯光的功率增大。
- 使用场景环境：使用“环境”面板中的环境来设置灯光颜色。
- 天空颜色：单击色块可显示颜色选择器，并为灯光选择颜色。
- 贴图：可以使用贴图影响灯光颜色。
- 投影阴影：使灯光投射阴影。
- 每采样光线数：用于计算落在场景中指定点上的光线的数量。
- 光线偏移：对象可以在场景中的指定点上投射阴影的最短距离。

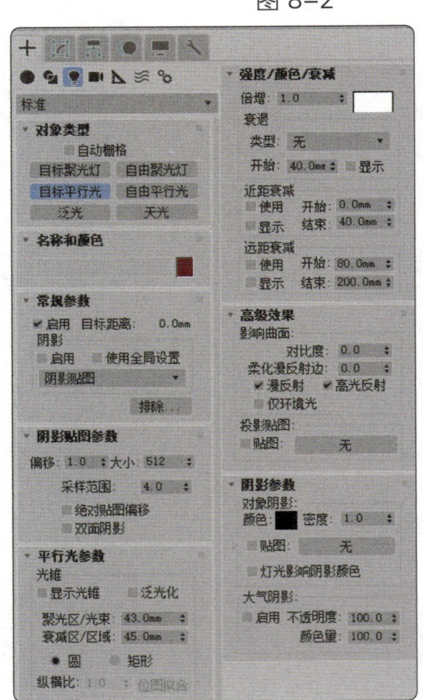

图 8–3

2 “目标平行光”工具

聚光灯是一种经常使用的有方向的光源，类似于舞台上的强光灯，它可以准确地控制光束大小。图 8-3 所示为“目标平行光”

工具的卷展栏。

◎“常规参数”卷展栏

“常规参数”卷展栏中的参数用于启用和禁用灯光和灯光阴影，以及设置从照射场景中排除的对象或包含在照射场景中的对象。

◎“平行光参数”卷展栏

“平行光参数”卷展栏中的参数用来控制聚光灯的聚光区和衰减区。其中主要选项的介绍如下。

• 显示光锥：用于控制是否显示圆锥体。

• 泛光化：当勾选“泛光化”复选框时，将在各个方向上投射灯光。但是，投影和阴影只出现在灯光的衰减圆锥体内。

• 聚光区 / 光束：调整灯光聚光区的角度。

• 衰减区 / 区域：调整灯光衰减区的角度。

◎“强度 / 颜色 / 衰减”卷展栏

在“强度 / 颜色 / 衰减”卷展栏中可以设置灯光的颜色和强度，也可以定义灯光的衰减程度。其中主要选项的介绍如下。

• 倍增：控制灯光的光照强度。单击“倍增”右侧的色块，可以设置灯光的颜色。

“近距衰减”组中主要选项的介绍如下。

• 开始：设置灯光开始淡入的距离。

• 结束：设置灯光达到全值的距离。

• 使用：启用灯光的近距衰减效果。

• 显示：在视口中显示近距衰减范围。

• 开始：设置灯光开始淡出的距离。

• 结束：设置灯光减为 0 的距离。

• 使用：启用灯光的远距衰减效果。

• 显示：在视口中显示远距衰减范围。

◎“高级效果”卷展栏

“高级效果”卷展栏中提供了影响灯光、曲面的控件，也提供了一些微调器和投影贴图选项。其中主要选项的介绍如下。

• 贴图：勾选该复选框，可以通过“无”按钮选择贴图。取消勾选该复选框，可以禁用投影。

•　“无”按钮：用于命名投影的贴图。可以在“材质编辑器”窗口中指定的任意贴图上拖动，或在任意其他贴图按钮上拖动，并将贴图放置在灯光的“无”按钮上。单击“无”按钮会打开“材质 / 贴图浏览器”对话框，在该对话框中可以选择贴图类型；然后将按钮拖曳到“材质编辑器”窗口中，并且使用“材质编辑器”对话框选择和调整贴图。

◎“VRay 天空参数”卷展栏

“VRay 天空”贴图主要用在场景环境中，用来辅助照亮场景。将“VR 天空”贴图拖曳到“材质编辑器”窗口中的样本窗口中，可以对其进行编辑；通过“太阳强度倍增”参数来控制场景的明亮效果，如图 8-4 所示。

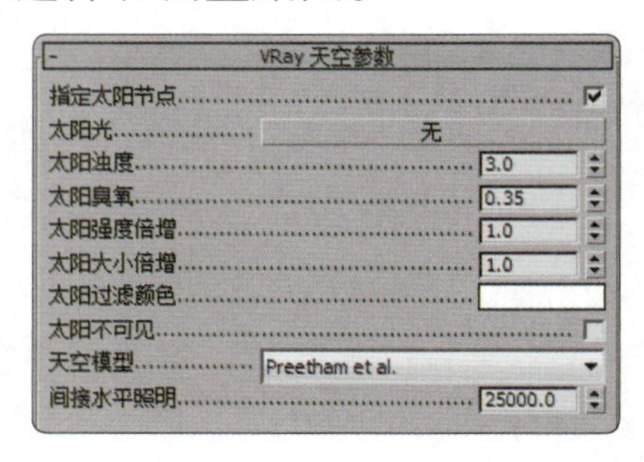

图 8-4

8.1.4 任务实施

（1）启动 3ds Max 2019，打开场景文件（云盘中的“场景 > 项目 8> 天光的应用 .max”），依次单击“创建”＋>“灯光”>“标准”>“天光”按钮，在“顶”视口中创建天光，如图 8-5 所示。

（2）在工具栏中单击“渲染设置”按钮，在弹出的窗口中单击“高级照明”选项卡，在“选择高级照明”卷展栏中选择“光跟踪器”选项，如图 8-6 所示。

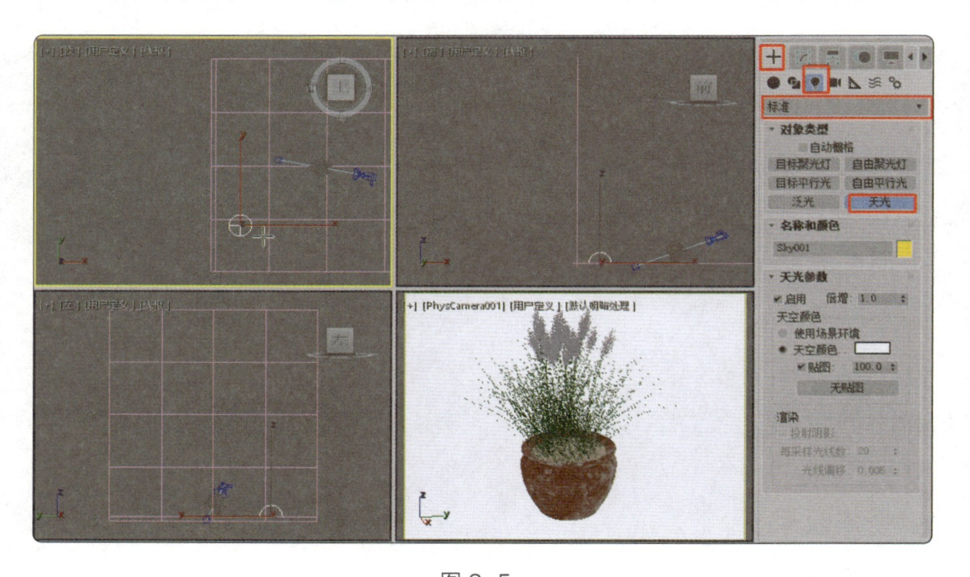
图 8-5

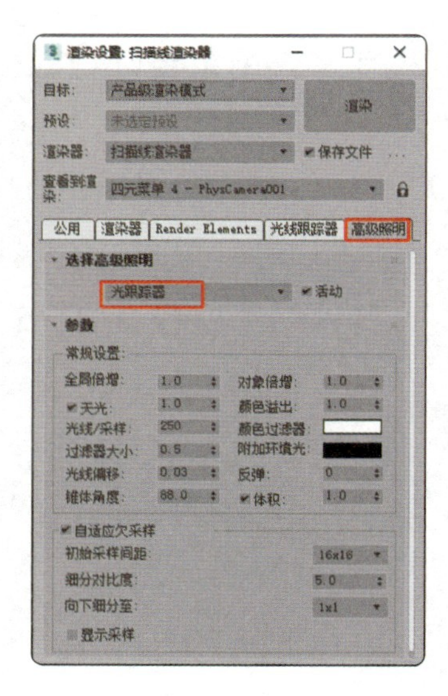
图 8-6

8.1.5 扩展实践：为场景布光

打开场景文件后，在场景中创建目标聚光灯作为主光源，通过为环境和反射光线指定“VR 天空”贴图来模拟环境光（最终效果参看云盘中的“场景 > 项目 8> 为场景布光 ok.max”，见图 8-7）。

图 8-7

任务 8.2　创建摄影机动画

8.2.1 任务引入

本任务是创建摄影机动画，要求读者能灵活调整摄影机，从而制作出流畅的三维动画。

8.2.2 设计理念

设计时，打开场景文件并创建目标摄影机，通过添加关键帧来创建摄影机移动的动画（最终效果参看云盘中的“场景 > 项目 8> 摄影机动画 ok.max”，见图 8-8）。

图 8–8

8.2.3 任务知识：摄影机工具

图 8–9

1 “目标”摄影机工具

目标摄影机用于观察目标点附近的场景内容，与自由摄影机相比，它更容易定位。

◎“参数”卷展栏

“参数”卷展栏如图 8-9 所示，其中主要选项的介绍如下。

- 镜头：以毫米为单位，用于设置摄影机的焦距。
- 视野：设置摄影机查看区域的宽度（视野）。
- 可以选择怎样应用视野：单击↔按钮可水平应用视野，这是设置和测量视野的标准方法；单击↕按钮可垂直应用视野；单击⤢按钮可在对角线上应用视野。
- 正交投影：勾选该复选框后，摄影机视口看起来就像用户视口。取消勾选该复选框后，摄影机视口就像标准的透视视口。当勾选“正交投影”复选框时，视口导航按钮的行为如同平常操作一样，透视图除外。透视图功能仍然移动摄影机，并且更改“视野”，但“正交投影”功能取消执行这两个操作，以便在取消勾选“正交投影”复选框后，可以看到所做的更改。

• 备用镜头：这些预设值用于设置摄影机的焦距（以毫米为单位）。

• 类型：将摄影机类型从“目标摄影机”更改为“自由摄影机”。

• 显示圆锥体：显示定义摄影机视野的锥形光线（实际上是一个四棱锥）。锥形光线出现在其他视口中，不出现在摄影机视口中。

• 显示地平线：在摄影机视口的地平线层级中显示一条深灰色的线。

• 显示：显示在摄影机锥形光线内的矩形，用“近距范围”和“远距范围”进行设置。

• 近距范围、远距范围：确定在“环境”面板上设置大气效果的近距范围和远距范围。在两个范围之间的对象会消失在远端 % 和近端 % 值之间。

• 剪切平面：用来定义剪切平面。在视口中，剪切平面在摄影机锥形光线内显示为红色的矩形（带有对角线）。

▲ 手动剪切：勾选该复选框可定义剪切平面。

▲ 近距剪切、远距剪切：设置近距和远距剪切平面。

多过程效果：用于指定摄影机的景深或运动模糊效果。

▲ 启用：勾选该复选框后，可以对效果进行预览或渲染。取消勾选该复选框后，将不渲染该效果。

▲ 预览：单击该按钮，可在活动的摄影机视口中预览效果。如果活动视口不是摄影机视口，则该按钮无效。

▲ 效果下拉列表：用于选择生成哪种多重过滤效果，包括景深或运动模糊效果。这些效果相互排斥。

▲ 渲染每过程效果：勾选该复选框后，如果指定景深或运动模糊效果中的任意一个，则将渲染效果应用于多重过滤效果的每个过程。取消勾选该复选框后，将在生成多重过滤效果的通道后，只应用渲染效果。默认取消勾选该复选框。

• 目标距离：使用自由摄影机，将点设置为不可见的目标，以便可以围绕该点旋转自由摄影机。使用目标摄影机，“目标距离”表示目标摄影机和其目标之间的距离。

◎“景深参数”卷展栏

“景深参数”卷展栏如图 8-10 所示，其中主要选项的介绍如下。

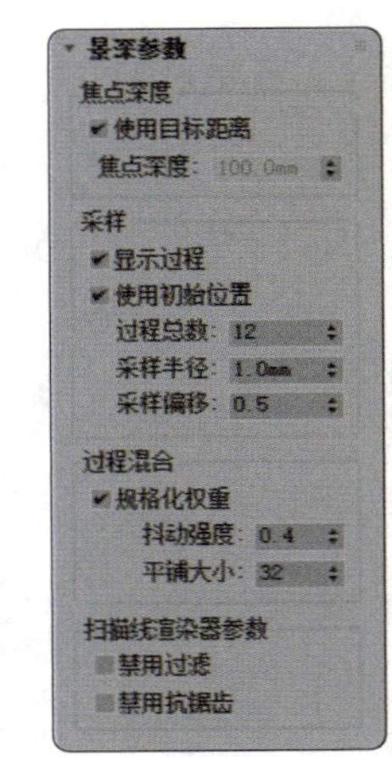

图 8–10

• 使用目标距离：勾选该复选框后，将摄影机的目标距离用作每个过程偏移模糊的点。

• 焦点深度：当“使用目标距离”处于勾选状态时，设置目标距离偏移摄影机的深度。

• 显示过程：勾选该复选框后，渲染帧窗口中会显示多个渲染通道。取消勾选该复选框后，该帧窗口中将只显示最终结果。此控件对摄影机视口中的景深效果无效。

• 使用初始位置：勾选该复选框后，第一个渲染过程位于摄影机的初始位置。取消勾选该复选框后，将与所有随后的过程一样偏移第一个渲染过程。

• 过程总数：用于设置生成效果的过程数量。增加此数值可以提升效果的精度，但会增加渲染时间。

• 采样半径：通过移动场景生成模糊的半径。增大该数值，将增强整体的模糊效果；减小该数值，将减弱模糊效果。

• 采样偏移：模糊靠近或远离采样半径的权重。增大该数值，将增加景深模糊的数量级，得到更均匀的效果；减小该数值，将减少数量级，得到更随机的效果。

• 过程混合：抖动混合的多个景深过程可以由该组中的参数控制。这些参数只适用于渲染景深效果，不能在视口中进行预览。

▲ 规格化权重：使用权重随机混合的过程可以避免出现条纹等人工效果。勾选“规格化权重”复选框后，会将权重规格化，以获得较平滑的结果。取消勾选该复选框后，效果会变得清晰一些，但颗粒状效果会更明显。

▲ 抖动强度：控制渲染通道的抖动程度。增大此数值会增加抖动量，并且生成颗粒状效果，尤其是在对象的边缘处。

▲ 平铺大小：设置抖动时图案的大小。此数值是一个百分比值，0代表最小的平铺，100代表最大的平铺。

• 扫描线渲染器参数：可以在渲染多重过滤场景时，禁用抗锯齿或锯齿过滤，禁用它们可以缩短渲染时间。

▲ 禁用过滤：勾选该复选框后，将禁用过滤过程。默认取消勾选该复选框。

▲ 禁用抗锯齿：勾选该复选框后，将禁用抗锯齿。

2 “物理”摄影机工具

下面介绍物理摄影机的常用及重点参数。

物理摄影机的参数与目标摄影机和自由摄影机的参数有所不同，下面进行具体介绍。

◎“基本”卷展栏

“物理”摄影机工具的“基本”卷展栏如图8-11所示，其中主要选项的介绍如下。

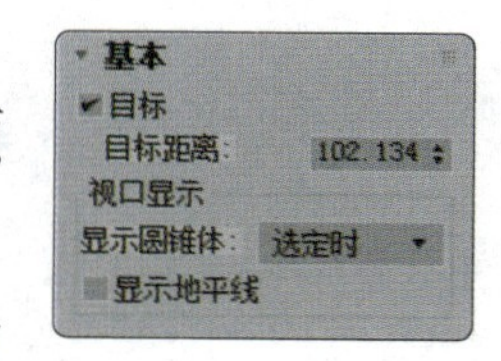

图8-11

• 目标：勾选该复选框后，将启用摄影机目标，物理摄影机的行为与目标摄影机的行为相似——用户可以通过移动目标来设置摄影机的目标；取消勾选该复选框后，物理摄影机的行为与自由摄影机的行为相似——用户可以通过变换摄影机本身来设置摄影机的目标。默认勾选该复选框。

• 目标距离：设置目标与焦平面之间的距离。目标距离会影响聚焦、景深等效果。

• 显示圆锥体：可在下拉列表中选择显示摄影机圆锥体的方式，包括“选定时”（默认设置）、“始终”或“从不”。

• 显示地平线：勾选该复选框后，地平线在摄影机视口中显示为水平线（假设摄影机帧中包括地平线）。默认取消勾选该复选框。

◎“物理摄影机”卷展栏

“物理摄影机”卷展栏（见图 8-12）主要用于设置物理摄影机的物理属性，其中主要选项的介绍如下。

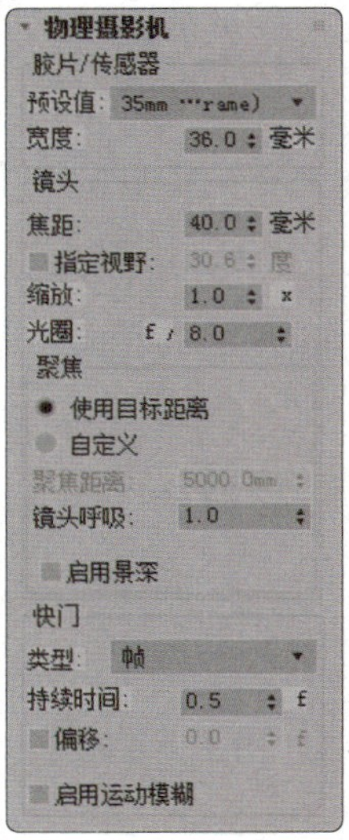

• 预设值：选择胶片或电荷耦合传感器的预设值，包括 35mm（全画幅）胶片（默认设置），以及多种行业标准传感器的预设值。“自定义”选项用于设置任意宽度。

• 宽度：可以手动调整帧的宽度。

• 焦距：设置镜头的焦距，默认值为 40。

图 8-12

• 指定视野：勾选该复选框时，可以设置新的视场角（FOV）。默认的视场角值取决于所选的胶片或传感器的预设值。默认取消勾选该复选框。

• 缩放：在不更改摄影机位置的情况下缩放镜头。

• 光圈：设置光圈数。此数值将影响曝光和景深效果。光圈数越少，光圈越大并且景深越小。

• 聚焦：用于设置聚焦参数。

▲ 使用目标距离：使用目标距离作为焦距（默认设置）。

▲ 自定义：使用不同于目标距离的焦距。

▲ 聚焦距离：选中“自定义”选项后，用户可在此设置焦距。

▲ 镜头呼吸：通过将镜头向接近焦距方向或远离焦距方向移动来调整视野。该数值为 0 时表示禁用此效果，默认值为 1。

▲ 启用景深：勾选该复选框时，摄影机将在焦距范围外生成模糊效果。景深效果的强度由“光圈”值决定，默认取消勾选该复选框。

• 类型：用于选择测量快门速度时使用的单位。帧（默认设置），通常用于计算机图形；秒或 1/ 秒，通常用于静态摄影；度，通常用于电影拍摄。

• 持续时间：根据所选的单位设置快门速度。该数值可能影响曝光、景深和运动模糊效果。

• 偏移：勾选该复选框时，可以指定相对于每帧的开始时间的快门打开时间。更改此数值会影响运动模糊效果。默认取消勾选该复选框。

• 启用运动模糊：勾选该复选框后，摄影机可以生成运动模糊效果。默认取消勾选该复选框。

◎“曝光”卷展栏

“曝光”卷展栏（见图 8-13）用于设置物理摄影机的曝光效果，其中主要选项的介绍如下。

• 曝光控制已安装：单击可以使物理摄影机的曝光控制处于活动状态；如果物理摄影机的曝光控制已处于活动状态，则会禁用此按钮，此时按钮上将显示“曝光控制已安装”文本。

• 手动：通过 ISO 值设置曝光增益。当此选项处于选中状态时，通过 ISO 值、快门速度和光圈数可以计算曝光。该数值越大，曝光时间越长。

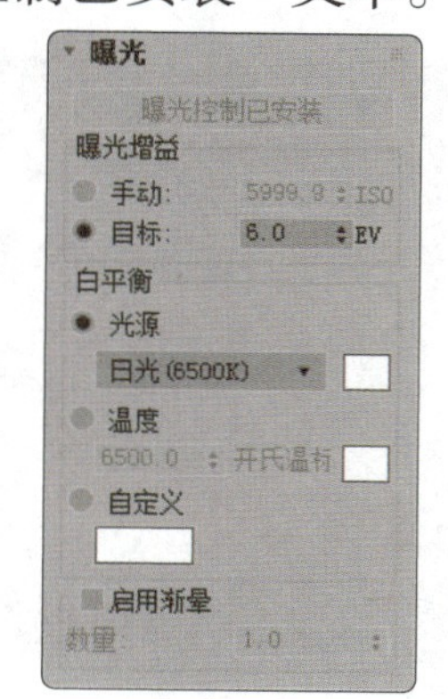

图 8-13

• 目标（默认设置）：设置与 3 个摄影曝光值的组合对应的单个曝光值。每次增大或减小 EV 值，对应地，有效的曝光也会分别减少或增加。因此，数值越大，生成的图像越暗；数值越小，生成的图像越亮。默认设置为 6。

• 白平衡：用于调整色彩平衡。

▲ 光源：按照标准光源设置色彩平衡，默认设置为“日光（6500K）”。

▲ 温度：以色温的形式设置色彩平衡，用开尔文表示。

▲ 自定义：用于设置任意的色彩平衡。单击下方的色块可以打开颜色选择器，可以从中设置希望使用的颜色。

• 启用渐晕：勾选该复选框后，会渲染出胶片平面边缘的变暗效果。要更加精确地模拟渐晕效果，可使用“散景（景深）”卷展栏中的“光学渐晕（CAT 眼睛）”参数。

• 数量：增大此数值可以增强渐晕效果，默认值为 1。

◎“散景（景深）”卷展栏

“散景（景深）”卷展栏（见图 8-14）用于设置景深的散景效果，其中主要选项的介绍如下。

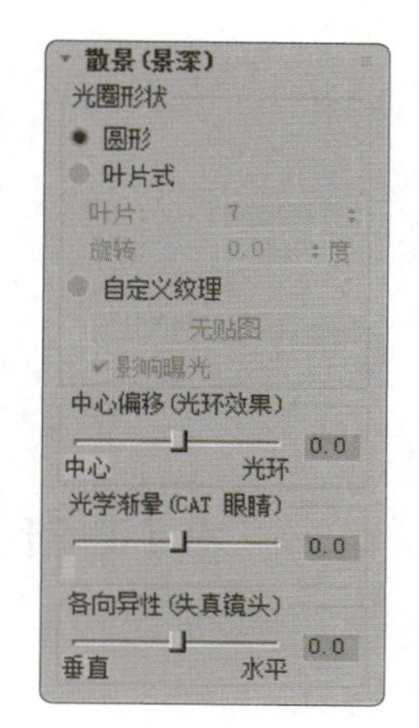

图 8-14

• 圆形：散景效果使用圆形光圈，示例如图 8-15 所示。

• 叶片式：散景效果使用带有边的光圈，示例如图 8-16 所示。使用“叶片”值设置每个模糊光圈的边数，使用“旋转”值设置每个模糊光圈旋转的角度。

图 8-15

图 8-16

• 自定义纹理：使用贴图来替换每种模糊光圈（如果贴图为填充了黑色背景的白色光圈，则等效于标准模糊光圈）。

• 影响曝光：勾选该复选框后，“自定义纹理”将影响场景中的曝光效果。根据纹理的透明度，可以允许相对标准的圆形光圈通过更多或更少的灯光（同样地，如果贴图为填充了黑色背景的白色光圈，则允许进入的灯光量与圆形光圈的灯光量相同）。取消勾选该复选框后，纹理允许的通光量始终与通过圆形光圈的灯光量相同。默认勾选该复选框。

• 中心偏移（光环效果）：使光圈透明度向中心（负值）或边缘（正值）偏移。正值会增加焦外区域的模糊量，而负值会减少模糊量。采用“中心偏移”设置的场景中的散景效果显示尤其明显。

• 光学渐晕（CAT 眼睛）：该参数通过模拟“猫眼”效果来使帧呈现出渐晕效果（部分广角镜头可以产生这种效果）。

• 各向异性（失真镜头）：该参数通过垂直（负值）或水平（正值）拉伸光圈来模拟失真镜头。

◎“透视控制”卷展栏

“透视控制”卷展栏（见图 8-17）用于调整摄影机视口中的透视效果，其中主要选项的介绍如下。

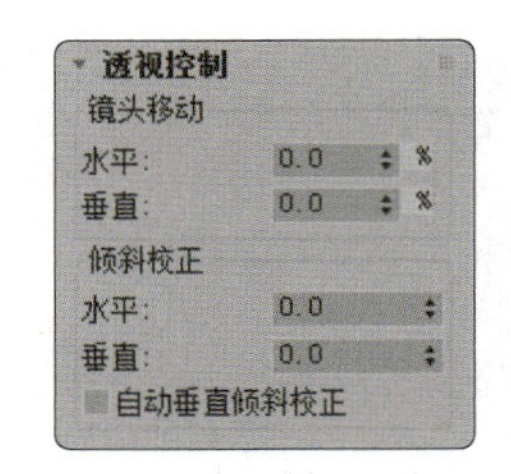

图 8–17

• 镜头移动：沿水平或垂直方向移动摄影机视口，而不旋转或倾斜摄影机。在 x 轴和 y 轴上，它们将以百分比形式表示模 / 帧宽度（不考虑图像纵横比）。

• 倾斜校正：沿水平或垂直方向倾斜摄影机。用户可以使用它们来校正透视效果，特别是在摄影机已向上或向下倾斜的场景中。

◎“镜头扭曲”卷展栏

“镜头扭曲”卷展栏（见图 8-18）用于添加扭曲效果，其中主要选项的介绍如下。

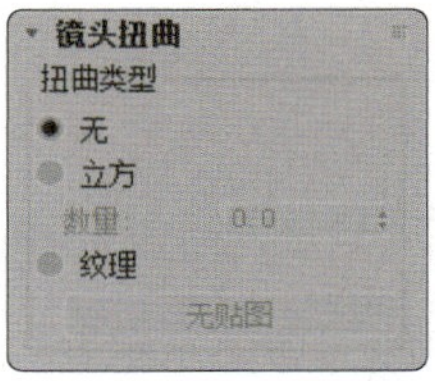

图 8–18

• 无：不应用扭曲效果。

• 立方：“数量”不为零时，将扭曲图像。“数量”为正值会产生枕形扭曲，“数量”为负值会产生筒体扭曲。

• 纹理：基于纹理贴图扭曲图像。单击“无贴图”按钮可打开“材质 / 贴图浏览器”对话框，然后指定贴图。

◎“其他”卷展栏

“其他”卷展栏（见图 8-19）用于设置剪切平面和环境范围，其中主要选项的介绍如下。

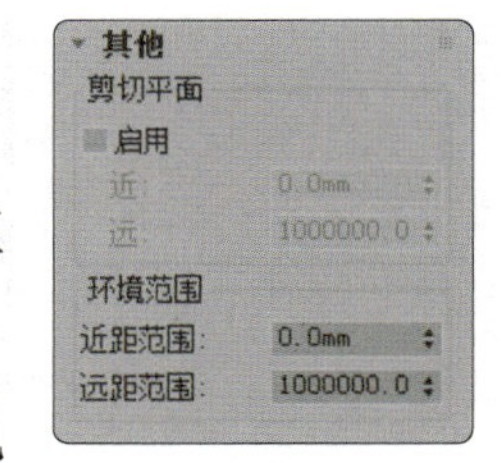

图 8–19

• 启用：勾选该复选框可启用此功能。在视口中，剪切平面在摄影机锥形光线内显示为红色的栅格。

• 近、远：设置近距和远距剪切平面，采用场景使用的单位。对于摄影机，比近距剪切平面近或比远距剪切平面远的对象是不可见的。远距剪切值在 10 到 32 的幂之间。

• 近距范围、远距范围：设置大气效果的近距范围和远距范围。两个范围之间的对象将在远距值和近距值之间消失。这些值采用场景使用的单位。在默认情况下，它们将覆盖场景。

8.2.4 任务实施

（1）启动 3ds Max 2019，打开场景文件（云盘中的“场景 > 项目 8> 摄影机动画 .max”），如图 8-20 所示。

（2）单击“时间配置”按钮，在弹出的对话框中设置“开始时间”为 0，“结束时间”为 35，单击“确定”按钮，如图 8-21 所示。

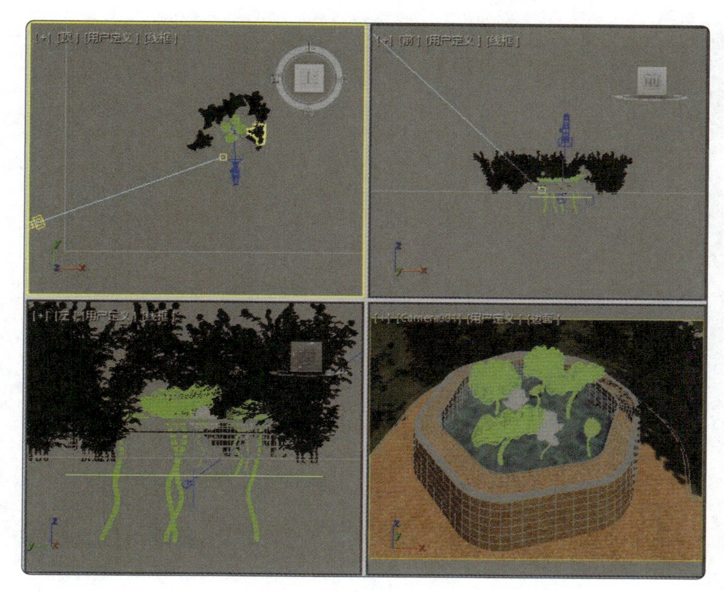

图 8–20

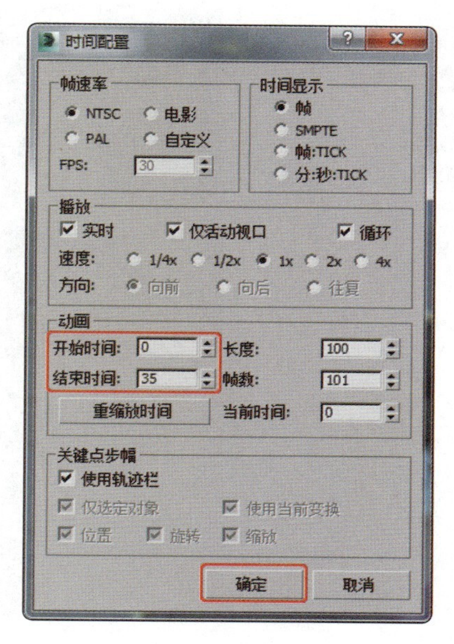

图 8–21

（3）单击“自动关键点”按钮，确定时间滑块在第 0 帧处。切换到摄影机视口，调整摄影机角度为图 8-22 所示的效果。

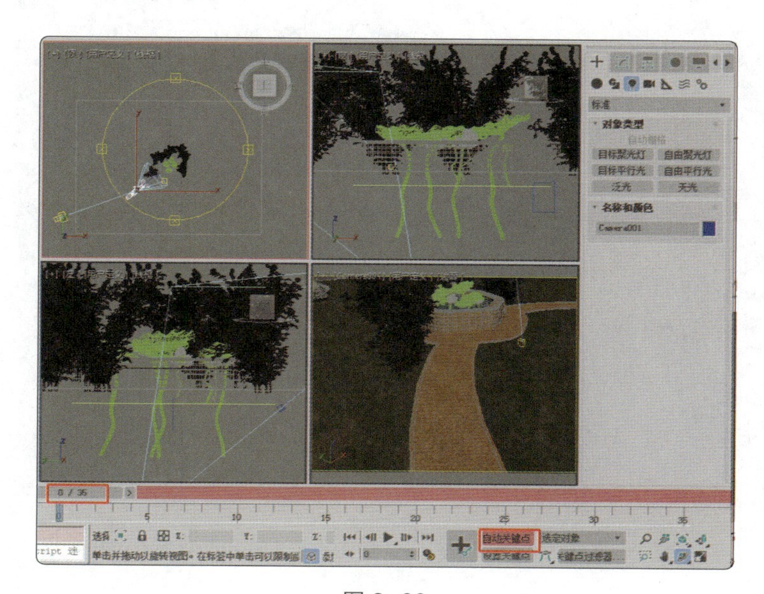

图 8–22

（4）拖动时间滑块到第 15 帧处，在场景中调整摄影机，视口中的模型的角度为图 8-23 所示的效果。

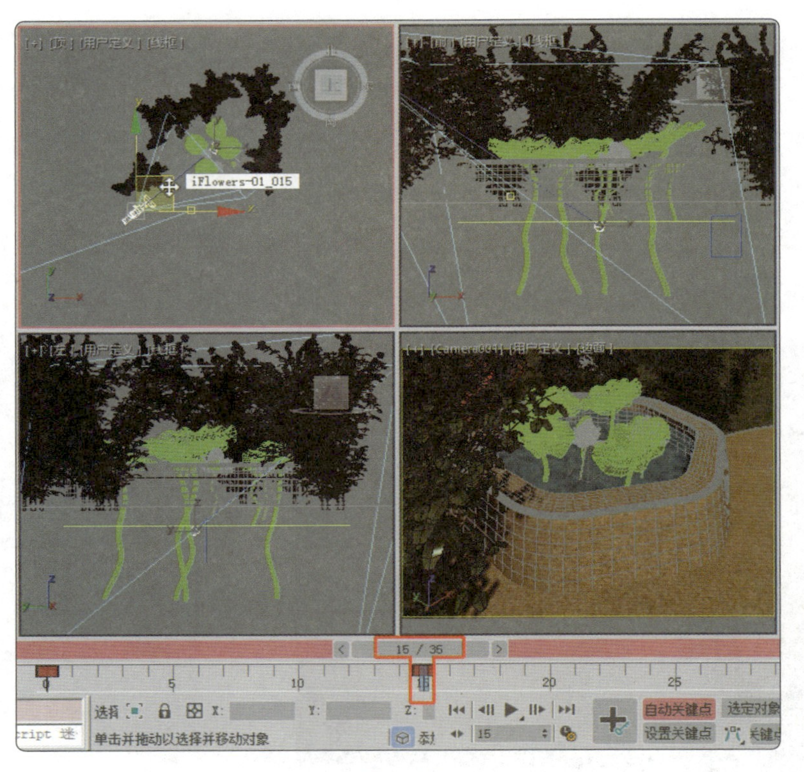

图 8-23

（5）拖动时间滑块到第 25 帧处，并在场景中调整摄影机，视口中的模型的角度如图 8-24 所示。

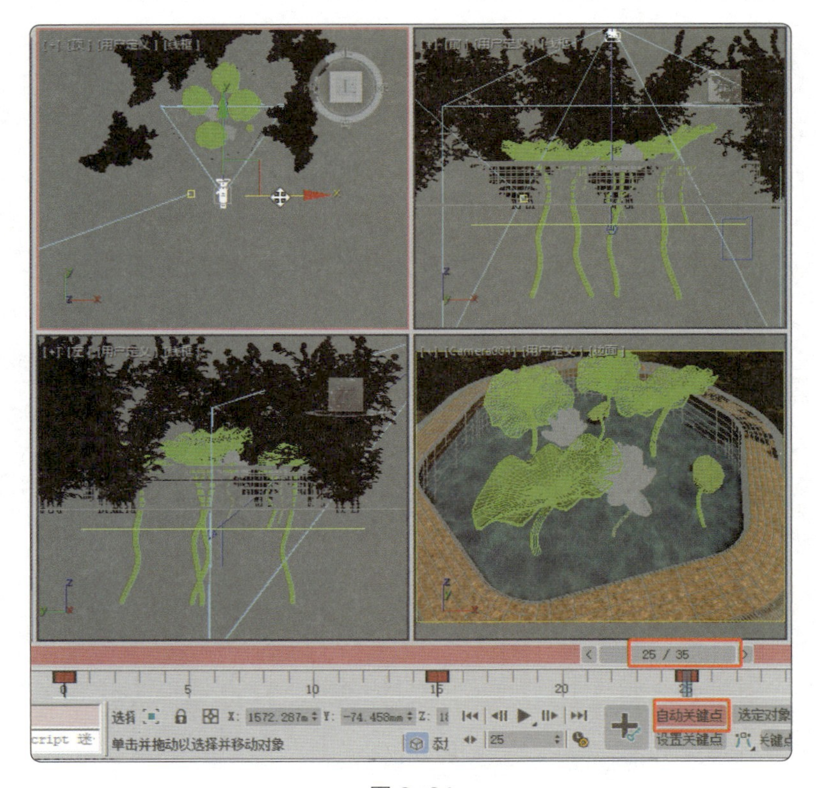

图 8-24

（6）拖动时间滑块到第 35 帧处，在场景中调整摄影机，视口中的模型的角度如图 8-25 所示。

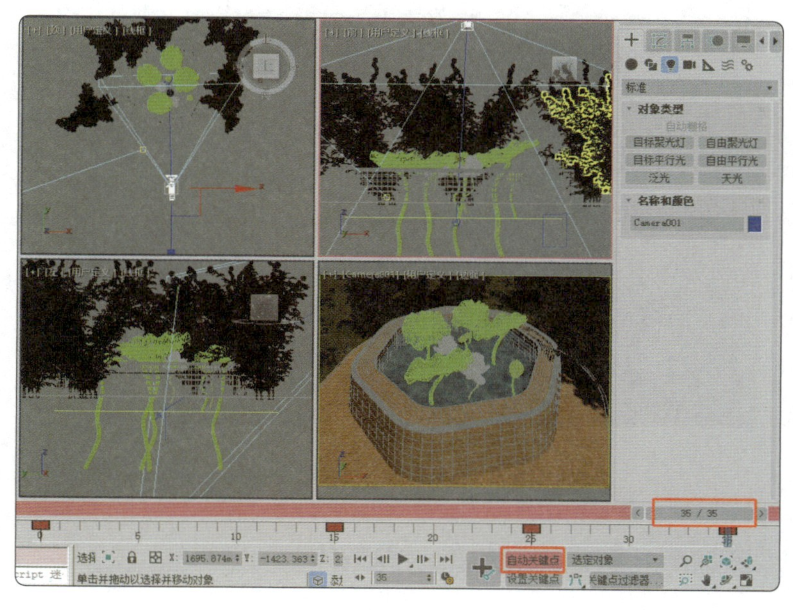

图 8–25

（7）在工具栏中单击“渲染设置”按钮，在弹出的“渲染设置”窗口中选中“活动时间段”选项，设置合适的“宽度”和“高度”值，如图 8-26 所示。

（8）在“渲染输出”组中勾选“保存文件”复选框，单击“文件”按钮，在弹出的对话框中选择一个合适的文件路径，选择保存类型为 AVI，单击“保存”按钮；在弹出的对话框中单击“确定”按钮，如图 8-27 所示。

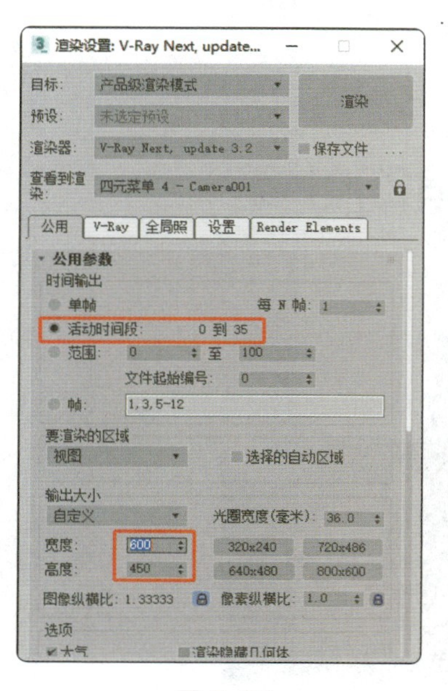

图 8–26

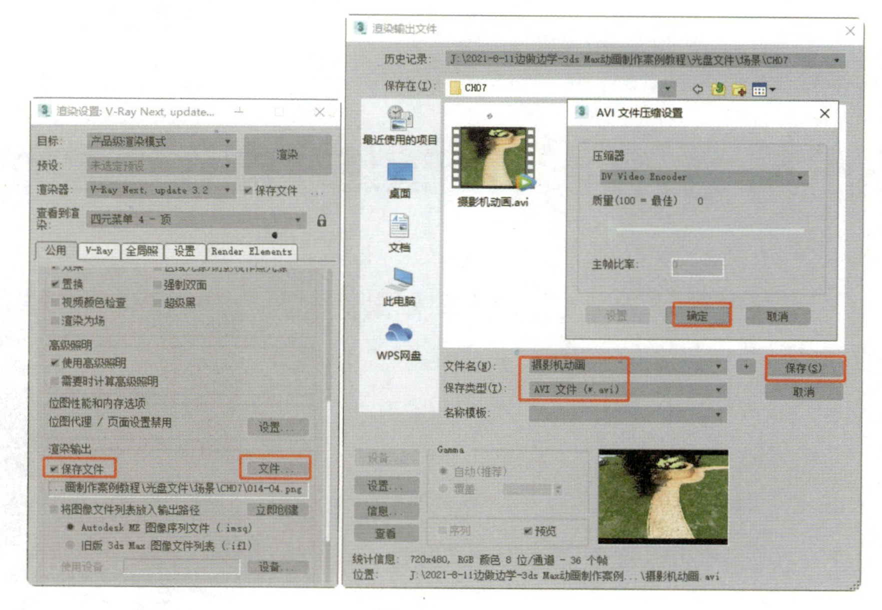

图 8–27

（9）单击“渲染”按钮渲染场景，效果如图 8-28 所示。

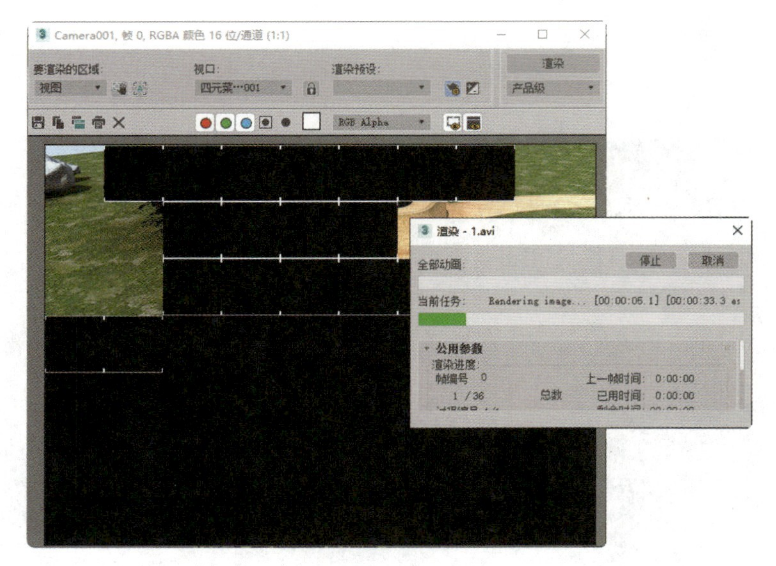

图 8–28

8.2.5 扩展实践：制作摄影机的景深效果

打开场景文件后，在场景中创建物理摄影机，设置其景深参数，即可完成摄影机景深效果的制作（最终效果参看云盘中的“场景 > 项目 8> 摄影机景深 ok”，见图 8-29）。

图 8–29

微课

制作摄影机的景深效果

任务 8.3 项目演练：制作住宅的照明效果

本任务要求使用 VR 灯光制作出住宅的照明效果（最终效果参看云盘中的“场景 > 项目 8> 住宅照明 ok.max”，见图 8-30）。

图 8–30

微课

制作住宅的照明效果

09

项目9

制作基础动画效果
——常用工具和面板

用户在3ds Max 2019中可以轻松地制作动画，还可以将想象到的宏伟画面通过3ds Max 2019实现。本项目将对3ds Max 2019中常用的动画工具进行讲解，包括“轨迹视图”对话框、“运动”命令面板、常用的控制器等。通过本项目的学习，读者可以了解并掌握基础的动画应用知识和操作技巧。

学习引导

知识目标

- 了解制作动画的常用工具
- 认识“运动”命令面板

能力目标

- 掌握制作动画的常用工具的使用方法
- 掌握“运动”命令面板的使用方法

素养目标

- 培养对基础动画的审美能力

实训项目

- 制作摇摆的木马动画
- 制作自由的鱼儿动画

任务 9.1 制作摇摆的木马动画

9.1.1 任务引入

本任务是制作摇摆的木马动画，要求设计时灵活使用关键帧制作出木马的摇摆动画。

9.1.2 设计理念

设计时，使用旋转工具及关键帧等，完成静帧动画的制作（最终效果参看云盘中的“场景 > 项目 9> 摇摆的木马 ok.max”，见图 9-1）。

图 9-1

9.1.3 任务知识：制作动画的常用工具

1 动画控制区

图 9-2 所示为动画控制区，可以用于控制视口中的动画效果。动画控制区包括时间滑块、播放按钮及与动画关键点相关的控件等。其中主要选项的介绍如下。

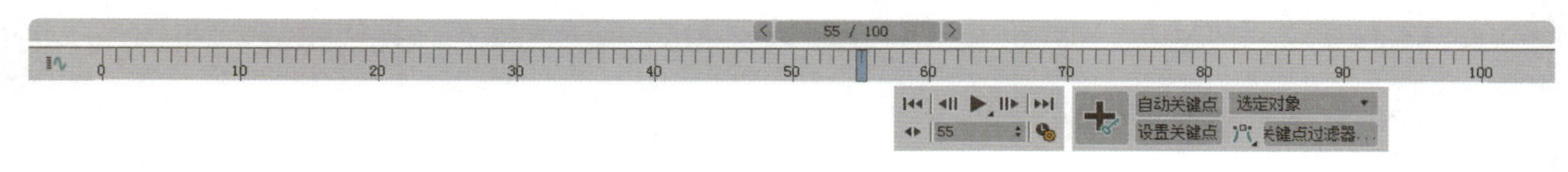

图 9-2

• 时间滑块：移动该滑块，动画控制区上方会显示当前帧号和总帧号，拖动该滑块可观察视口中的动画效果。

• ＋（创建关键点）：在当前时间滑块所处的帧位置创建关键点。

• 自动关键点：单击该按钮，按钮将变为红色，表示进入“自动关键点”模式，并且激活的视口的边框也会以红色显示。

• ＋（设置关键点）：单击该按钮，按钮将变为红色，表示进入“手动关键点”模式，并且激活的视口的边框也会以红色显示。

• （新建关键点的默认入 / 出切线）：为新的动画关键点提供快速设置默认切线类型的方法，这些新的关键点是单击“设置关键点”或“自动关键点”按钮创建的。

• 关键点过滤器：单击该按钮，会弹出需要显示关键帧的项目，只需从中勾选需要显示项目的关键点，即可在时间轴上显示关键点。

• ⏮（转到开头）：单击该按钮，可将时间滑块恢复到开始帧处。

- （上一帧）：单击该按钮，可将时间滑块向前移动一帧。
- （播放动画）：单击该按钮，可在视口中播放动画。
- （下一帧）：单击该按钮，可将时间滑块向后移动一帧。
- （转到结尾）：单击该按钮，可将时间滑块移动到最后一帧处。
- （关键点模式切换）：单击该按钮，可以在前一个关键点和后一个关键点之间切换。
- 55（显示当前帧号）：在移动时间滑块时，可显示当前帧号。可以直接在此输入数值以快速定位到指定的帧号。
- （时间配置）：用于设置帧速率、播放和动画等参数。

2 “时间配置”对话框

单击动画控制区中的“时间配置”按钮，会出现“时间配置”对话框，如图9-3所示。其中主要选项的介绍如下。

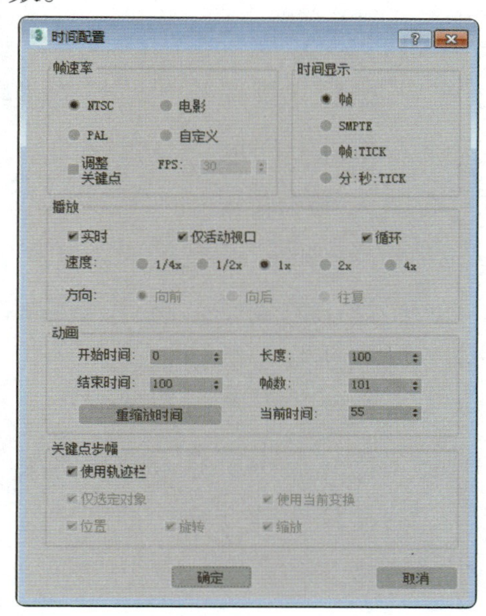

图 9–3

• NTSC：帧速率为每秒30帧或者每秒60场，每场相当于电视屏幕上的隔行扫描线。

• 电影：电影胶片的计数标准，它的帧速率为每秒24帧。

• PAL：根据相位交替扫描线制定的电视标准，在我国和欧洲大部分国家使用，它的帧速率为每秒25帧或每秒50场。

• 自定义：选中该选项，可以在其下的FPS数值框中输入自定义的帧速率，它的单位为帧/秒。

• FPS：采用每秒帧数来设置动画的帧速率。视频使用30帧/秒的帧速率，电影使用24帧/秒的帧速率，而Web和媒体动画则使用更低的帧速率。

• 帧：默认的时间显示方式，单个帧代表的时间长度取决于当前的帧速率，如帧速率为30帧/秒时，每帧为1/30秒。

• SMPTE：这是广播级编辑录像机使用的时间计数方式，对电视录像带的编辑都是在该计数方式下进行的，其标准格式为00：00：00（分：秒：帧）。

• 帧：TICK：使用帧和3ds Max内定的时间单位——十字叉（TICK）来显示时间，十字叉是3ds Max查看时间增量的方式。因为每秒有4800个十字叉，所以访问时间实际上可以减少到每秒的1/4800。

• 分：秒：TICK：与SMPTE的格式相似，以分（min）:秒（s）:十字叉（TICK）的形式来显示时间，其间用冒号分隔。例如，02:16:2240表示2分16秒和2240十字叉。

• 实时：勾选此复选框，在视口中播放动画时，会保证真实的动画播放时间；当达不到此要求时，系统会跳格播放，省略一些中间帧来保证时间正确。可以选择播放速度，如1x（正常速度）、1/2x（半速）等。速度只影响动画在视口中的播放快慢。

• 仅活动视口：可以使动画只在活动视口中播放。取消勾选该复选框后，所有视口中都将播放动画。

• 循环：控制动画是播放一次，还是反复播放。

• 速度：设置动画播放时的速度。

• 方向：将动画播放方向设置为向前播放、反转播放或往复播放。

• 开始时间、结束时间：分别设置动画的开始时间和结束时间。默认设置开始时间为 0，根据需要可以设置为其他值，包括负值。

• 长度：设置动画的长度，它其实是由“开始时间”和“结束时间”决定的。

• 帧数：被渲染的帧数，帧数通常是动画的长度再加一帧。

• 重缩放时间：对目前的动画进行时间缩放，以加快或减慢动画的节奏，这会同时改变所有的关键帧设置。

• 当前时间：显示和设置当前的帧号。

• 使用轨迹栏：使“关键点”模式能够遵循轨迹栏中的所有关键点，其中包括除变换动画之外的所有参数动画。

• 仅选定对象：在使用关键点步幅时，只考虑选择对象的变换。如果取消勾选该复选框，则将考虑场景中所有未隐藏对象的变换。默认勾选该复选框。

• 使用当前变换：控制“位置”“旋转”“缩放”复选框，并在“关键点”模式中使用当前变换。

• 位置、旋转和缩放：指定“关键点”模式使用的变换。取消勾选“使用当前变换”复选框，即可使用“位置”“旋转”“缩放”复选框。

3 “轨迹视图”对话框

“轨迹视图”对话框可以用于精确修改动画。“轨迹视图”对话框有两种不同的模式，即“曲线编辑器”和“摄影表”模式。“曲线编辑器”模式下的对话框如图 9-4 所示。

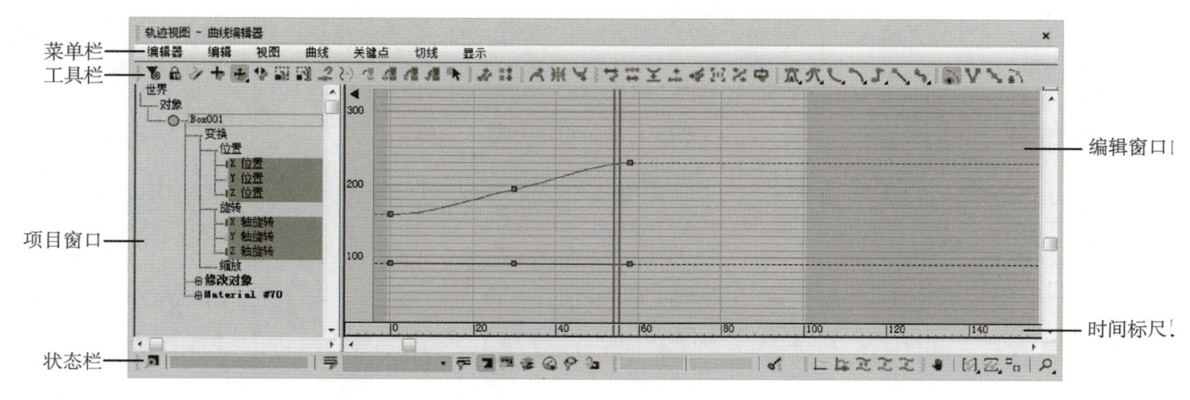

图 9-4

在“曲线编辑器”模式下的对话框中选择“编辑器 > 摄影表”命令，就可以进入“摄影表”模式，如图 9-5 所示。

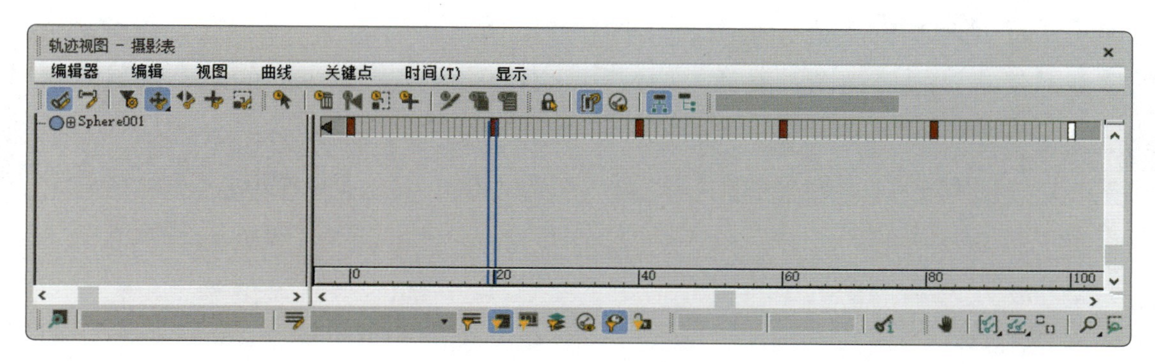

图 9–5

“摄影表”模式下的对话框将动画的所有关键点和范围显示在一张数据表上，用户可以很方便地编辑关键点、动画曲线等。“轨迹视图”对话框是动画制作中最强大的工具之一，可将“轨迹视图”对话框停靠在操作界面的下方，或者作为浮动窗口。“轨迹视图”对话框的布局可以保存在轨迹视口缓冲区内，再次使用时可以方便地调出。其布局将与 MAX 文件一起保存。

◎ 菜单栏

菜单栏在“轨迹视图”对话框的上方，它对各种命令进行了归类，用户既可以容易地使用一些命令，也可以对当前模式下的命令进行辨识。

“轨迹视图”对话框中的菜单栏介绍如下。

• 编辑器：用于在“曲线编辑器”和“摄影表”模式之间进行切换。

• 编辑：提供用于调整动画和使用控制器的工具。

• 视图：在“摄影表”和“曲线编辑器”模式下都会显示“视图”菜单，但并不是该菜单中的所有命令在这两个模式下都可用。其命令用于调整和自定义“轨迹视图”对话框中项目的显示方式。

• 曲线：在“曲线编辑器”和“摄影表”模式下都可以使用“曲线”菜单，但并非该菜单中的所有命令在这两个模式下都可用。此菜单中的命令可加快曲线的调整。

• 关键点：通过“关键点”菜单中的命令，可以添加动画关键点并将其对齐到时间滑块，还可以使用软选择变换关键点。

• 时间：使用“时间”菜单中的命令可以编辑、调整或反转时间。只有在“轨迹视图”对话框处于“摄影表”模式时才能使用“时间”菜单。

• 切线：只有在“曲线编辑器”模式下进行操作时，“切线”菜单才可用。此菜单中的命令用于管理动画的关键帧切线。

• 显示：“轨迹视图”对话框的“显示”菜单中包含显示项目及在项目窗口中处理项目的命令。

◎ 工具栏

工具栏位于菜单栏的下方和编辑窗口的上方，如图 9-6 所示，用于进行各种编辑操作。其中的工具只能在“轨迹视图”对话框内使用，不要将其与操作界面的工具栏混淆。

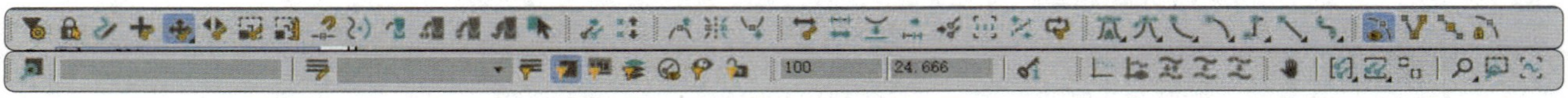

图 9-6

“轨迹视图”对话框中的工具栏介绍如下。

- （过滤器）：使用过滤器可以确定让哪一个类别的项目出现在“轨迹视图”对话框中。
- （锁定当前选择）：该按钮处于启用状态时，用户不会意外取消选择高亮显示的关键点或选择其他的关键点。当选择被锁定时，可以在编辑窗口中的任意位置拖动以移动或缩放关键点（而不仅限于高亮显示的关键点）。
- （绘制曲线）：绘制新的运动曲线，或直接在功能曲线上绘制草图来修改已有的曲线。
- （添加 / 移除关键点）：在现有曲线上创建或删除关键点。
- （移动关键点）：在编辑窗口中水平或垂直移动关键点。
- （滑动关键点）：使用“滑动关键点”工具可以移动一组关键点（将高亮显示的关键点及所有关键点移动到动画的一端）。“滑动关键点”工具通过高亮显示的关键点拆分动画，并将动画分散在两端。在“曲线编辑器”模式下可以使用“滑动关键点”工具。
- （缩放关键点）：将所有选择的关键点沿着远离或靠近当前帧的方向成比例地移动，以扩大或缩小关键点。
- （缩放值）：可以在“曲线编辑器”模式下使用“缩放值”工具来按比例增加或减少功能曲线上选择的关键点之间的垂直距离。
- （捕捉缩放）：将缩放原点移动到第 1 个选择的关键点处。
- （简化曲线）：可使用该工具减少轨迹中的关键点。
- （参数曲线超出范围类型）：用于指定参数曲线在用户定义的关键点范围外的行为方式。
- （减缓曲线超出范围类型）：用于指定减缓曲线在用户定义的关键点范围外的行为方式。调整减缓曲线会降低效果的强度。
- （增强曲线超出范围类型）：用于指定增强曲线在用户定义的关键点范围外的行为方式。调整增强曲线会增加效果的强度。
- （减缓 / 增强曲线切换）：启用 / 禁用减缓曲线和增强曲线。
- （区域关键点工具）：使用“区域关键点”工具。
- （选择下一个关键点）：取消选择当前选定的关键点，然后选择下一个关键点。按住 Shift 键可选择上一个关键点。
- （增加关键点选择）：选择与某个已选定关键点相邻的关键点。按住 Shift 键可取消选择外部的两个关键点。

- （放长切线）：增长选定关键点的切线。如果选中了多个关键点，则按住 Shift 键可以仅增长内切线。
- （镜像切线）：将选定关键点的切线镜像到相邻的关键点上。
- （缩短切线）：缩短选定关键点的切线。如果选中了多个关键点，则按住 Shift 键可以仅缩短内切线。
- （轻移）：使用“轻移”工具可将关键点稍微向左或向右移动。
- （展平到平均值）：确定选定关键点的平均值，然后将平均值指定给每个关键点。按住 Shift 键可焊接所有选定关键点的平均值和时间。
- （展平）：将选定关键点的值展平至与所选内容中的第 1 个关键点的值相同。
- （缓入到下一个关键点）：减少选定关键点与下一个关键点之间的差值。按住 Shift 键可减少选定关键点与上一个关键点之间的差值。
- （分割）：使用两个关键点来替换选定的关键点。
- （均匀隔开关键点）：调整间距，使所有关键点在第 1 个关键点和最后一个关键点之间均匀分布。
- （松弛关键点）：减小并减缓第 1 个关键点和最后一个关键点之间的关键点的值和切线。按住 Shift 键可对齐第 1 个关键点和最后一个关键点之间的关键点。
- （循环）：将第 1 个关键点的值复制到当前动画的最后一帧。按住 Shift 键可将当前动画的第 1 个关键点的值复制到最后一个动画。
- （将切线设置为自动）：按关键点附近的功能曲线的形状进行计算，将高亮显示的关键点的切线设置为“自动”。
- （将切线设置为样条线）：将高亮显示的关键点的切线设置为“样条线”，它具有关键点控制柄，可以在编辑窗口中对其进行编辑。在编辑控制柄时按住 Shift 键可以中断其连续性。
- （将切线设置为快速）：将关键点的切线设置为“快速”。
- （将切线设置为慢速）：将关键点的切线设置为“慢速”。
- （将切线设置为阶跃）：将关键点的切线设置为“步长”。使用阶跃来冻结从一个关键点到另一个关键点的移动。
- （将切线设置为线性）：将关键点的切线设置为“线性”。
- （将切线设置为平滑）：将关键点的切线设置为“平滑”，常用它来处理不能继续进行移动的关键点。
- （显示切线切换）：切换显示或隐藏切线。
- （断开切线）：默认情况下，使用默认自动切线创建动画关键点时，其两个关键点切线（或控制柄）共线，使曲线能够平滑地经过关键点。

- （统一切线）：如果切线是统一的，则可向任意方向（请勿沿其长度方向移动，这将使另一个控制柄向相反的方向移动）移动控制柄，可以让控制柄之间保持最小角度。
- （锁定切线切换）：锁定切线。
- （缩放选定对象）：将当前选定对象放置在项目窗口中“层次”列表的顶部。
- （轨迹集编辑器）：“轨迹集编辑器”对话框是一种无模式对话框，可以用来创建和编辑名为轨迹集的动画轨迹组。利用该功能可以同时使用多个轨迹，无须分别选择各轨迹即可对其重新进行调用。
- （过滤器 - 选定轨迹切换）：启用该功能后，项目窗口中将仅显示选定轨迹。
- （过滤器 - 选定对象切换）：启用该功能后，项目窗口中将仅显示选定对象的轨迹。
- （过滤器 - 动画轨迹切换）：启用该功能后，项目窗口中将仅显示带有动画的轨迹。
- （过滤器 - 活动层切换）：启用该功能后，项目窗口中将仅显示活动层的轨迹。
- （过滤器 - 可设置关键点轨迹切换）：启用该功能后，项目窗口中将仅显示可设置关键点的轨迹。
- （过滤器 - 可见对象切换）：启用该功能后，项目窗口中将仅显示包含可见对象的轨迹。
- （过滤器 - 解除锁定属性切换）：启用该功能后，项目窗口中将仅显示未锁定其属性的轨迹。
- （显示选定关键点统计信息）：在编辑窗口中显示当前选定关键点表示的统计信息。
- （使用缓冲区曲线）：切换是否在移动曲线 / 切线时创建原始曲线的缓冲区（重影）图像。
- （显示 / 隐藏缓冲区曲线）：切换显示或隐藏缓冲区（重影）曲线。
- （与缓冲区交换曲线）：交换曲线与缓冲区（重影）曲线的位置。
- （快照）：将缓冲区（重影）曲线重置到曲线的当前位置。
- （还原为缓冲区曲线）：将曲线重置到缓冲区（重影）曲线的当前位置。
- （平移）：可以在与当前视口平面平行的方向上移动编辑窗口。
- （框显水平范围选定关键点）：水平缩放编辑窗口，以显示所有选定的关键点。
- （框显值范围选定关键点）：垂直缩放编辑窗口，以显示选定关键点的完整高度。
- （框显水平范围和值范围）：水平和垂直缩放编辑窗口，以显示选定关键点的全部范围。
- （缩放）：在编辑窗口中，可以使用鼠标指针在水平方向上（缩放时间）、垂直方向上（缩放值）或同时在这两个方向上缩放编辑窗口。
- （缩放区域）：在编辑窗口中框选一个区域，并缩放该区域使其充满编辑窗口。除非单击鼠标右键或单击另一个按钮，否则该按钮将一直处于活动状态。

• （隔离曲线）：在默认情况下，“轨迹视图”对话框中会显示所有选定对象的所有动画轨迹曲线。可以使用该工具暂时仅显示具有一个或多个选定关键点的曲线。当多条曲线显示在编辑窗口中时，使用该工具可以临时简化显示。

◎ 项目窗口

“轨迹视图”对话框的左侧为项目窗口，它以树形的结构显示场景中所有可制作动画的项目，如图 9-7 所示。每一种类别中又按不同的层级关系排列项目，每一个项目都对应右侧的编辑窗口中的一条曲线。通过项目窗口，可以指定要进行轨迹编辑的项目，还可以为指定的项目加入不同的动画控制器和越界参数曲线。

◎ 编辑窗口

对话框的右侧为编辑窗口，可以显示出动画关键点、函数曲线或动画区，如图 9-8 所示，以便对各个项目进行轨迹编辑。选择不同的工具，这里的形态也会发生相应的变化。“轨迹视图”对话框中的主要工作就是在编辑窗口中进行的。其中主要选项的介绍如下。

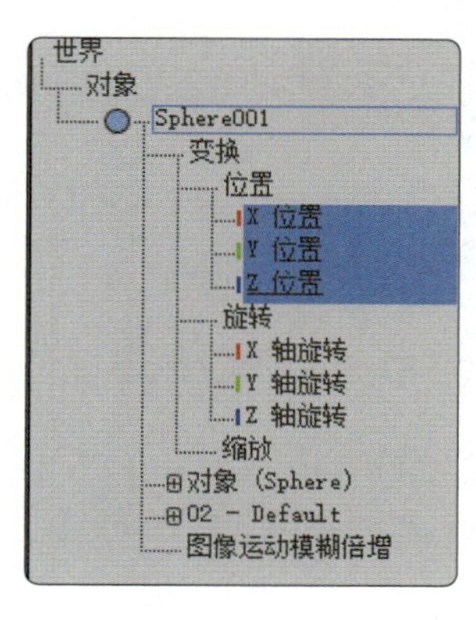

图 9–7

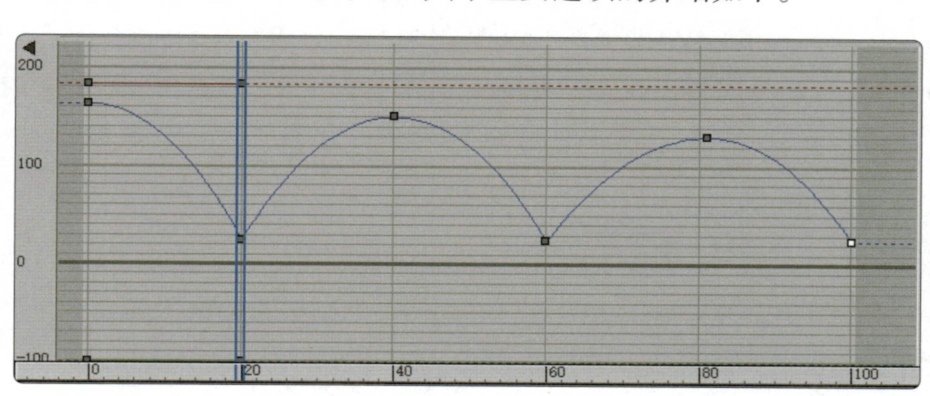

图 9–8

• 关键点：只要进行了参数的修改，并将它记录为动画，就会在动画轨迹上创建一个关键点，它显示为黑色方块。可以对其进行位置的移动和平滑属性的调节。

• 函数曲线：动画曲线将关键点的动画值和关键点之间的内插值以函数曲线的形式显示，可以对其进行多种多样的控制。

• 时间标尺：编辑窗口的底部有一个显示时间值的标尺，可以将它上下拖动到任何位置，以便进行精确的设置。

• 当前时间线：编辑窗口中有一组蓝色的双竖线，代表当前所在帧，可以直接拖动它，以调节当前所有帧。

• 双窗口编辑：编辑窗口的右上角、滑块的上箭头处有一个小的滑块，将它向下拖动，可以拉出另一个编辑窗口。在对比编辑两个项目的轨迹，而它们又相隔很远时，可以使用拖出的第 2 个编辑窗口进行参考编辑，如图 9-9 所示。如果不使用了，将两个编辑窗口中间的横格一直向上拖动到顶部，便可以还原编辑窗口。

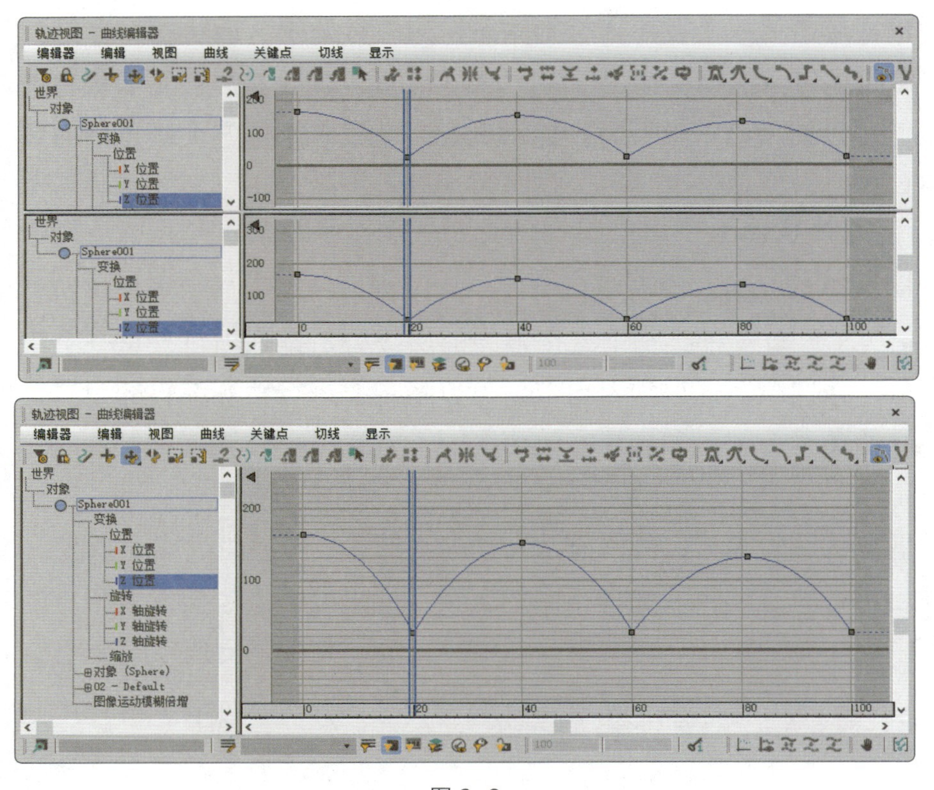

图 9–9

9.1.4 任务实施

（1）启动 3ds Max 2019，打开场景文件（云盘中的“场景 > 项目 9> 摇摆的木马 .max”），如图 9-10 所示。

（2）在场景中选择模型，切换到“层次”命令面板，在“调整轴”卷展栏中单击“仅影响轴”按钮，在场景中将轴调整到模型的底部，如图 9-11 所示。

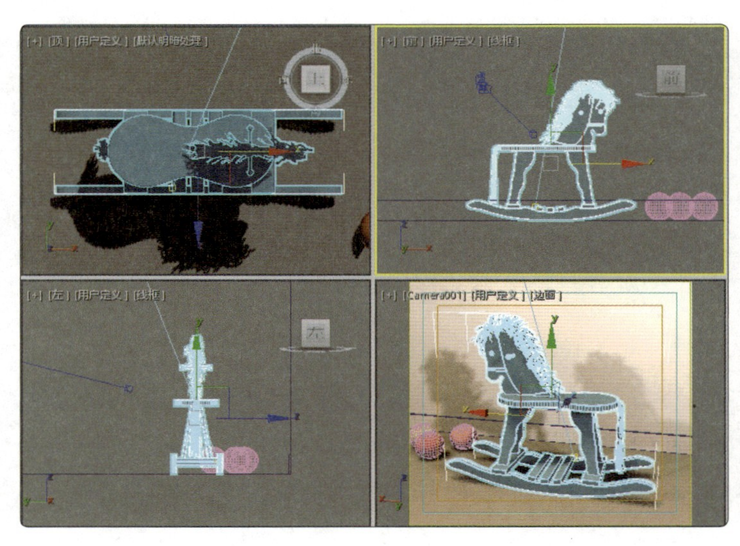

图 9–10

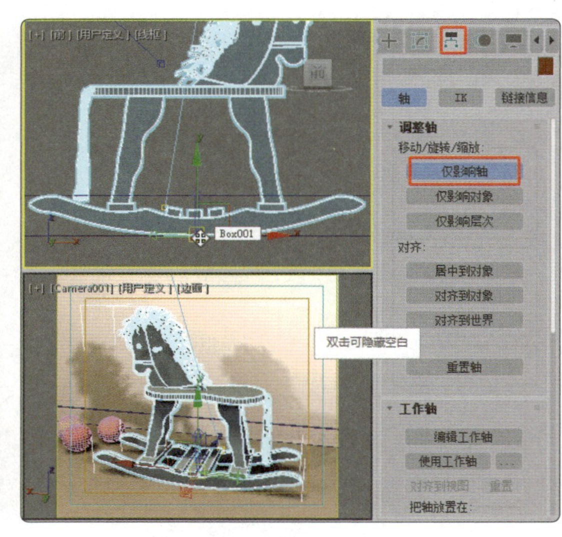

图 9–11

（3）进入“自动关键点”模式，将时间滑块拖曳到第 10 帧处，并在场景中旋转模型，旋转模型后将模型沿 *Y* 轴移动到地面上，如图 9-12 所示。

（4）拖动时间滑块到第 20 帧处，在场景中向相反的方向旋转模型，如图 9-13 所示。

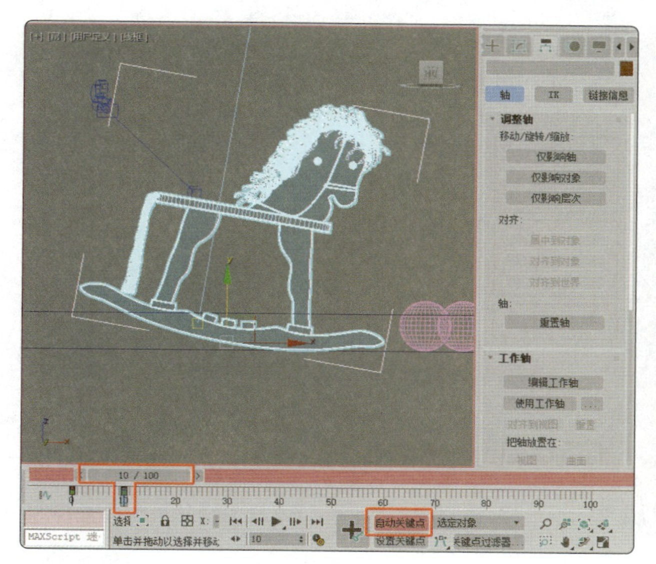

图 9-12

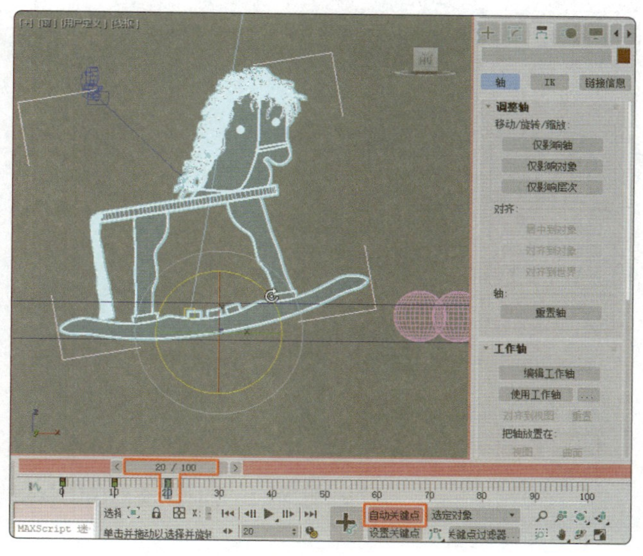

图 9-13

（5）拖动时间滑块到第 15 帧处，在场景中沿 *Y* 轴移动模型到地面上，如图 9-14 所示。

（6）拖动时间滑块到第 20 帧处，在场景中沿 *Y* 轴移动模型到地面上，如图 9-15 所示。

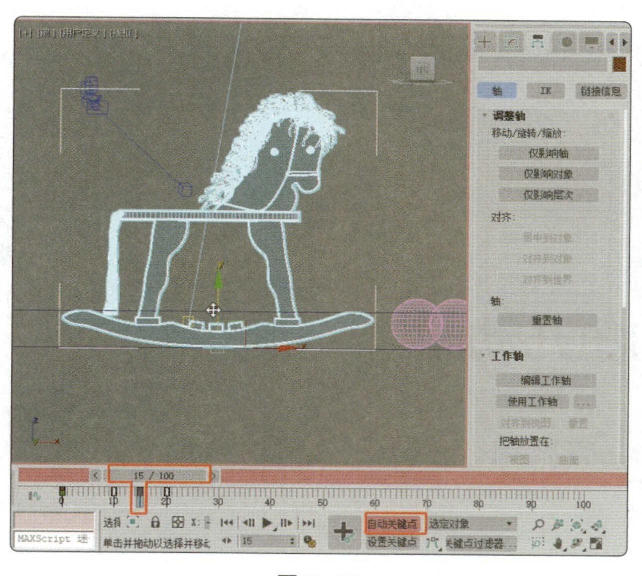

图 9-14

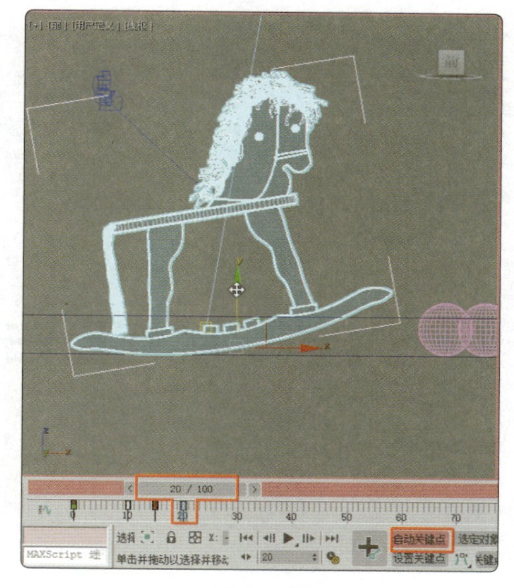

图 9-15

（7）选择第 10 帧、第 15 帧、第 20 帧处的关键点，按住 Shift 键移动并复制关键点，如图 9-16 所示。

（8）在第 25 帧处调整模型。使用同样的方法在第 45 帧、第 65 帧、第 85 帧处查看并调整模型，如图 9-17 所示。

（9）渲染场景动画，可以参考项目 8 中的方法来进行动画的渲染设置，这里就不详细介绍了。

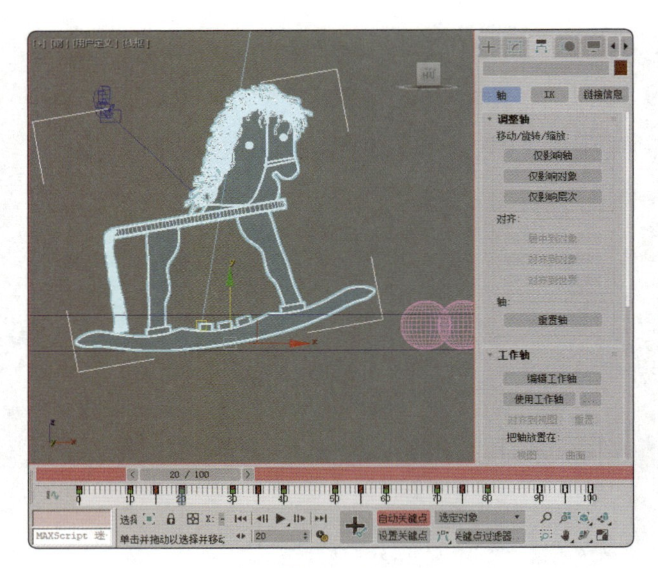

图 9-16

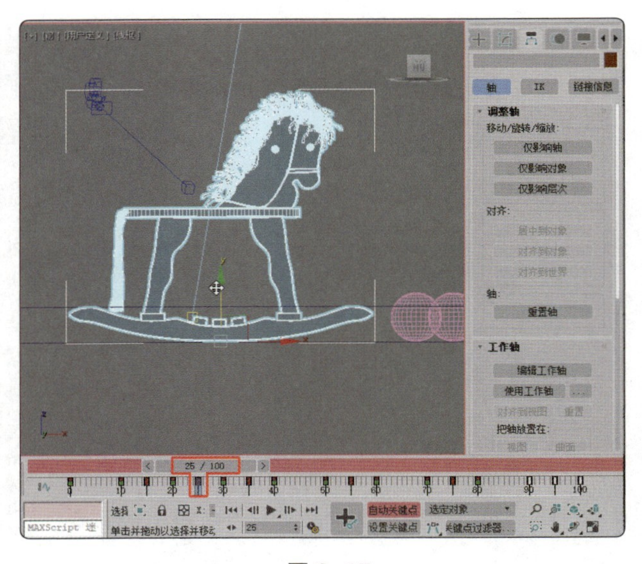

图 9-17

9.1.5 扩展实践：制作弹跳的小球动画

通过“自动关键点”按钮制作一个小球弹跳的动画，然后在“轨迹视图”对话框中进行进一步调整（最终效果参看云盘中的“场景 > 项目 9> 弹跳的小球动画 ok.max”，见图 9-18）。

图 9-18

任务 9.2 制作自由的鱼儿动画

9.2.1 任务引入

本任务是制作自由的鱼儿动画，要求为鱼指定运动路径，并按照指定的运动路径制作动画。

9.2.2 设计理念

使用“运动”命令面板为模型指定运动路径，并通过设置指定路径的相关参数来创建鱼跟随路径运动的动画（最终效果参看云盘中的“场景 > 项目 9> 自由的鱼儿动画 ok.max”，见图 9-19）。

图 9-19

9.2.3 任务知识：“运动”命令面板

在介绍动画控制器之前，先来认识一下“运动”命令面板，如图 9-20 所示。“运动”命令面板主要用于与“轨迹视图”对话框一起来实现对动作的控制，主要分为“参数”“运动路径”两个级别。下面对“参数”“运动路径”级别下的卷展栏进行介绍。

◎ 参数

（1）“指定控制器”卷展栏中包括为对象指定的各种动画控制器，如图 9-21 所示，以实现对不同类型的运动的控制。

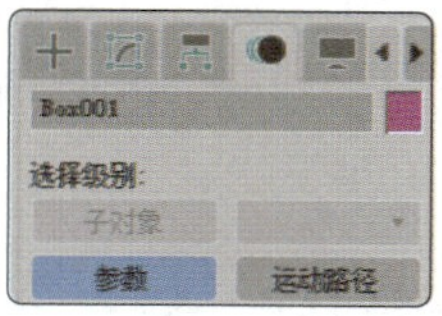

图 9-20

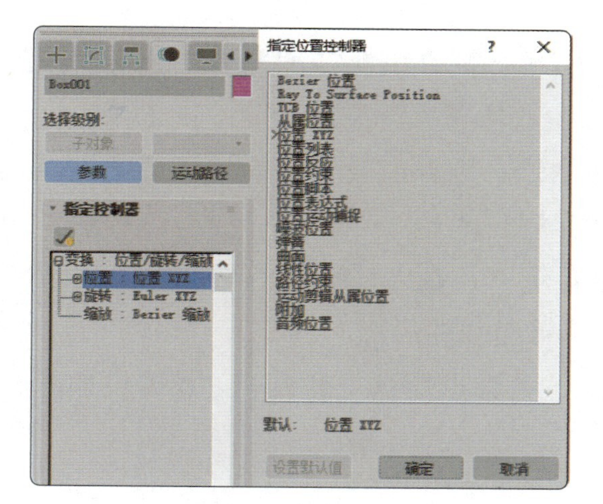

图 9-21

在列表中可以看到当前可以指定的动画控制项目，一般包括“变换”及其 3 个分支项目“位置”“旋转”“缩放”，每个项目都可以提供多种不同的动画控制器。使用时先选择一个项目，这时列表左上角的“指定控制器”按钮会变为活动状态，单击该按钮，可以打开动画控制器对话框，该对话框中排列着所有可以用于当前项目的动画控制器；选择一个动画控制器，单击“确定”按钮，此时就指定了新的动画控制器。

（2）“PRS 参数”卷展栏用于建立或删除动画关键点，如图 9-22 所示。

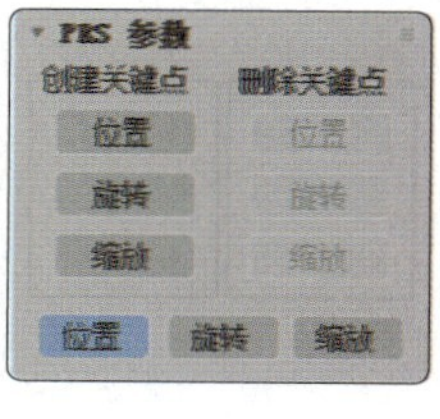

图 9-22

如果在某一帧进行了变换操作，并且在操作的同时打开了“自动关键点”模式，则这时在这一帧就会产生一个变换关键点。单击“创建关键点”组下的 3 个按钮，可以分别创建 3 种变换关键点。如果当前帧的某一个变换项目已经有了关键点，那么“创建关键点”组下的变换按钮将变为非活动状态；而右侧的“删除关键点”组下的按钮将被激活，单击其下的按钮，可以将设定的关键点删除。

（3）“关键点信息（基本）”卷展栏如图 9-23 所示，其中主要选项的介绍如下。

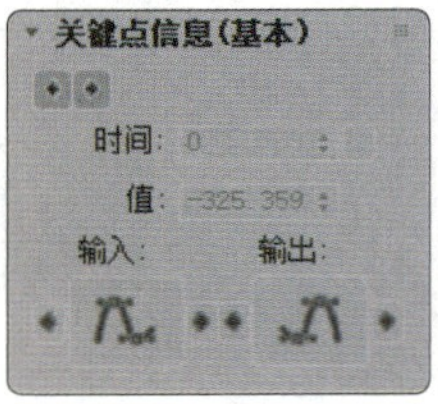

图 9-23

• ：显示当前关键点的编号，单击左右箭头按钮，可以在各关键点之间快速切换。

• 时间：显示当前关键点所在位置的帧号，通过它可以将当前关键点设置到指定帧。右侧的锁定按钮用于禁止在“轨迹视图”对话框中水平拖动关键点。

• 值：调整选择的对象在当前关键点所在帧处的动画值。

• “输入”与“输出”切线：通过下面两个大的下拉按钮进行选择。“输入”组用于确定入点切线的形态，“输出”组用于确定出点切线的形态。

• 平滑：建立平滑的插补值来穿过此关键点。

• 线性：建立线性的插补值来穿过此关键点，与线性控制器的功能一样，它只影响靠近此关键点的曲线。

• 步骤：用水平线控制曲线，在接触关键点处垂直切下。

• 减慢：插补值改变的速度围绕关键点逐渐减慢，越接近关键点，插补速度越慢，曲线越平缓。

• 加快：插补值改变的速度围绕关键点逐渐加快，越接近关键点，插补速度越快，曲线越陡峭。

• 自定义：在曲线关键点两侧显示可调节曲度的控制柄，使用它们可以随意调节曲线的形态。

（4）“关键点信息（高级）”卷展栏如图 9-24 所示，其中主要选项的介绍如下。

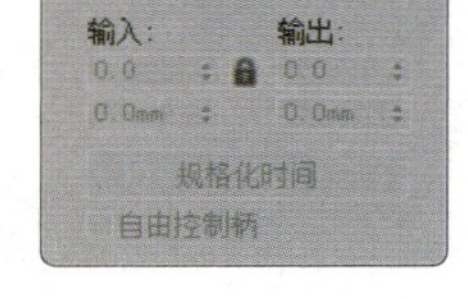

图 9-24

• 输入、输出：在“输入”组中显示接近关键点时插补值改变的速度，在“输出”组中显示离开关键点时插补值改变的速度。只有选择了“自定义”插补方式，它们才能进行调节，中间的锁定按钮可以使入点和出点数值的绝对值保持相等。

• 规格化时间：对关键点时间进行平均化处理，对一组不圆滑的关键点曲线（如连续地加速、减速造成的运动顿点）进行很好的平均化处理，可以得到光滑且均衡的运动曲线。

• 自由控制柄：勾选该复选框，切线控制柄会根据时间的长度自动更新；取消勾选该复选框时，切线控制柄的长度被锁定，在移动关键帧时不会发生变化。

◎ 运动路径

“运动路径”面板用于控制使对象随时间变化而移动的路径。

（1）“可见性”卷展栏如图 9-25 所示，其中主要选项的介绍如下。

图 9-25

• 始终显示运动路径：勾选该复选框，视口中将显示运动路径。

（2）“关键点控制”卷展栏如图 9-26 所示，其中主要选项的介绍如下。

图 9-26

• 删除关键点：从运动路径中删除选定关键点。

• 添加关键点：将关键点添加到运动路径上。单击该按钮后，可以一次或连续多次单击视口中的运动路径来添加任意数量的关键点。要退出“添加关键点”模式，只需再次单击该按钮。

• 切线：设置用于调整 Bezier 切线（用于通过关键点更改运动路径的形状）的模式。要调整切线，应先选择变换方式（如移动或旋转），然后拖动控制柄。

（3）“显示”卷展栏如图 9-27 所示，其中主要选项的介绍如下。

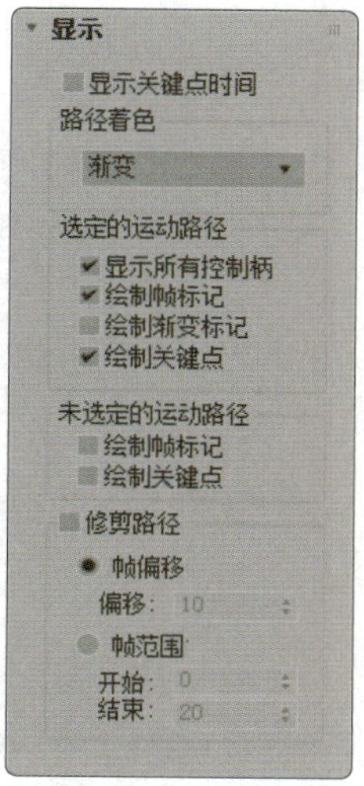

图 9-27

• 显示关键点时间：在视口中每个关键点的旁边显示特定帧编号。

• 路径着色：设置运动路径的着色方式。

• 显示所有控制柄：显示所有关键点（包括未选定的关键点）的切线控制柄。

• 选定的运动路径 > 绘制帧标记：绘制白色标记以在特定帧处显示运动路径的位置。

• 选定的运动路径 > 绘制渐变标记：绘制渐变色标记以在特定帧处显示运动路径的位置。

• 选定的运动路径 > 绘制关键点：在选定的运动路径上绘制关键点。

• 未选定的运动路径 > 绘制帧标记：绘制白色标记以在未选定的运动路径上的特定帧处显示运动路径的位置。

• 未选定的运动路径 > 绘制关键点：在未选定的运动路径上绘制关键点。

• 修剪路径：勾选该复选框时，将显示修剪运动路径。

• 帧偏移：仅显示当前帧之前和之后的指定数量的帧来修剪运动路径。例如，输入 100，则仅显示时间滑块当前位置的前 100 帧和后 100 帧对应的部分。

• 帧范围：设置要显示的帧范围。

（4）“转换工具”卷展栏如图 9-28 所示，其中主要选项的介绍如下。

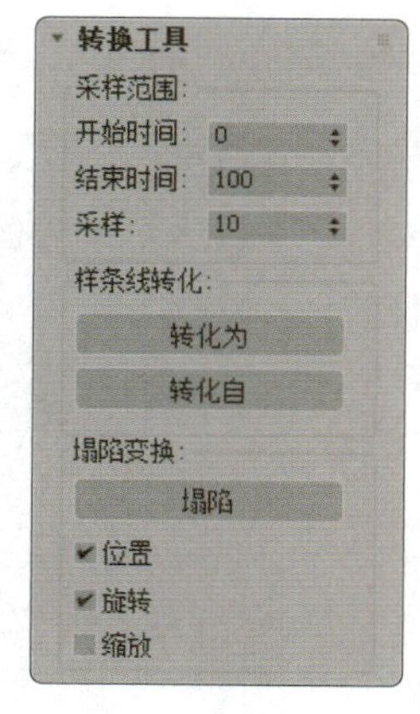

图 9-28

• 开始时间、结束时间：为转换指定时间间隔。如果将位置关键帧轨迹转换为样条线对象，则这就是运动路径采样的时间间隔。如果将样条线对象转换为位置关键帧轨迹，则这就是放置新关键点的时间间隔。

• 采样：设置转换采样的数目。当向任意方向转换时，会按照指定的时间间隔对源进行采样，并在目标对象上创建关键点或控制点。

• 转化为、转化自：将位置关键帧轨迹转换为样条线对象，或将样条线对象转换为位置关键帧轨迹。这样可以为样条线对象创建运动路径，然后将运动路径转换为对象的位置关键帧轨迹，以便执行各种特定的操作（例如应用恒定速度到关键点并规格化时间）。也可以将对象的位置关键帧轨迹转换为样条线对象。

- 塌陷：塌陷选定对象的变换效果。
- 位置、旋转、缩放：指定想要塌陷的变换效果。

9.2.4 任务实施

（1）启动3ds Max 2019，打开场景文件（云盘中的“场景 > 项目 9> 自由的鱼儿.max”），如图 9-29 所示。

（2）使用“线”工具在“顶”视口中创建线，作为鱼的游动路径，如图 9-30 所示。

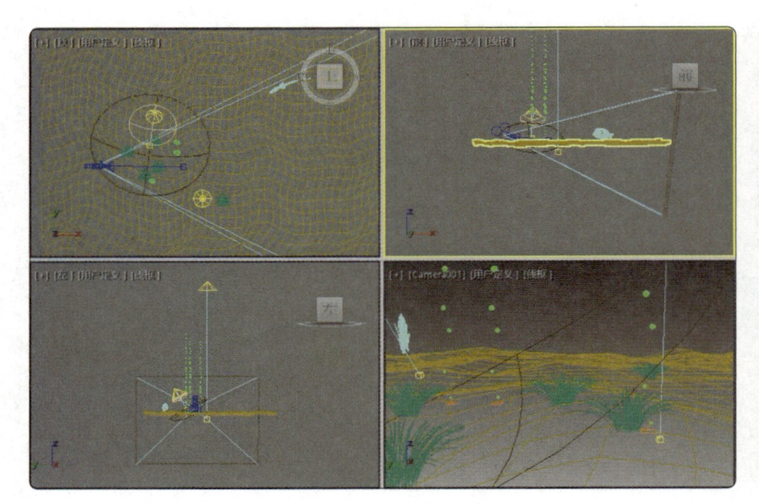

图 9–29

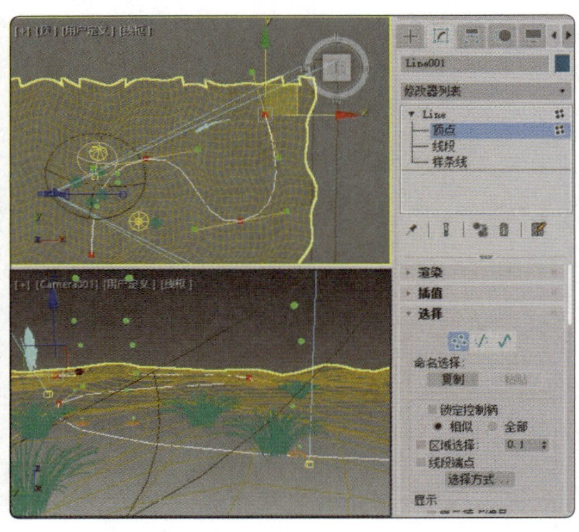

图 9–30

（3）在场景中选择鱼模型，切换到“运动”命令面板，在“指定控制器”卷展栏中选择“位置：TCB 位置”选项，单击✓按钮，弹出“指定位置控制器”对话框，从中选择“路径约束”控制器，单击“确定”按钮，如图 9-31 所示。

（4）在“路径参数”卷展栏中单击“添加路径”按钮，在场景中拾取线，勾选“跟随”复选框，选中“X”选项，并勾选“翻转”复选框，如图 9-32 所示。

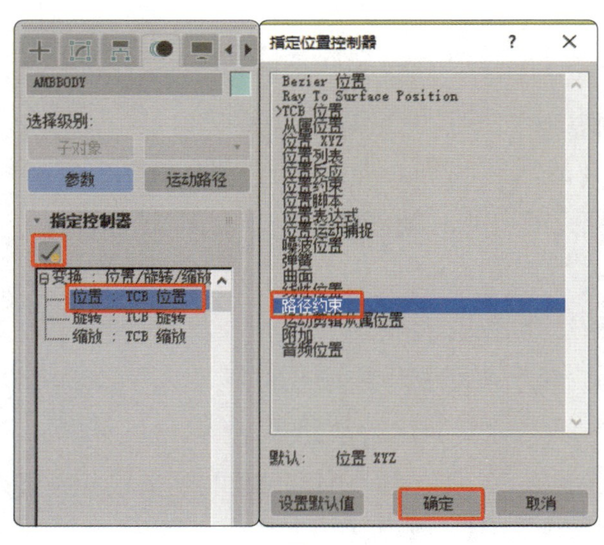

图 9–31

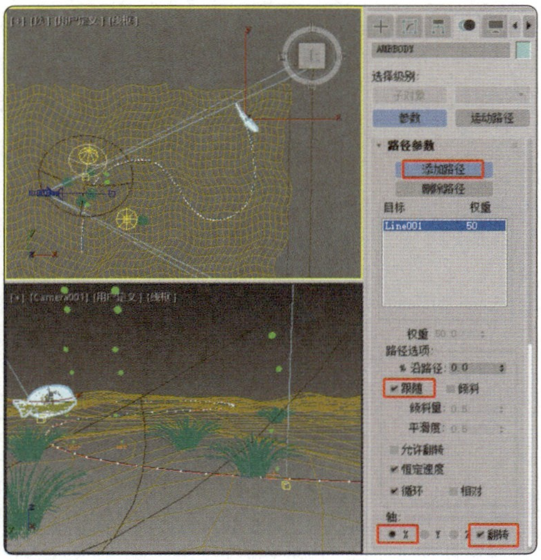

图 9–32

（5）在场景中选择鱼模型，确定时间滑块处于第 0 帧处，打开“自动关键点”模式，设置“弯曲”组下的“角度”为 56.5，如图 9-33 所示。

（6）拖动时间滑块到第 10 帧处，设置“弯曲”组下的“角度”为 16.5，如图 9-34 所示。

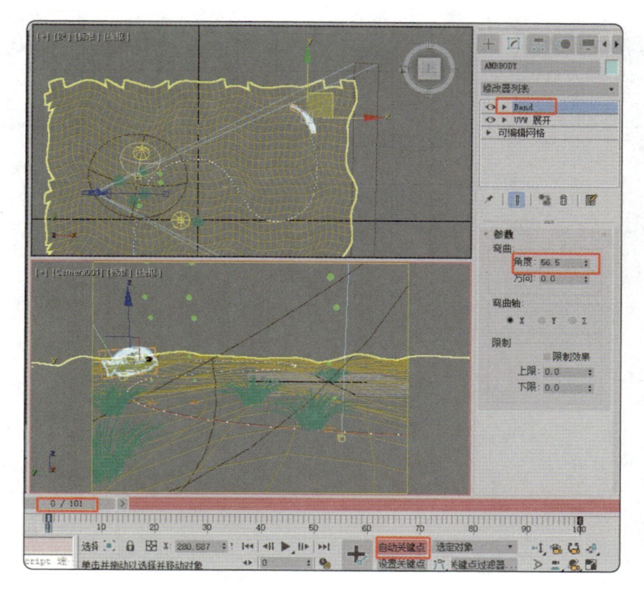

图 9-33

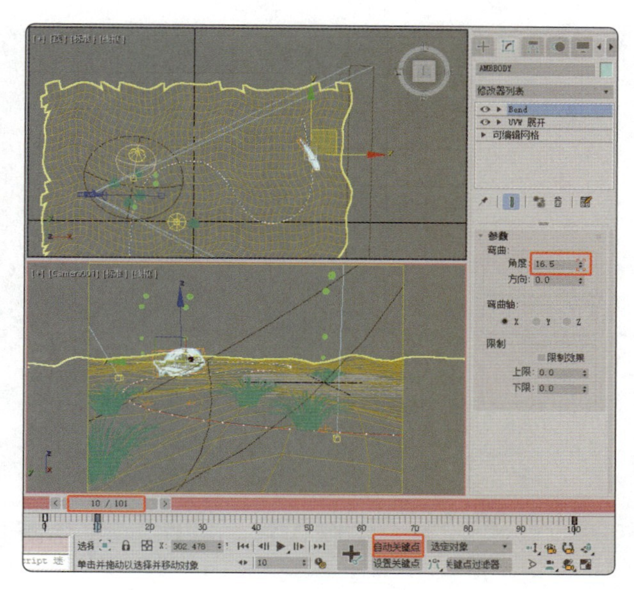

图 9-34

（7）拖动时间滑块到第 20 帧处，设置“弯曲”组下的“角度”为 -40，如图 9-35 所示。

（8）拖动时间滑块到第 30 帧处，设置“弯曲”组下的“角度”为 90.5，如图 9-36 所示。

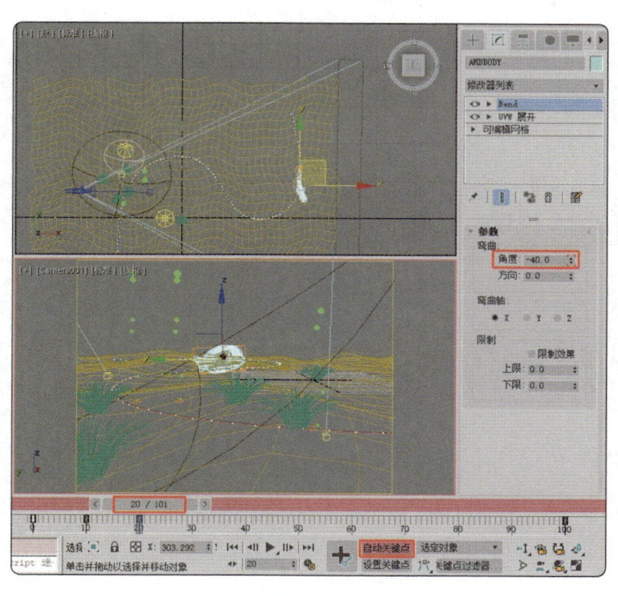

图 9-35

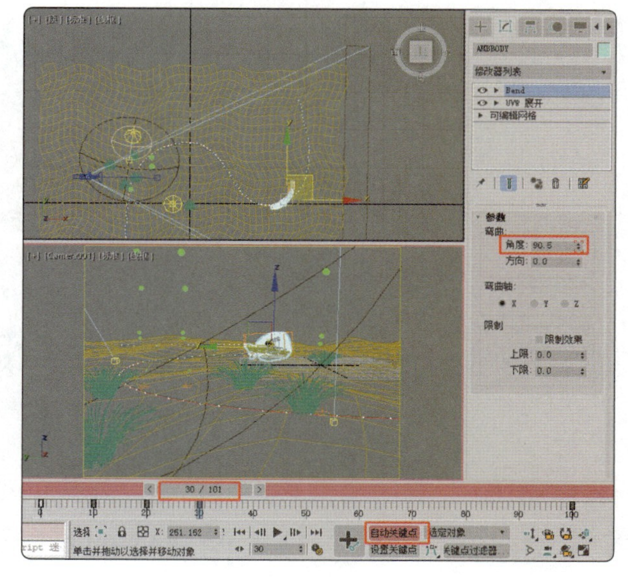

图 9-36

（9）使用同样的方法设置鱼模型的弯曲动画，这里就不一一介绍了，效果如图 9-37 所示。

（10）对场景动画进行渲染和播放。

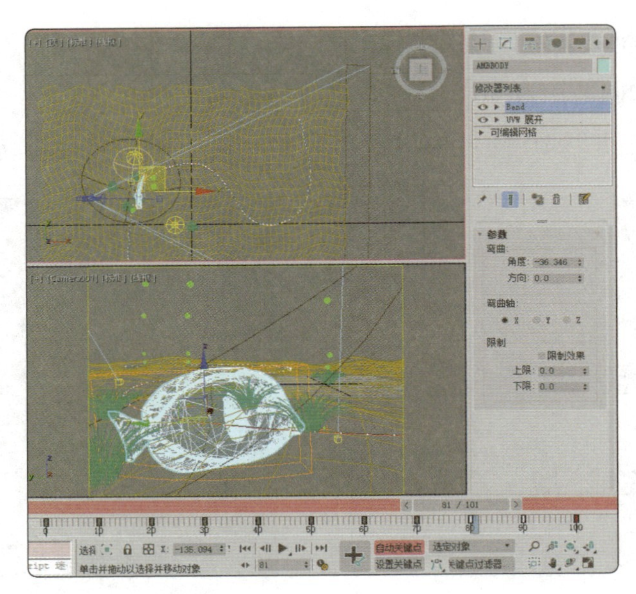

图 9–37

9.2.5 扩展实践：制作流动的水动画

创建雪粒子并将其转换为水滴网格，创建路径图形，为水滴网格后的粒子指定“路径变形”修改器，拾取路径图形，再设置“拉伸”和“百分比”参数就可以制作出流动的水的动画（最终效果参看云盘中的“场景 > 项目 9> 流动的水动画 ok.max”，见图 9-38）。

图 9–38

任务 9.3 项目演练：制作飞机飞行动画

本任务要求创建摄影机的移动、飞机的移动及背景贴图的移动的关键帧动画（最终效果参看云盘中的“场景 > 项目 9> 飞机飞行动画 ok.max”，见图 9-39）。

图 9–39

10

项目10

制作基础动画效果

——应用粒子系统与空间扭曲

使用3ds Max 2019可以制作出各种类型的场景特效，如下雨、下雪、礼花等。要实现这些特殊效果，粒子系统与空间扭曲的应用是必不可少的。通过本项目的学习，读者可以加深对3ds Max 2019特殊效果的认识和了解。

学习引导

知识目标

- 了解粒子系统的工具
- 了解空间扭曲的工具

能力目标

- 掌握“粒子流源”工具、“雪”工具、“风”工具的使用方法
- 掌握“超级喷射”工具的使用技巧

素养目标

- 培养对场景特效的审美能力

实训项目

- 制作粒子标版动画
- 制作烟雾动画

任务 10.1 制作粒子标版动画

10.1.1 任务引入

本任务是制作粒子标版动画，要求动画符合主题，能给人以灵动的感觉。

10.1.2 设计理念

设计时，使用“粒子流源”粒子系统，并结合使用雪粒子制作出闪亮的下落物体，完成动画的制作（最终效果参看云盘中的“场景 > 项目 10> 粒子标版动画 ok.max”，见图 10-1）。

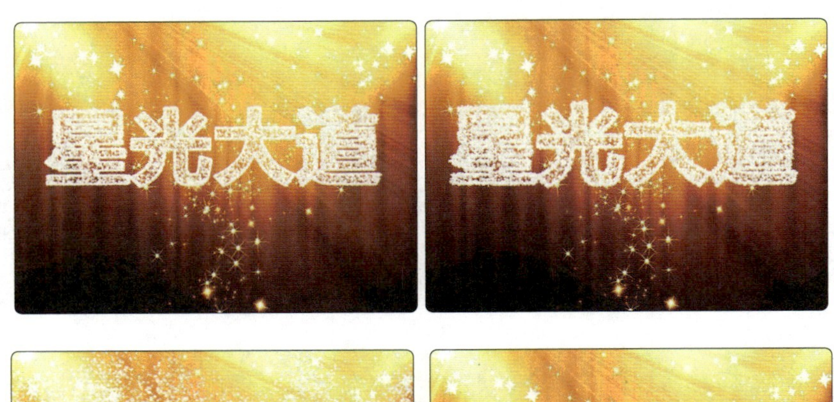

微课

制作粒子标版动画

图 10-1

10.1.3 任务知识：“粒子流源”工具、“雪”工具和“风”工具

图 10-2

1 “粒子流源”工具

◎“发射”卷展栏

“发射”卷展栏如图 10-2 所示，其中主要选项的介绍如下。

- 发射器图标：可在该组中设置发射器图标的属性。
- ▲ 徽标大小：通过设置发射器的半径来指定粒子的徽标大小。

▲ 图标类型：可从下拉列表中选择图标类型，图标类型会影响粒子的反射效果。

▲ 长度：设置图标的长度。

▲ 宽度：设置图标的宽度。

▲ 高度：设置图标的高度。

▲ 显示：设置是否在视图中显示徽标和图标。

• 数量倍增：设置粒子的显示数量。

▲ 视口 %：场景中显示的粒子的数量。

▲ 渲染 %：渲染的粒子的数量。

◎“系统管理”卷展栏

“系统管理”卷展栏如图 10-3 所示，其中主要选项的介绍如下。

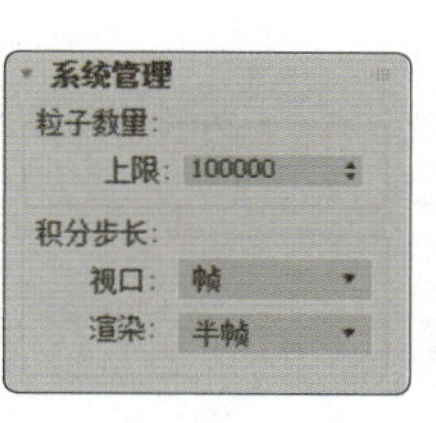

图 10-3

• 粒子数量：用于限制粒子系统中的粒子数量，并指定更新粒子系统的频率。

• 上限：系统可以包含的粒子的最大数目。

• 积分步长：对于每个积分步长，粒子流都会更新粒子系统，以将每个活动动作应用于其事件中的粒子。较小的积分步长可以提高精度，却需要较多的计算时间。这些设置使用户可以在进行渲染操作时对视口中的粒子动画应用不同的积分步长。

• 视口：设置在视口中播放的动画的积分步长。

• 渲染：设置渲染时动画的积分步长。

在（修改）命令面板中会出现如下卷展栏。

◎“选择”卷展栏

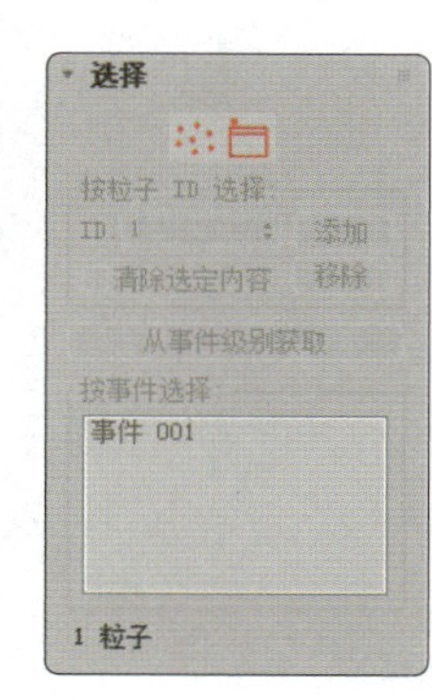

图 10-4

“选择”卷展栏如图 10-4 所示，其中主要选项的介绍如下。

• （粒子）：用于单击粒子或拖出一个区域来选择粒子。

• （事件）：用于按事件选择粒子。

• 按粒子 ID 选择：每个粒子都有唯一的 ID，第一个粒子的 ID 为 1，依次递增，之后可按粒子 ID 选择和取消选择粒子。此方式仅适用于“粒子”级别。

• ID：使用此选项可设置要选择的粒子的 ID，每次只能设置一个数字。

• 添加：设置完要选择的粒子的 ID 后，单击“添加”按钮，可将其添加到选择的粒子中。

• 移除：设置完要取消选择的粒子的 ID 后，单击“移除”按钮，可将其从选择的粒子中移除。

• 清除选定内容：勾选该复选框后，单击“添加”按钮选择粒子后，会取消选择其他所有粒子。

• 从事件级别获取：单击该按钮，可将“事件”级别转换为“粒子”级别。此方式仅适用于“粒子”级别。

• 按事件选择：该列表中显示了粒子流中的所有事件，并高亮显示了选定的事件。要选择某个事件的所有粒子，可以单击其选项或使用标准的视口选择方法。

◎“脚本”卷展栏

“脚本”卷展栏如图 10-5 所示，其中主要选项的介绍如下。

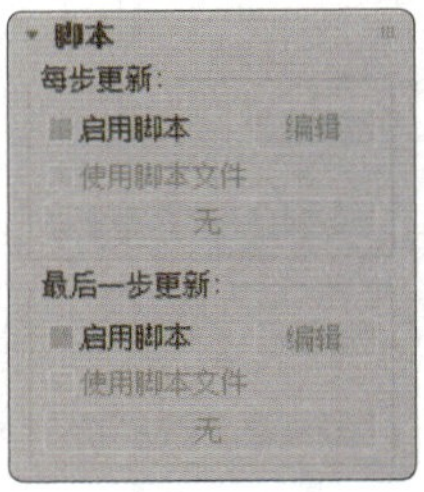

图 10-5

• 每步更新：“每步更新”脚本会在每个积分步长的末尾、计算完粒子系统中的所有动作后和所有粒子最终在各自的事件中时进行计算。

• 启用脚本：勾选该复选框，“编辑”按钮将处于激活状态。

• 编辑：单击“编辑”按钮将打开有当前脚本的文本编辑器窗口。

• 使用脚本文件：当此复选框处于勾选状态时，可以单击下面的“无”按钮来加载脚本文件。

• 无：单击此按钮可弹出“打开”对话框，可通过“打开”对话框指定要从磁盘中加载的脚本文件。

• 最后一步更新：当完成查看（或渲染）每帧的最后一个积分步长操作后，执行“最后一步更新”脚本。例如，在关闭实时功能的情况下，如果在视口中播放动画，则在粒子系统渲染到视口之前，粒子流会立即按每帧运行此脚本。但是，如果只是跳转到不同的帧，则脚本只运行一次。因此，如果脚本采用某个历史记录，就可能获得意外的结果。

2 “雪”工具

“参数”卷展栏如图 10-6 所示，其中主要选项的介绍如下。

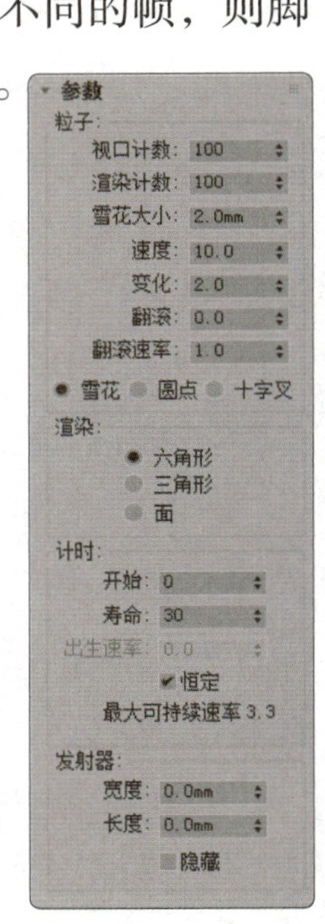

图 10-6

• 视口计数：在给定帧处，视口中显示的最多粒子数量。

• 渲染计数：一个帧在渲染时可以显示的最多粒子数量。

• 雪花大小：粒子的大小（以活动单位计数）。

• 速度：每个粒子离开发射器时的初始速度。粒子将以此速度进行运动，除非受到粒子系统中的空间扭曲的影响。

• 变化：改变粒子的初始速度和方向。“变化”的数值越大，喷射力度越大，且喷射范围越广。

• 雪花、圆点、十字叉：选择粒子在视口中的显示方式，显示方式不影响粒子的渲染方式。

• 六角形：将粒子渲染为六角形，长度由用户在“雪花大小”选项中指定。六角形是渲染的默认设置，它提供雪花的基本模拟效果。

• 三角形：三角形的雪花面片，可以根据情况选择是否使用三角形的雪花面片。

• 面：将粒子渲染为正方形面，其宽度和高度等于“雪花大小”值。

• 计时：控制发射出的粒子的出生速率和消亡速率。

▲ 开始：第一个出现粒子的帧的编号。

▲ 寿命：每个粒子的寿命（以帧计数）。

▲ 出生速率：每个帧产生的新粒子数量。

▲ 恒定：勾选该复选框后，“出生速率”选项将不可用，此时出生速率等于最大可持续速率。取消勾选该复选框后，“出生速率”选项可用。默认勾选该复选框。

• 发射器：指定场景中出现粒子的区域。

▲ 宽度、长度：在视口中拖动以创建发射器时，已隐性地设置了这两个选项的初始值。可以在对应的卷展栏中调整这些值。

▲ 隐藏：勾选该复选框可以在视口中隐藏发射器。

3 “风”工具

“风”工具用于模拟风吹动粒子系统时产生的粒子效果。风具有方向性，顺着箭头方向运动的粒子呈加速状，逆着箭头方向运动的粒子呈减速状。在球形的风力下，粒子的运动方向会朝向或背离图标。

“参数”卷展栏如图 10-7 所示，其中主要选项的介绍如下。

• 强度：增大“强度”值会增强风力效果。“强度”值小于 0 会产生吸力，它会排斥沿相同方向运动的粒子，而吸引沿相反方向运动的粒子。

• 衰退：设置“衰退”值为 0 时，风力扭曲在整个世界空间内有相同的强度。增大“衰退”值会使风力强度从风力扭曲对象的所在位置开始，随距离的增加而减弱。

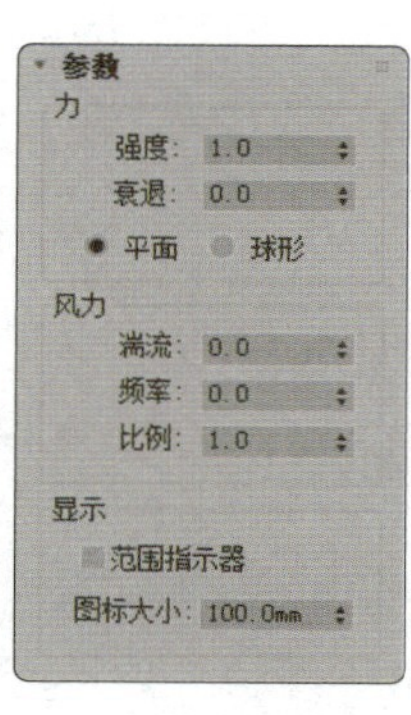

图 10-7

• 平面：风力效果垂直于贯穿场景的风力扭曲对象所在的平面。

• 球形：风力效果为球形，以风力扭曲对象为中心。

• 湍流：使粒子在被风吹动时随机改变路线。该值越大，湍流效果越明显。

• 频率：当将其值设置为大于 0 时，会使湍流效果随时间呈周期性变化。这种微妙的效果可能无法看见，除非绑定的粒子系统生成了大量的粒子。

• 比例：缩放湍流效果。当“比例”值较小时，湍流效果会更平滑、更规则。当“比例”值增大时，湍流效果会变得更不规则、更混乱。

10.1.4 任务实施

（1）启动 3ds Max 2019，依次单击“创建” + > “图形” > “文本”按钮，在“前”视口中单击创建文本，在“参数”卷展栏中选择合适的字体，在“文本”文本框中输入“星光大道”，如图 10-8 所示。

（2）切换到“修改”命令面板，在“修改器列表”下拉列表中选择“挤出”修改器，在“参数”卷展栏中设置“数量”为 200mm，如图 10-9 所示。

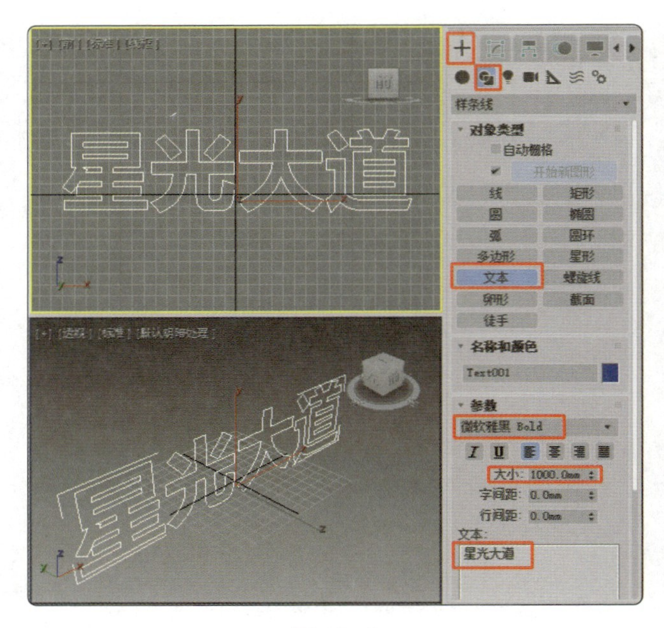

图 10-8

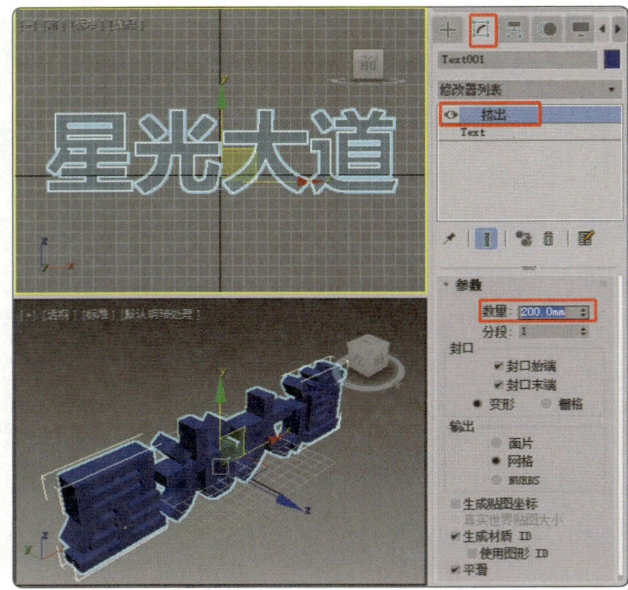

图 10-9

（3）依次单击“创建” > “几何体” > “粒子系统” > “粒子流源”按钮，在“前”视口中拖动以创建“粒子流源”粒子系统，如图 10-10 所示。

（4）在“设置”卷展栏中单击“粒子视图”按钮，弹出“粒子视图”窗口，在该窗口中选择粒子流源的“出生 001”事件，在右侧的“出生 001”卷展栏中设置“发射开始”和“发射停止”均为 0，“数量”为 20000，如图 10-11 所示。

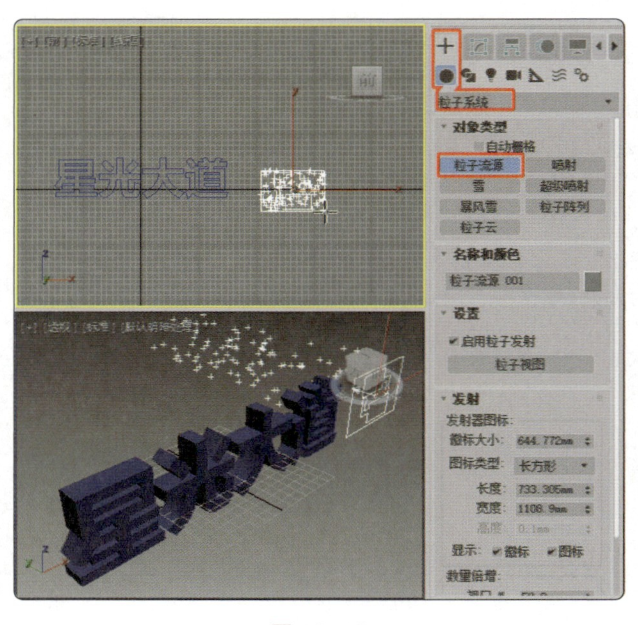

图 10-10

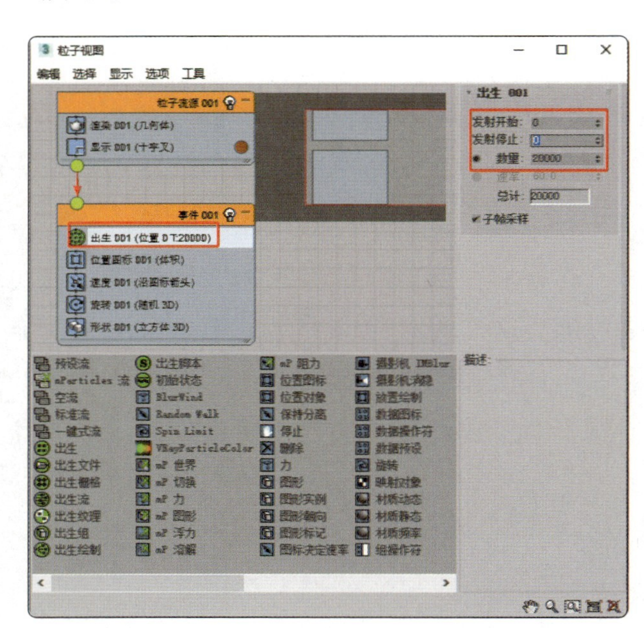

图 10-11

（5）从事件仓库中拖曳“位置对象”事件到“位置图标 001”事件上，如图 10-12 所示，对其进行替换。

（6）选择“位置对象 001”事件，在右侧的“位置对象 001”卷展栏中单击“添加”按钮，在场景中拾取文本模型，如图 10-13 所示。

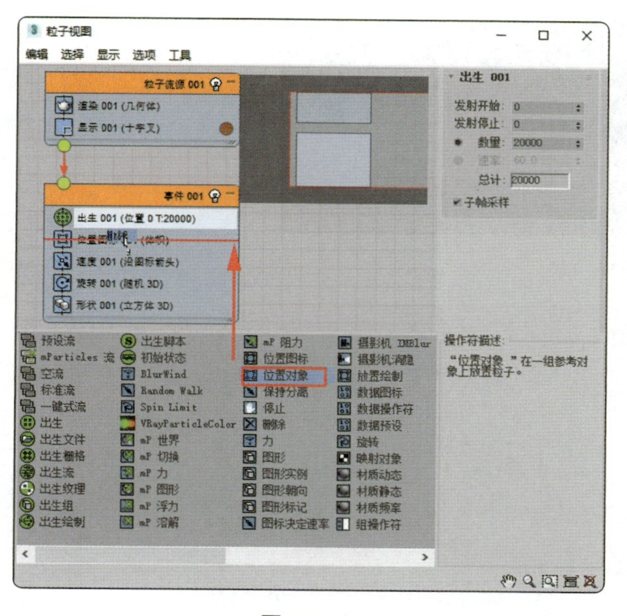

图 10–12

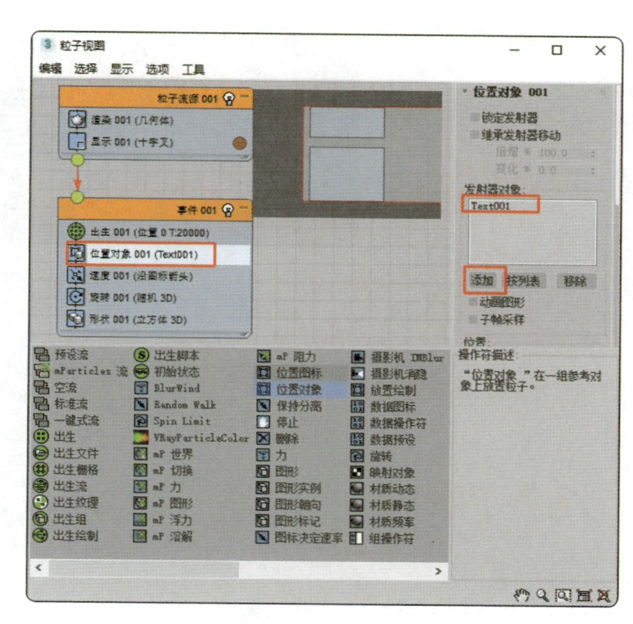

图 10–13

（7）选择“形状 001”事件，在右侧的“形状 001”卷展栏中选中“3D”选项，设置“大小”为 20mm，如图 10-14 所示。

（8）选择“速度 001”事件，在右侧的“速度 001”卷展栏中设置“速度”和“变化”均为 0mm，选择“方向”为“随机 3D”，如图 10-15 所示。

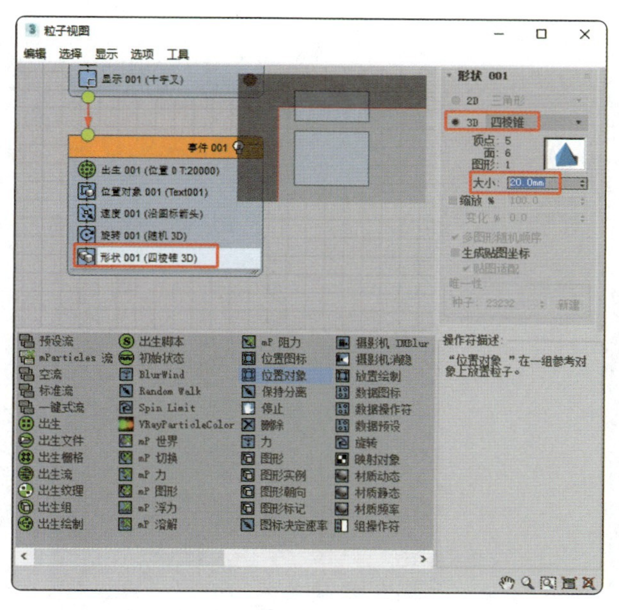

图 10–14

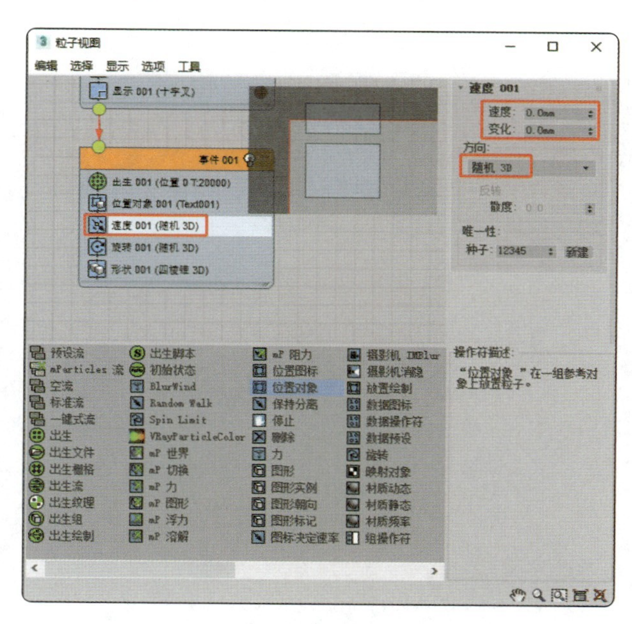

图 10–15

（9）渲染场景，得到图 10-16 所示的效果。

（10）从事件仓库中拖曳“力”事件到粒子流事件中，如图 10-17 所示。

（11）依次单击“创建” + > “空间扭曲” > “风”按钮，在场景中创建风空间扭曲，在“参数”卷展栏中选中“球形”选项，如图 10-18 所示。

图 10–16

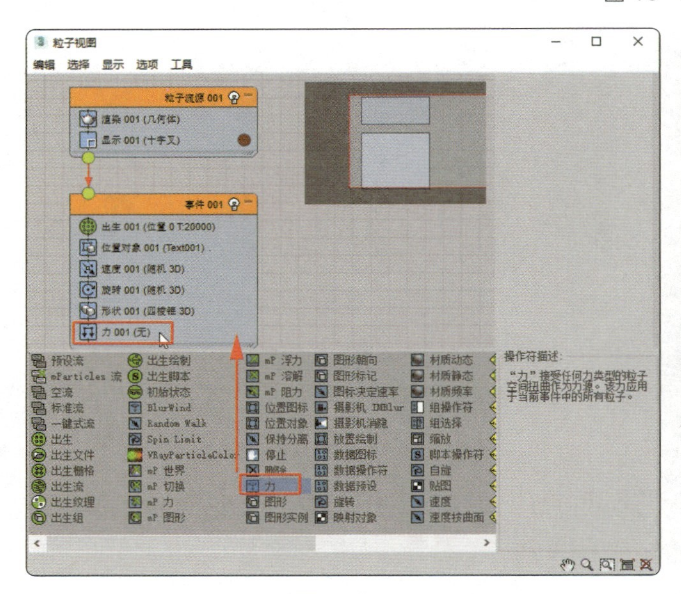

图 10–17

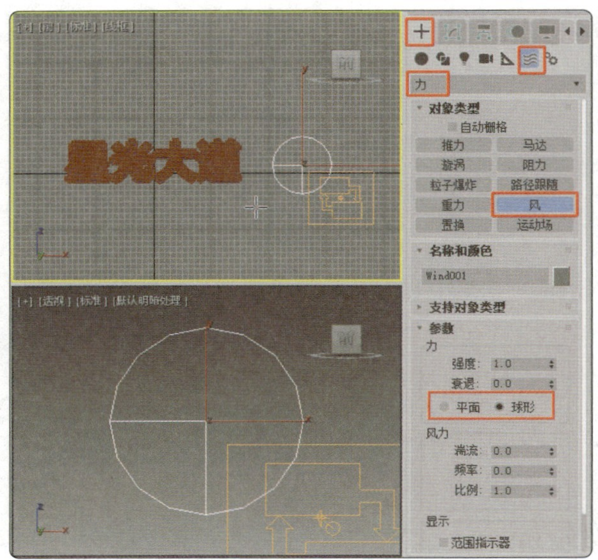

图 10–18

（12）打开“粒子视图”窗口，从中选择“力 001”事件，在右侧的“力 001”卷展栏中单击“添加”按钮，在场景中拾取风空间扭曲，如图 10-19 所示。

（13）在场景中调整风空间扭曲的位置，如图 10-20 所示。

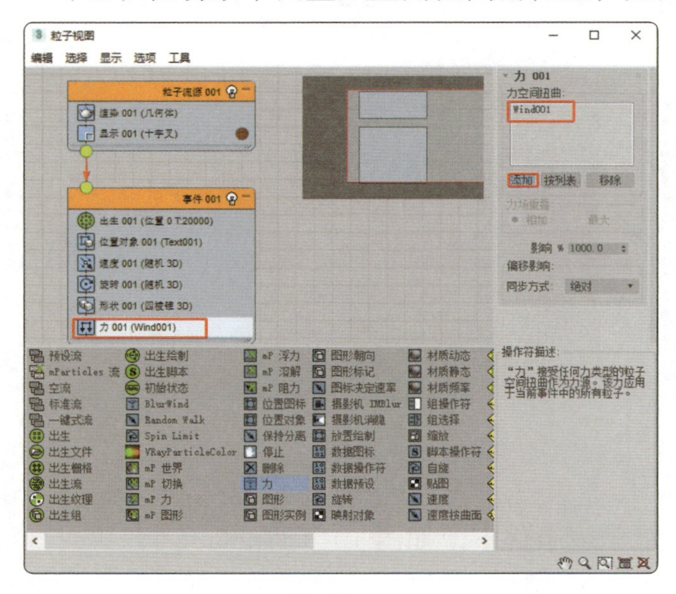

图 10–19

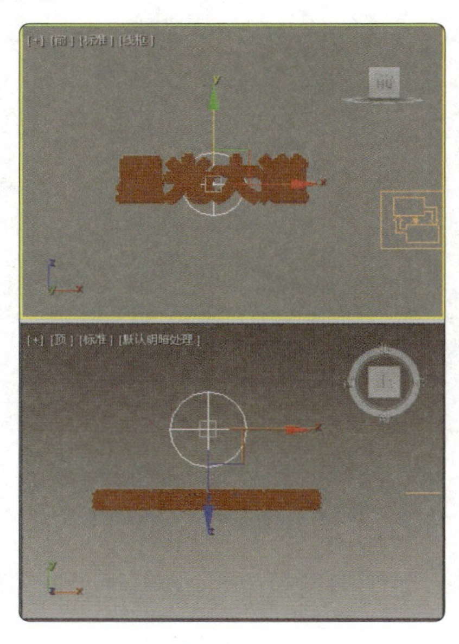

图 10–20

（14）打开“自动关键点”模式，在场景中选择风空间扭曲，在“参数”卷展栏中设置“强度”“衰退”“湍流”“频率”“比例”均为0，如图10-21所示。

（15）拖动时间滑块到第30帧处，在“参数”卷展栏中设置“强度”“衰退”“湍流”“频率”“比例”均为0，如图10-22所示。

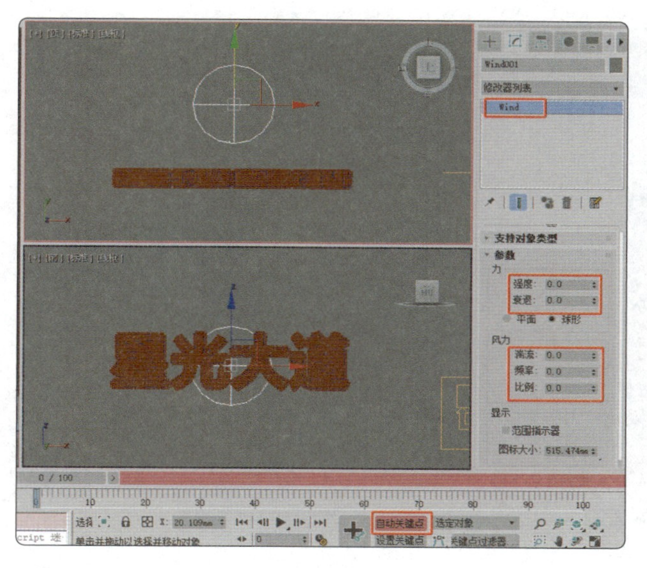

图10-21

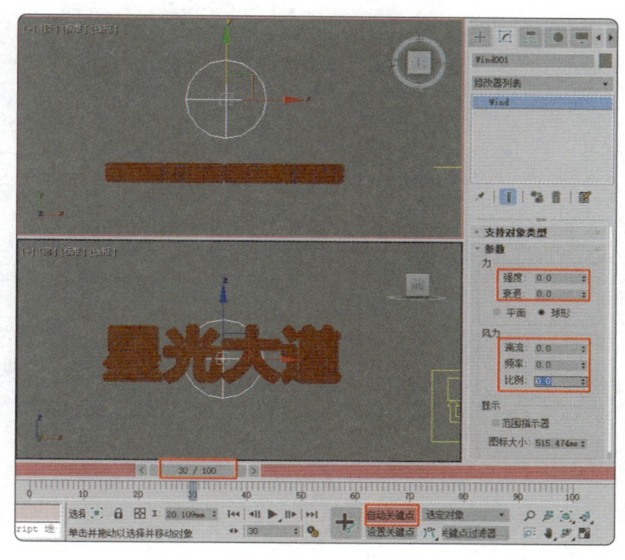

图10-22

（16）拖动时间滑块到第31帧处，在“参数”卷展栏中设置“强度”为1，“衰退”为0、“湍流”为1.74，“频率”为0.7，“比例”为2.14，如图10-23所示。

（17）打开“材质编辑器”窗口，选择一个新的材质样本球，设置“环境光”和“漫反射”的颜色为白色，设置“自发光”为100，如图10-24所示。

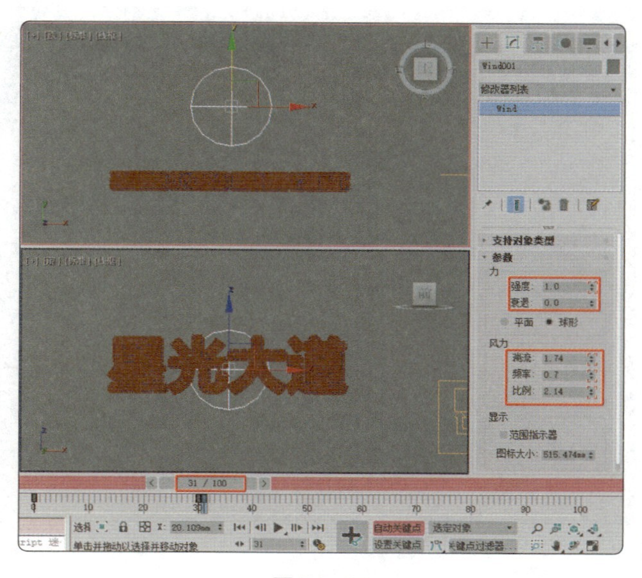

图10-23

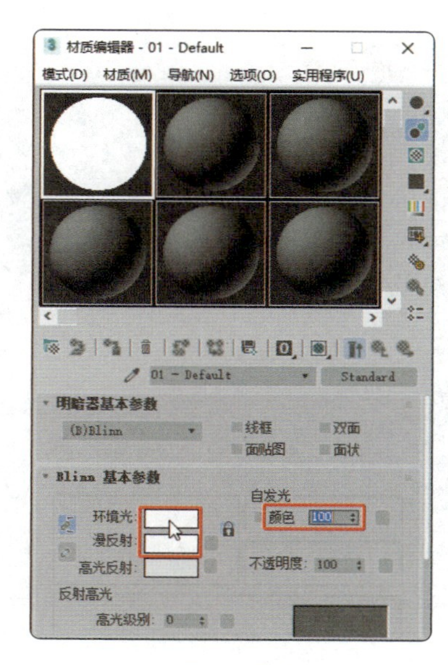

图10-24

（18）打开“粒子视图”窗口，从事件仓库中拖动“材质静态”事件到粒子事件中，选择该事件，在“材质静态001”卷展栏中单击灰色按钮，在弹出的“材质/贴图浏览器”对话框中的“示例窗”列表中选择设置的材质，如图 10-25 所示。

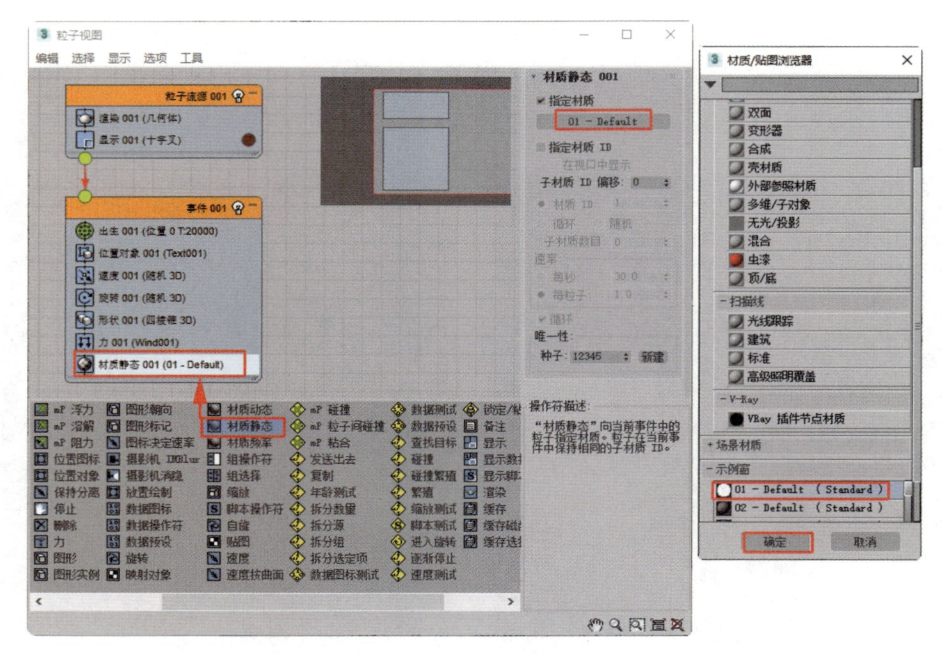

图 10-25

（19）从事件仓库中拖动“贴图”事件到粒子事件中，选择该事件，在“Mapping 001”卷展栏中设置“U”“V”“W”均为 4，如图 10-26 所示。

（20）在“顶”视口中创建雪粒子，在“参数”卷展栏中设置“视口计数”为 100，“渲染计数”为 100，“雪花大小”为 10mm，“速度”为 10，“变化”为 2，选择“渲染”为“六角形”，设置“计时”组下的“开始”为 0，“寿命”为 100，如图 10-27 所示。

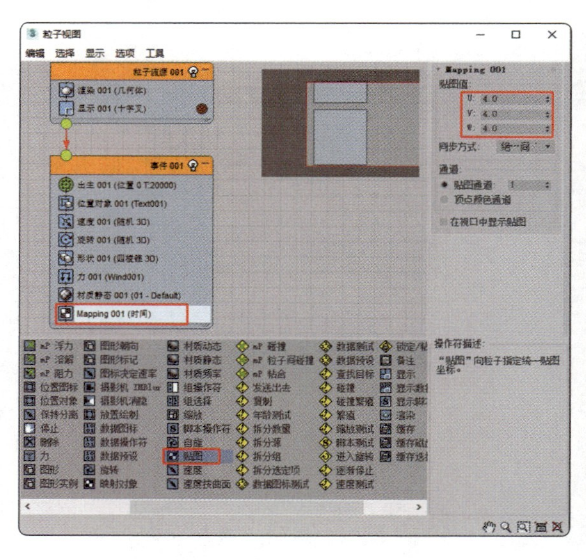

图 10-26

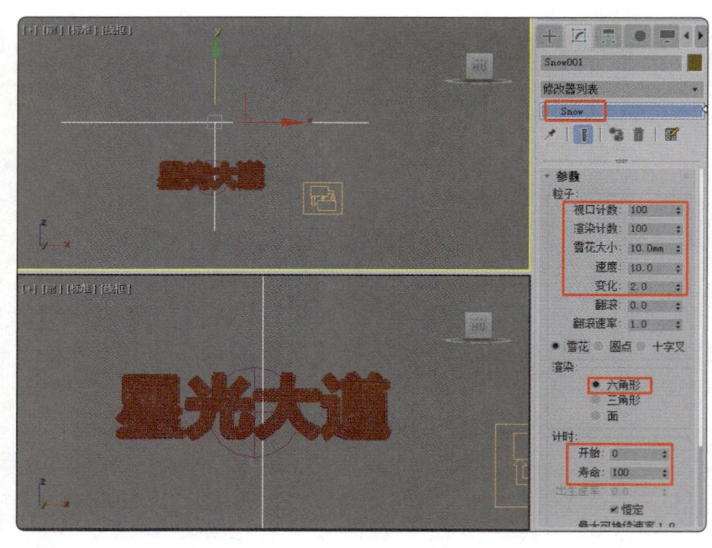

图 10-27

（21）按 8 键打开“环境和效果”窗口，为环境贴图指定“位图”贴图，该贴图为云盘中的“贴图 > xingguang.jpg”文件，如图 10-28 所示。在场景中调整到合适的角度，创建摄影机。

（22）打开“材质编辑器”窗口，将指定给环境贴图的贴图拖曳到新的材质样本球上，在弹出的对话框中选中“复制”选项，单击“确定”按钮，如图10-29所示。

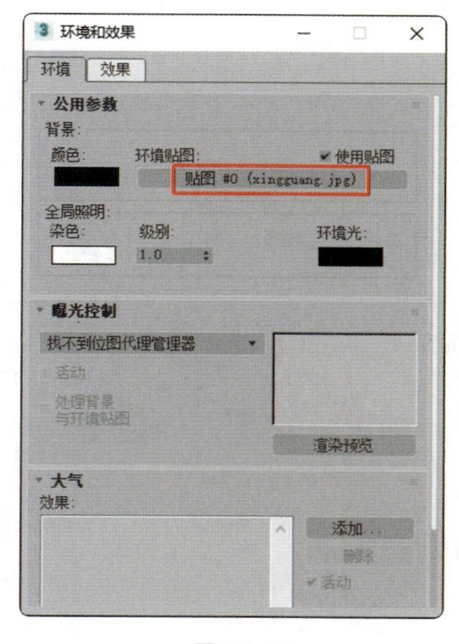

图 10–28

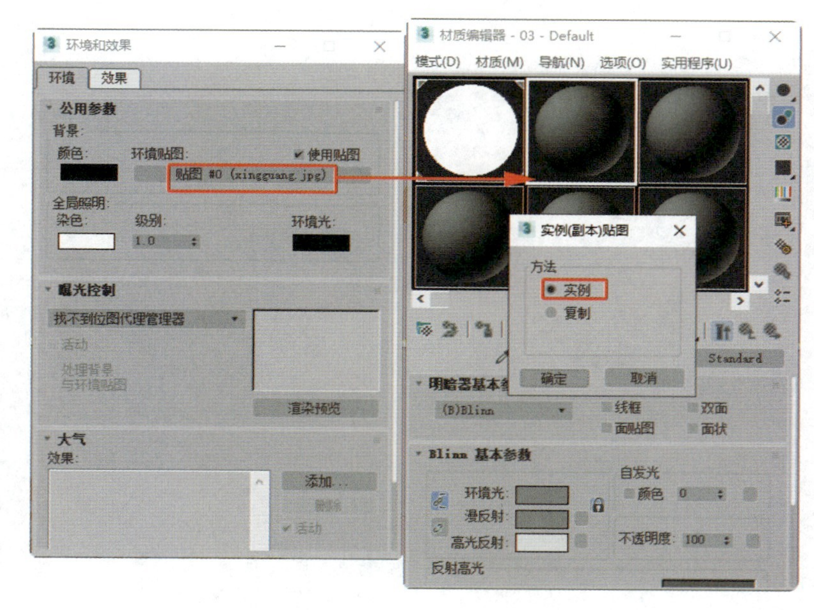

图 10–29

（23）复制贴图到新的材质样本球上后，在“坐标”卷展栏中选中“环境”选项，选择“贴图”的类型为“屏幕”，如图10-30所示。

（24）在“透视”视口中调整合适的角度，按Ctrl+C组合键，在当前视口角度的基础上创建摄影机视图，如图10-31所示。

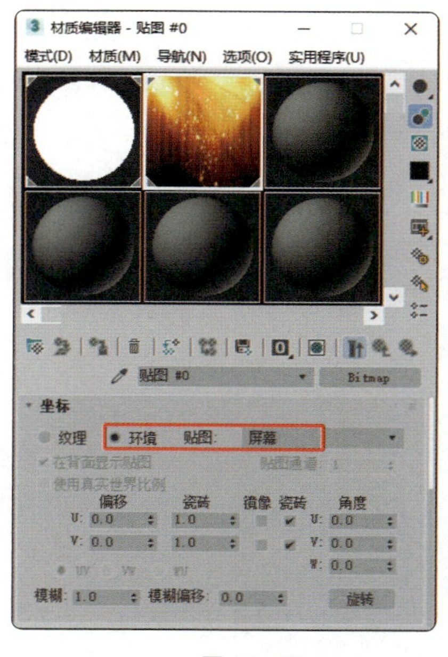

图 10–30

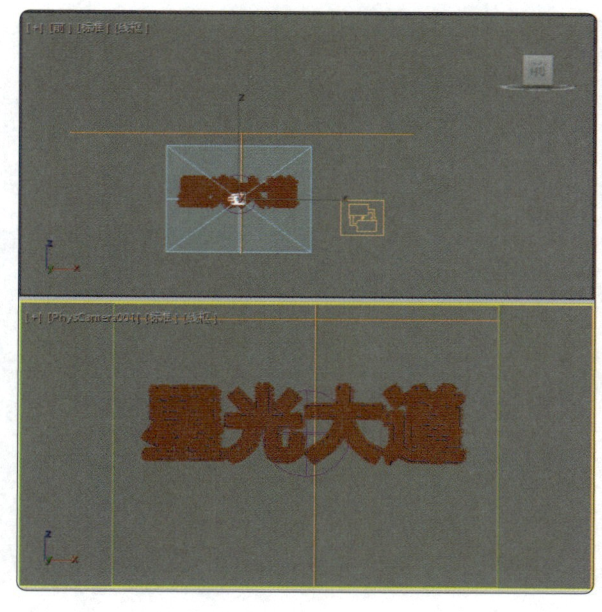

图 10–31

（25）选择指定给粒子的材质，在“贴图”卷展栏中为“漫反射颜色”和“不透明度”指定“衰减”贴图，如图10-32所示。

（26）进入“漫反射颜色”的贴图层级面板，在“衰减参数”卷展栏中设置第一个色块的颜色为白色，设置第二个色块的颜色为黄色，设置“衰减类型”为 Fresnel，如图 10-33 所示。

（27）进入“不透明度”的贴图层级面板，在“衰减参数”卷展栏中设置第一个色块的颜色为白色，设置第二个色块的颜色为黑色，其他参数保持默认，如图 10-34 所示。

最后，可以对当前场景进行渲染，这里就不详细介绍了。

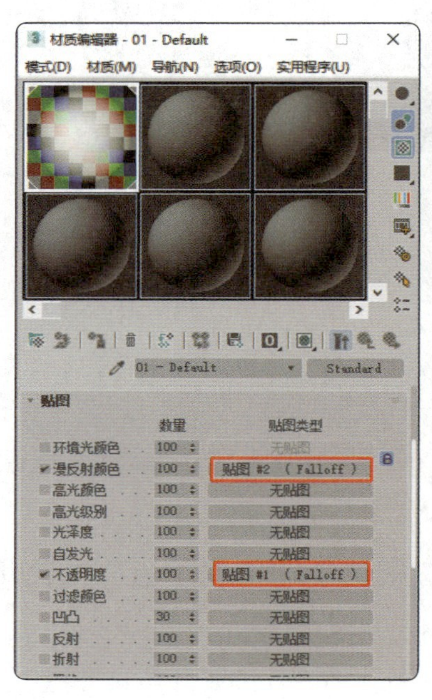

图 10-32

图 10-33

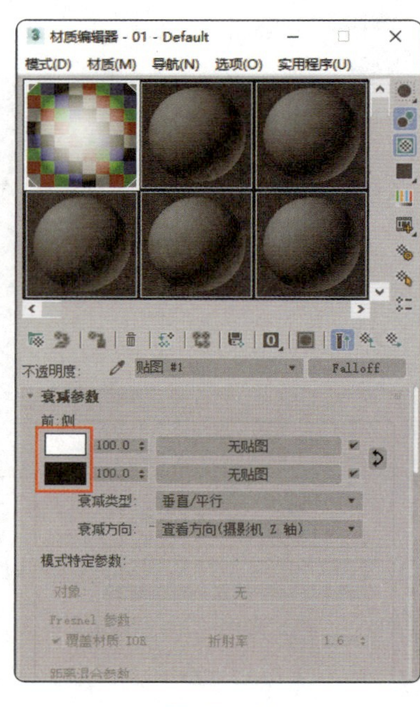

图 10-34

10.1.5 扩展实践：制作下雪动画

创建雪粒子并修改雪粒子的参数，以制作出下雪动画（最终效果参看云盘中的“场景 > 项目 10> 下雪 ok.max”，见图 10-35）。

图 10-35

任务 10.2 制作烟雾动画

10.2.1 任务引入

本任务是制作烟雾动画，要求使用粒子系统模拟烟雾效果，且烟雾要真实、自然。

10.2.2 设计理念

设计时，创建超级喷射粒子，并调整其参数，再设置一个合适的材质来完成烟雾动画的制作（最终效果参看云盘中的“场景 > 项目 10> 烟雾 ok.max”，见图 10-36）。

图 10–36

10.2.3 任务知识：“超级喷射”工具

“超级喷射”粒子系统发射出的是受控制的粒子。此粒子系统与简单的喷射粒子系统类似，只是增加了所有新型粒子系统提供的功能。

◎“基本参数”卷展栏

“基本参数”卷展栏如图 10-37 所示，其中主要选项的介绍如下。

- 轴偏离：影响粒子与 z 轴的夹角（沿着 x 轴所在的平面）。
- 扩散：影响粒子远离发射向量的扩散效果（沿着 x 轴所在的平面）。
- 平面偏离：影响粒子围绕 z 轴的发射角度。如果将“轴偏离”设置为 0，则此选项无效。
- 扩散：影响粒子围绕“平面偏离”轴的扩散效果。如果将“平面偏离”设置为 0，则此选项无效。
- 图标大小：设置图标的大小。
- 发射器隐藏：勾选该复选框可隐藏发射器。
- 粒子数百分比：通过百分数设置粒子的数量。

◎“粒子生成”卷展栏

“粒子生成”卷展栏如图 10-38 所示，其中各选项的介绍如下。

图 10–37

图 10–38

• 粒子数量：在该组中，可以从随时间确定粒子数量的两种方法中选择一种。

▲ 使用速率：指定每帧发射的固定粒子数量，使用微调器可以设置每帧产生的粒子数量。

▲ 使用总数：指定在系统使用寿命内产生的总粒子数量，使用微调器可以设置在系统使用寿命内产生的总粒子数量。

• 粒子运动：在该组中，可用微调器控制粒子的初始速度，发射方向为沿着曲面、边或顶点法线。

▲ 速度：粒子在出生时沿着法线方向的初始速度（以每帧移动的单位计数）。

▲ 变化：对每个粒子的初始速度应用一个百分比值。

• 粒子计时：其下的选项用于指定粒子发射开始和停止的时间，以及每个粒子的寿命。

▲ 发射开始：设置粒子开始在场景中出现的帧。

▲ 发射停止：设置发射粒子的最后一帧。

▲ 显示时限：指定所有粒子均消失的帧。

▲ 寿命：设置每个粒子的寿命（从创建帧开始计数）。

▲ 变化：指定每个粒子的寿命可以根据标准值变化的帧数。

• 创建时间：防止随时间发生膨胀的运动。

• 发射器平移：如果基于对象的发射器在空间中移动，则会在沿着可渲染位置之间的几何路径上以整数倍数创建粒子，这样可以避免粒子在空间中膨胀。

• 发射器旋转：如果发射器旋转，勾选该复选框可以避免膨胀，并产生平滑的螺旋效果。默认取消勾选该复选框。

• 粒子大小：在该组中，可用微调器指定粒子的大小。

▲ 大小：可根据粒子的类型指定系统中所有粒子的大小。

▲ 变化：设置每个粒子的大小可以根据标准值变化的百分比值。

▲ 增长耗时：指定粒子从很小增长到“大小”值的大小所经历的帧数，结果受“大小”“变化”值的影响，因为“增长耗时”选项在“变化”选项之后应用。使用该选项可以模拟自然效果，例如气泡向表面靠近而逐渐变大的效果。

▲ 衰减耗时：指定粒子在消亡之前缩小到“大小”值的1/10所经历的帧数。该设置也在“变化”选项之后应用。使用此选项可以模拟自然效果，例如火花逐渐熄灭的效果。

• 唯一性：更改微调器中的种子值，可以在其他粒子参数设置相同的情况下，实现不同的结果。

▲ 新建：随机生成新的种子值。

▲ 种子：设置特定的种子值。

◎“粒子类型”卷展栏

“粒子类型”卷展栏如图10-39所示，其中主要选项的介

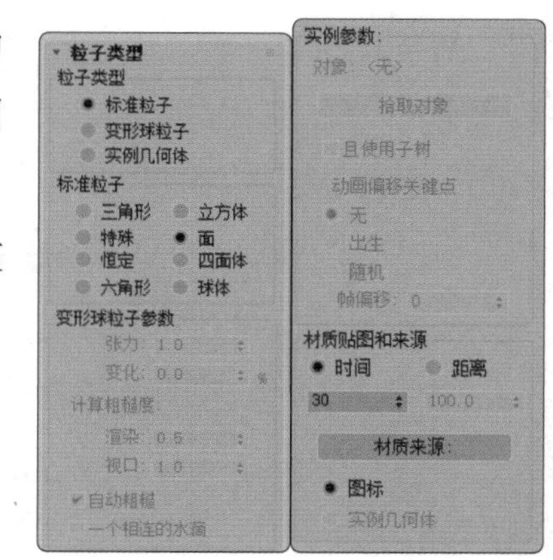

图 10-39

绍如下。

• 粒子类型：用于选择粒子类型，如“变形球粒子”“实例几何体”等。

• 标准粒子：用于选择标准粒子类型，如“三角形”“立方体”“特殊”“面”“恒定”“四面体”“六角形”“球体”。

• 变形球粒子参数：如果在“粒子类型”组中选中了“变形球粒子”选项，则该组中的选项将变为可用状态，且变形球将作为粒子使用。变形球粒子需要额外的时间进行渲染，其对喷射和流动的液体非常有效。

▲ 张力：确定有关粒子与其他粒子混合时的紧密度。张力越大，聚集粒子越难，合并粒子也越难。

▲ 变化：指定张力效果变化的百分比。

▲ 计算粗糙度：指定计算变形球粒子解决方案时的精确程度。粗糙度越大，计算工作量越少。不过，如果粗糙度过大，则变形球粒子的效果可能很小，或根本没有效果。反之，如果粗糙度过小，则计算时间可能会非常长。

▲ 渲染：设置渲染场景中的变形球粒子的粗糙度。如果勾选了“自动粗糙”复选框，则该选项不可用。

▲ 视口：设置视口中的变形球粒子的粗糙度。如果勾选了“自动粗糙”复选框，则该选项不可用。

• 自动粗糙：一般将粗糙度设置为粒子大小的 1/4 到 1/2 之间。如果勾选该复选框，则会根据粒子大小自动设置渲染粗糙度，视口粗糙度约为渲染粗糙度的两倍。

• 一个相连的水滴：如果取消勾选该复选框，则将计算所有粒子；如果勾选该复选框，则将使用快捷算法，仅计算和显示彼此相连或相邻的粒子。

• 实例参数：在“粒子类型”组中选中“实例几何体”选项时，可以使用其下的选项。这样，每个粒子将作为对象、对象链接层次或组的实例生成。

▲ 对象：显示拾取的对象的名称。

▲ 拾取对象：单击该按钮，然后在视口中选择要作为粒子使用的对象。

▲ 且使用子树：如果要将拾取的对象的子对象包括在粒子中，则勾选该复选框。如果拾取的对象是组，则将包括该组的所有子对象。

▲ 动画偏移关键点：因为可以为实例对象设置动画，所以此处的选项可以用于指定粒子的动画计时。

▲ 无：每个粒子都会复制源对象的计时。因此，所有粒子的动画的计时均相同。

▲ 出生：第一个出生的粒子是源对象当前动画的实例。每个后续粒子将使用相同的开始时间设置动画。

▲ 随机：当“帧偏移”设置为 0 时，此选项等同于“无”。否则，每个粒子出生时使用的动画都将与源对象出生时使用的动画相同，但会基于“帧偏移”的值产生随机偏移。

▲ 帧偏移：指定源对象的当前计时的偏移值。

• 材质贴图和来源：指定贴图材质如何影响粒子，并且可以指定粒子材质的来源。

▲ 时间：指定从粒子出生开始完成粒子的一个贴图所需的帧数。

▲ 距离：指定从粒子出生开始完成粒子的一个贴图所需的距离。

▲ 材质来源：单击此按钮，可用下面的选项指定材质的来源，从而更新粒子系统的材质。

▲ 图标：粒子使用当前为粒子系统图标指定的材质。

▲ 实例几何体：粒子使用为几何体实例指定的材质。

◎“旋转和碰撞”卷展栏

“旋转和碰撞”卷展栏如图 10-40 所示，其中主要选项的介绍如下。

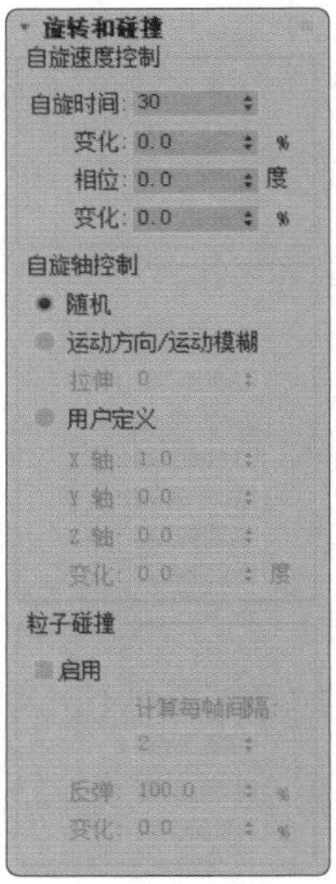

• 自旋时间：粒子旋转一次所需的帧数。如果设置为 0，则不进行旋转。

• 变化：自旋时间变化的百分比。

• 相位：设置粒子的初始旋转角度。此设置对碎片没有意义，碎片总是从零开始旋转的。

图 10-40

• 变化：相位变化的百分比。

• 自旋轴控制：以下选项用于确定粒子的自旋轴，并提供对粒子应用运动模糊效果的部分方法。

▲ 随机：每个粒子的自旋轴是随机的。

▲ 运动方向 / 运动模糊：围绕因粒子移动而形成的向量旋转粒子。此时还可以使用“拉伸”微调器对粒子应用一种运动模糊效果。

▲ 拉伸：如果数值大于 0，则粒子会根据其速度沿运动轴进行拉伸。仅当选中了“运动方向 / 运动模糊”选项时，该微调器才可用。

▲ 用户定义：使用“X 轴”“Y 轴”“Z 轴”微调器定义向量。仅当选中了“用户定义”选项时，这些微调器才可用。

▲ 变化：设置每个粒子的自旋轴可以根据指定的 x 轴、y 轴和 z 轴进行变化的量。仅当选中了“用户定义”选项时，该微调器才可用。

• 粒子碰撞：其下的选项用于控制粒子之间的碰撞，并控制碰撞发生的形式。

▲ 启用：在计算粒子分散移动时启用粒子间的碰撞功能。

▲ 计算每帧间隔：每次渲染的间隔数，期间会进行粒子碰撞模拟。数值越大，模拟结果越精确，但是模拟运行的速度将越慢。

▲ 反弹：设置在发生碰撞后粒子速度恢复的程度。

▲ 变化：设置粒子“反弹”值的随机变化百分比。

◎“对象运动继承”卷展栏

“对象运动继承”卷展栏如图 10-41 所示，其中主要选项的介绍如下。

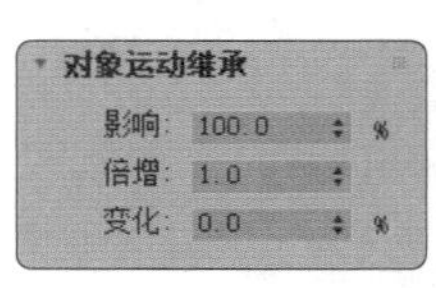

图 10-41

- 影响：在产生粒子时，继承基于对象发射器的运动的粒子所占的百分比。
- 倍增：修改发射器运动影响粒子运动的量。该量可以是正数，也可以是负数。
- 变化：提供“倍增”值的变化百分比。

◎“气泡运动”卷展栏

“气泡运动”卷展栏如图 10-42 所示，其中主要选项的介绍如下。

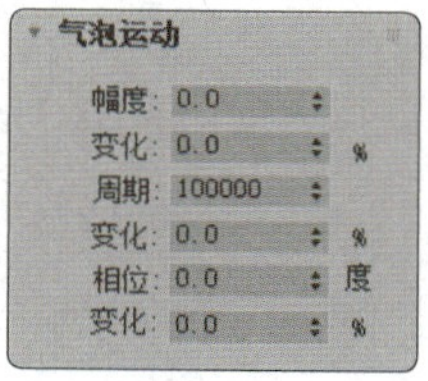

图 10-42

- 幅度：粒子活动的速度、距离。
- 变化：每个粒子的振幅变化的百分比。
- 周期：粒子通过类似气泡波动的一个完整振动过程。
- 变化：每个粒子的周期变化的百分比。
- 相位：气泡图案沿着矢量的初始置换。
- 变化：每个粒子的相位变化的百分比。

◎“粒子繁殖”卷展栏

“粒子繁殖”卷展栏如图 10-43 所示，其中主要选项的介绍如下。

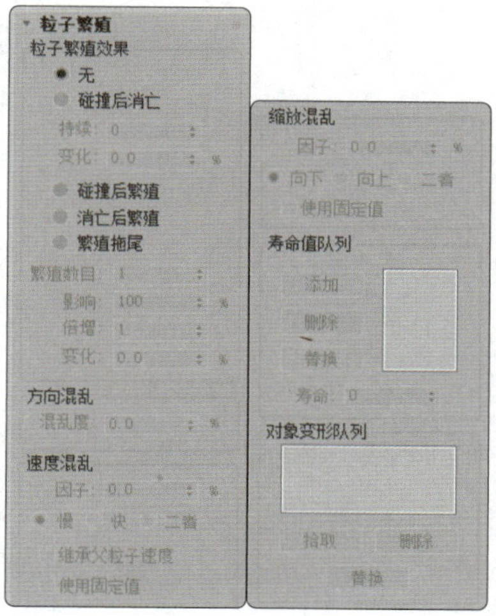

图 10-43

- 粒子繁殖效果：可以设置粒子在碰撞或消亡时产生的效果。

▲ 无：不使用任何繁殖控件，粒子按照正常方式进行活动。

▲ 碰撞后消亡：粒子在碰撞到绑定的导向器（如导向球）时消失。

▲ 持续：粒子在碰撞后的寿命（帧数）。如果将该选项设置为 0（默认设置），则粒子在碰撞后会立即消失。

▲ 变化：当“持续”值大于 0 时，每个粒子的“持续”值将各不相同。

▲ 碰撞后繁殖：在粒子与绑定的导向器碰撞时产生繁殖效果。

▲ 消亡后繁殖：在每个粒子的寿命结束时产生繁殖效果。

▲ 繁殖拖尾：在现有粒子寿命的每帧繁殖出粒子。

▲ 繁殖数目：设置除源粒子外繁殖的粒子的数量。

▲ 影响：指定繁殖的粒子的百分比。如果减小此数值，则会减少产生的繁殖粒子的数量。

▲ 倍增：倍增每个繁殖事件中繁殖的粒子数量。

▲ 变化：逐帧指定“倍增”值变化的百分比。

- 方向混乱：设置粒子的方向。

▲ 混乱度：指定繁殖的粒子的方向可以根据父粒子的方向变化的量。

- 速度混乱：使用其下的选项可以随机改变繁殖的粒子与父粒子的相对速度。

▲ 因子：繁殖的粒子的速度相对于父粒子的速度变化的百分比。

▲ 慢：随机应用速度因子，以减慢繁殖的粒子的速度。

▲ 快：根据速度因子随机加快繁殖的粒子的速度。

▲ 二者：根据速度因子，加快有些繁殖的粒子的速度，减慢有些繁殖的粒子的速度。

▲ 继承父粒子速度：除了受速度因子的影响，繁殖的粒子的速度还受父粒子速度的影响。

▲ 使用固定值：将“因子”值作为固定值，而不是作为随机应用于每个粒子的范围值。

• 缩放混乱：使用其下的选项可以对粒子应用随机缩放效果。

▲ 因子：为繁殖的粒子确定相对于父粒子的随机缩放百分比。

▲ 向下：根据“因子”值随机缩小繁殖的粒子，使其小于父粒子。

▲ 向上：随机放大繁殖的粒子，使其大于父粒子。

▲ 二者：缩放繁殖的粒子，使其大于或小于父粒子。

▲ 使用固定值：将“因子”值作为固定值，而不是范围值。

• 寿命值队列：使用其下的选项可以指定繁殖的每一代粒子的备选寿命值。

▲ 添加：将“寿命”微调器中的值加入列表。

▲ 删除：将“寿命”微调器中的值从列表中删除。

▲ 替换：可以使用“寿命”微调器中的值替换列表中的值。使用时先将新值输入“寿命”微调器，然后在列表中选择要替换的值，再单击“替换”按钮。

▲ 寿命：设置每一代粒子的寿命值。

• 对象变形队列：使用此组中的选项可以在带有每次繁殖的实例对象粒子之间切换。以下选项只有在当前粒子类型为“实例几何体”时才可用。

▲ 拾取：单击此按钮，然后在视口中选择要加入列表的对象。

▲ 删除：删除列表中当前高亮显示的对象。

▲ 替换：使用其他对象替换列表中的对象。

◎ “加载 / 保存预设”卷展栏

“加载 / 保存预设”卷展栏如图 10-44 所示，其中主要选项的介绍如下。

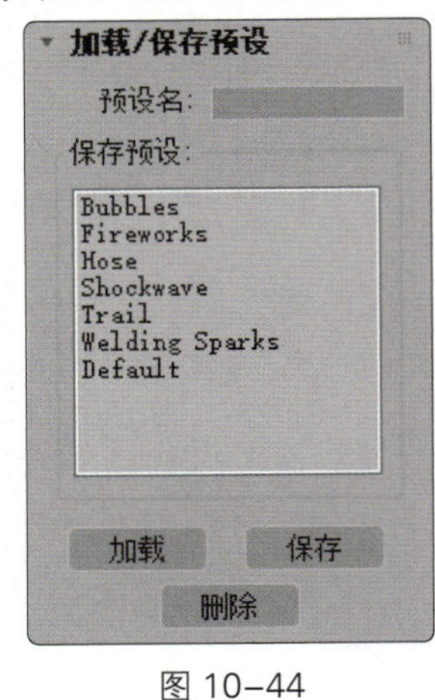

图 10–44

• 预设名：用于设置预设名称，单击“保存”按钮可保存预设。

• 保存预设：显示所有保存的预设。

• 加载：加载“保存预设”列表中当前高亮显示的预设。此外，在“保存预设”列表中双击预设，可以加载对应的预设。

• 保存：保存“预设名”选项中指定的预设，并将其放入“保存预设”列表。

• 删除：删除在“保存预设”列表中选择的预设。

10.2.4 任务实施

（1）启动 3ds Max 2019，打开场景文件（云盘中的“场景 > 项目 10> 烟雾 .max”），如图 10-45 所示。渲染当前场景，可以看到场景中已经设置好了材质和灯光等。

（2）依次单击“创建” > “几何体” > “粒子系统” > “超级喷射”按钮，在“顶”视口中创建超级喷射粒子，如图 10-46 所示。

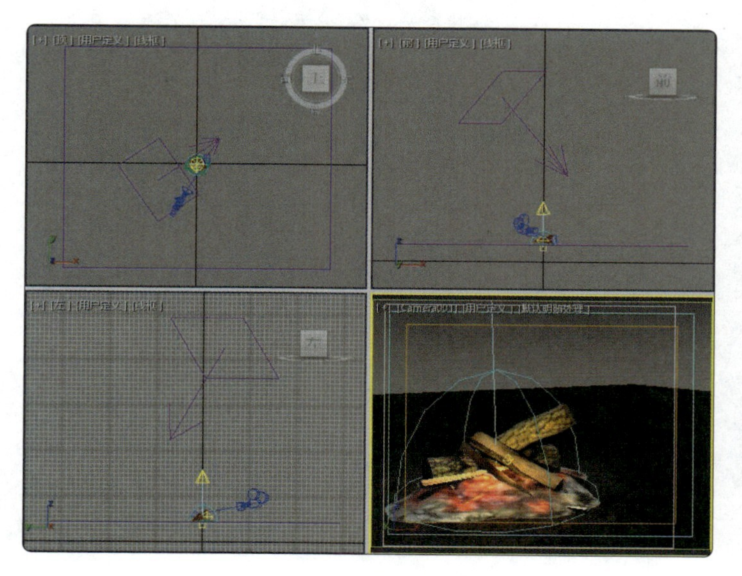

图 10-45

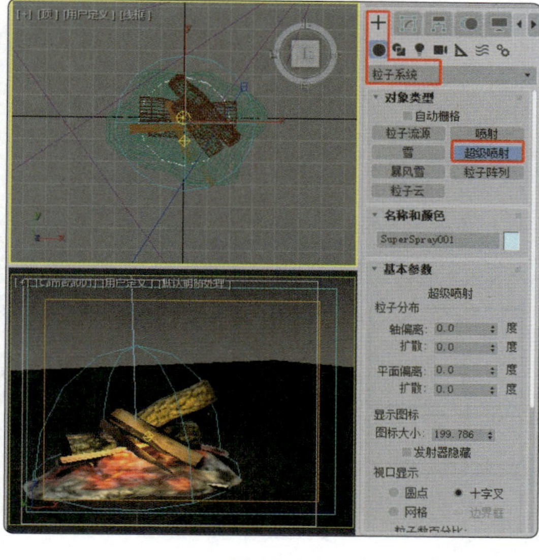

图 10-46

（3）切换到“修改”命令面板，在“基本参数”卷展栏中设置“轴偏离”为 4，“扩散”为 20，“平面偏移”为 127，“扩散”为 180；在“视口显示”卷展栏中选中“网格”选项，设置“粒子数百分比”为 100%；在“粒子生成”卷展栏中选中“使用速率”选项，设置其下方的参数为 1，设置“粒子运动”组中的“速度”为 10，“变化”为 0，设置“发射开始”为 -50，“发射停止”为 100，“显示时限”为 100，“寿命”为 100，“变化”为 0，设置“粒子大小”组中的“大小”为 60，“变化”为 0，“增长耗时”为 10，“衰减耗时”为 10；在“粒子类型”卷展栏的“粒子类型”组中选中“标准粒子”选项，在“标准粒子”组中选中“面”选项，如图 10-47 所示。

（4）打开“材质编辑器”窗口，选择一个新的材质样本球，在“贴图”卷展栏中为“漫反射颜色”指定“粒子年龄”贴图，将“粒子年龄”贴图拖曳到“自发光”右侧的“无贴图”按钮上，在弹出的对话框中选中“实例”选项；为“不透明度”指定“衰减”贴图，如图 10-48 所示。

（5）进入“漫反射颜色”的贴图层级面板，在“粒子年龄参数”卷展栏中设置“颜色 #1”的“红”“绿”“蓝”为 176、12、0，设置“颜色 #2”的“红”“绿”“蓝”为 86、55、30，设置“颜色 #3”的“红”“绿”“蓝”为 67、61、55，如图 10-49 所示。

（6）进入“不透明度”的贴图层级面板，在“衰减参数”卷展栏中选择“衰减类型”为 Fresnel，如图 10-50 所示。

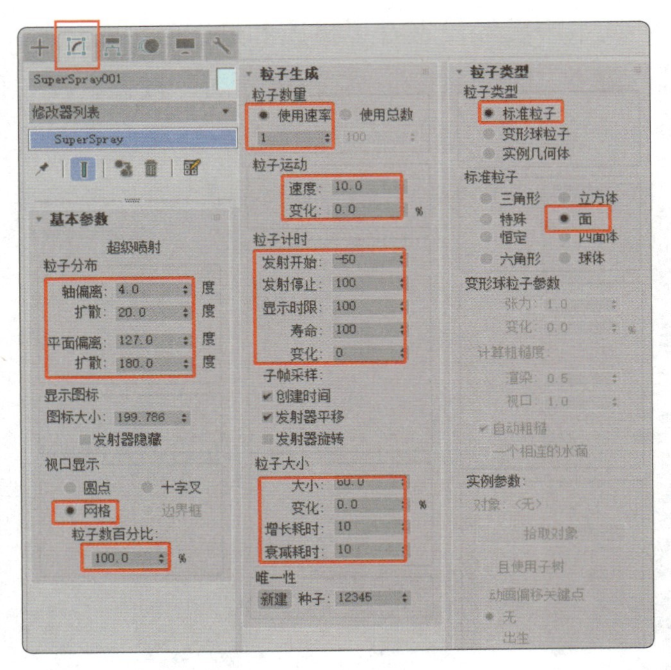

图 10-47

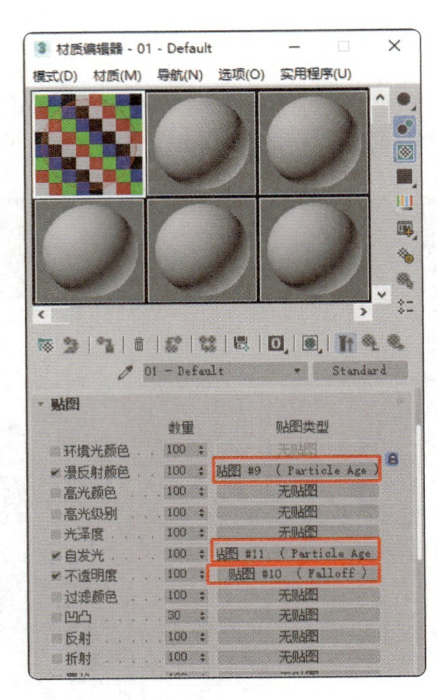

图 10-48

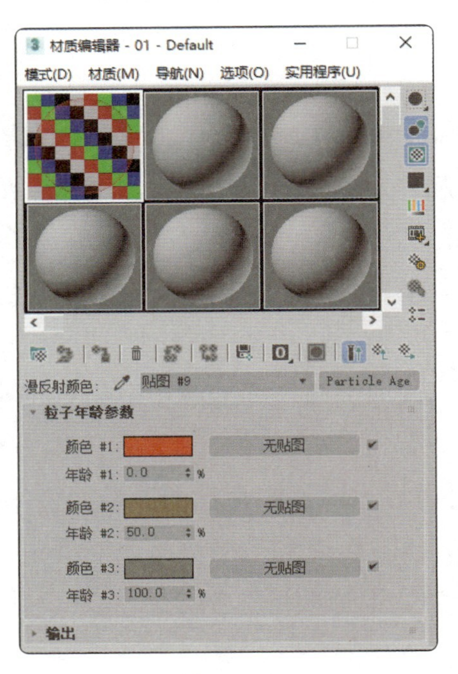

图 10-49

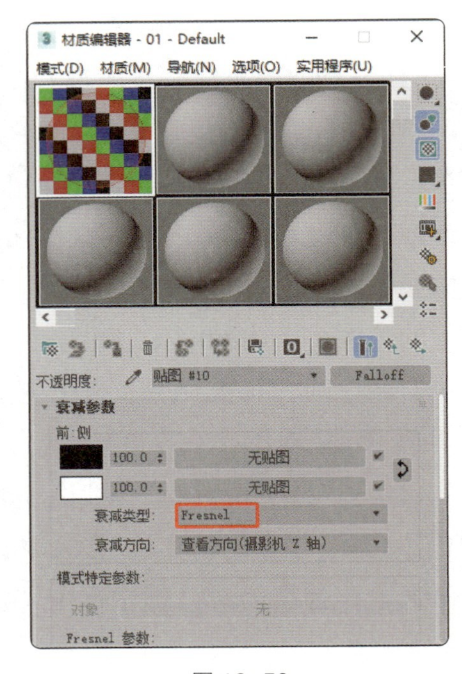

图 10-50

（7）依次单击“创建” > “空间扭曲” > “风”按钮，在场景中创建风空间扭曲，调整风空间扭曲的角度和位置，切换到“修改”命令面板，设置“强度”为 0.38，如图 10-51 所示。

（8）在工具栏中单击“绑定到空间扭曲”按钮，在场景中将粒子系统绑定到风空间扭曲上，如图 10-52 所示。

（9）调整风空间扭曲的角度，直到实现烟雾飘动的效果，如图 10-53 所示。

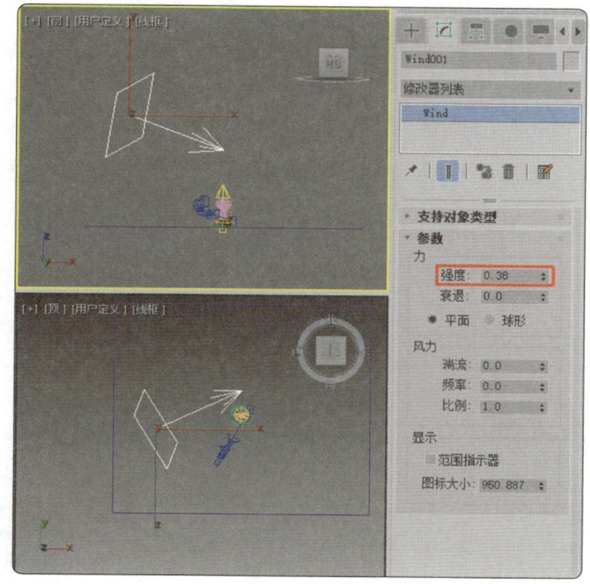

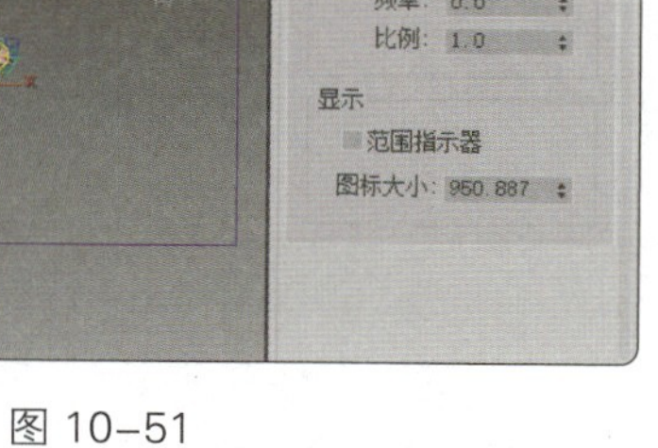

图 10-51

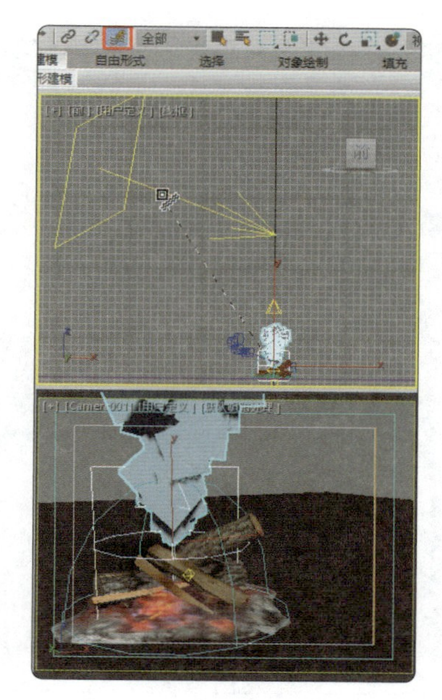

图 10-52

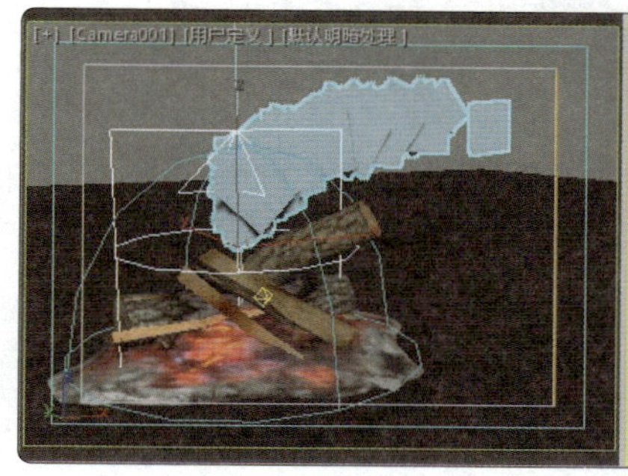
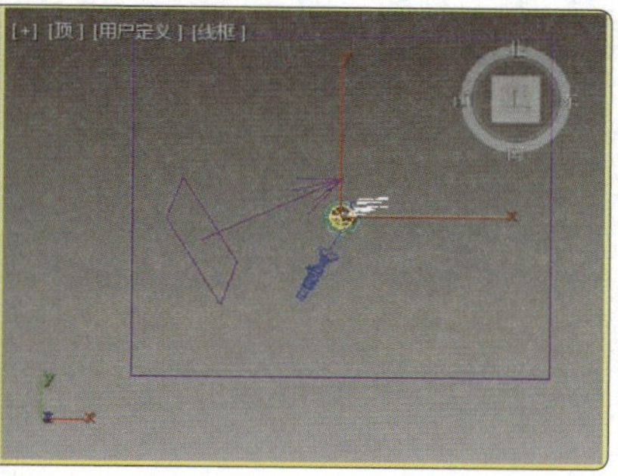

图 10-53

10.2.5 扩展实践：制作下雨动画

使用喷射粒子制作完成下雨的动画（最终效果参看云盘中的“场景 > 项目 10> 下雨 ok.max”，见图 10-54）。

图 10-54

任务 10.3 项目演练：制作手写字动画

本任务要求使用“粒子阵列”粒子系统，将粒子分布在几何体对象上，并结合使用“路径约束”控制器来制作手写字动画（最终效果参看云盘中的“场景 > 项目 10> 手写字 ok.max”，见图 10-55）。

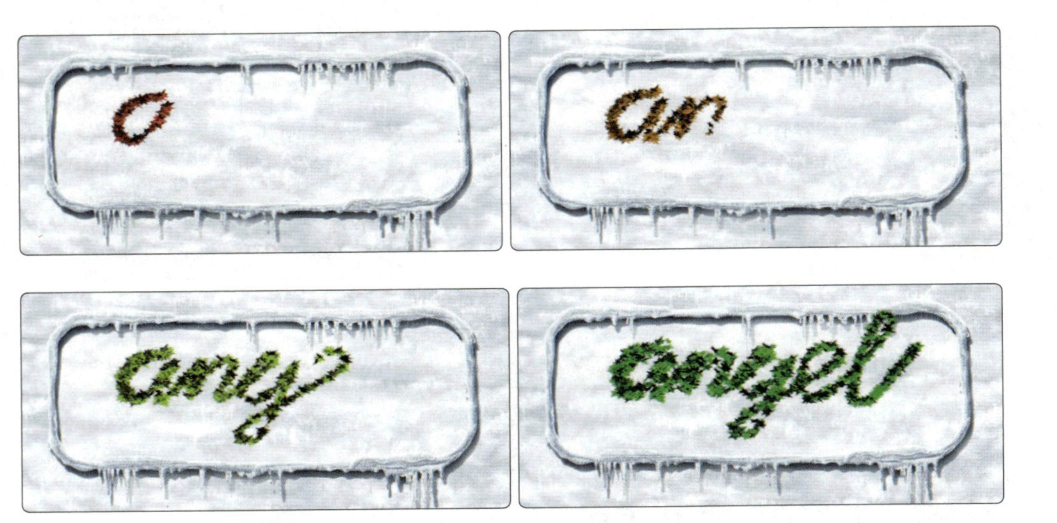

图 10-55

11

项目11

制作基础动画效果

——应用MassFX

3ds Max的MassFX插件提供了用于为项目添加真实物理模拟效果的工具集。通过本项目的学习，读者可以对MassFx插件有一个基本的认识。

学习引导

知识目标

- 了解“刚体”工具
- 了解“mCloth”工具

能力目标

- 掌握“刚体”工具的参数设置方法
- 掌握“mCloth”工具的参数设置方法

素养目标

- 培养对真实物理模拟效果的鉴赏能力

实训项目

- 制作保龄球碰撞动画
- 制作被风吹动的红旗动画

任务 11.1 制作保龄球碰撞动画

11.1.1 任务引入

本任务是制作保龄球碰撞的动画，要求展现出真实的碰撞效果。

11.1.2 设计理念

设计时，使用“刚体”工具制作保龄球碰撞的动画，需要设置模型的模拟几何体属性，设置完成后预览动画（最终效果参看云盘中的“场景 > 项目 11> 保龄球 ok.max”，见图 11-1）。

图 11-1

11.1.3 任务知识：“刚体”工具

◎ “刚体属性”卷展栏

“刚体属性”卷展栏如图 11-2 所示，其中主要选项的介绍如下。

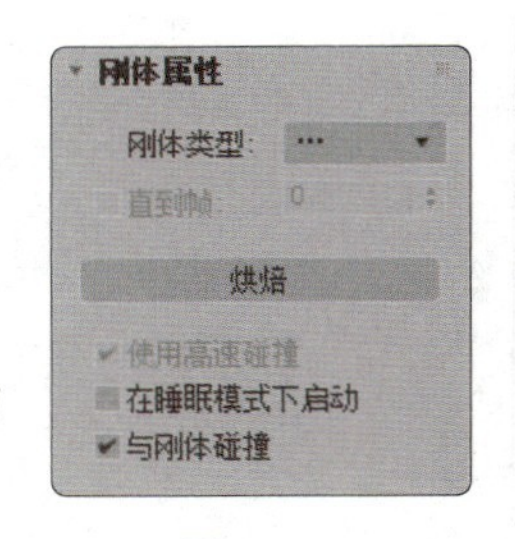

图 11-2

- 刚体类型：选择刚体的模拟类型。
- 直到帧：勾选该复选框，则 MassFX 会在指定帧处将选定的运动学刚体转换为动力学刚体。此选项仅在“刚体类型”设置为“运动学”时可用。
- 烘焙：将刚体的模拟运动转换为标准动画关键帧，以便进行渲染。此选项仅应用于动力学刚体。
- 使用高速碰撞：勾选该复选框，“使用高速碰撞”设置将应用于选定刚体。
- 在睡眠模式下启动：勾选该复选框，则刚体将使用世界睡眠设置在睡眠模式下开始进行模拟。
- 与刚体碰撞：该复选框（默认设置）后，刚体将与场景中的其他刚体发生碰撞。

◎“物理材质”卷展栏

“物理材质”卷展栏如图 11-3 所示，其中主要选项的介绍如下。

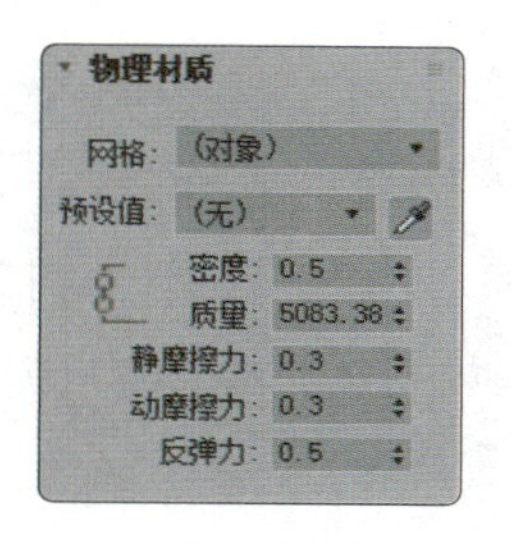

图 11–3

• 网格：可在下拉列表中选择要更改其材质参数的刚体的物理图形。在默认情况下，所有物理图形都使用名为“（对象）”的公用材质设置。只有“覆盖物理材质”复选框处于勾选状态的物理图形才会显示在该下拉列表中。

• 预设值：从下拉列表中选择一个预设，可以指定所有的物理材质属性（根据对象的密度和体积对刚体的质量进行重新计算）。选中预设时，不可编辑值；但是当预设设置为“（无）”时，可以编辑值。

• 密度：刚体的密度，单位为 g/cm^3（克每立方厘米）。这是国际单位（kg/m^3）中等价度量单位的千分之一。根据对象的体积，更改此值将自动计算对象的质量。

• 质量：刚体的重量，单位为 kg（千克）。根据对象的体积，更改此值将自动更新对象的密度。

• 静摩擦力：两个刚体开始互相滑动的难度系数。值为 0 表示无摩擦力（比聚四氟乙烯更滑），值为 1 表示有完全摩擦力（砂纸上的橡胶泥）。

• 动摩擦力：两个刚体保持互相滑动的难度系数。严格意义上来说，此选项称为“动摩擦系数”。值为 0 表示无摩擦力（比聚四氟乙烯更滑），值为 1 表示有完全摩擦力（砂纸上的橡胶泥）。

• 反弹力：对象撞击到其他刚体时反弹的轻松程度和高度。

◎“物理图形”卷展栏

在“物理图形”卷展栏（见图 11-4）中可以编辑在模拟过程中指定给某个对象的物理图形，其中主要选项的介绍如下。

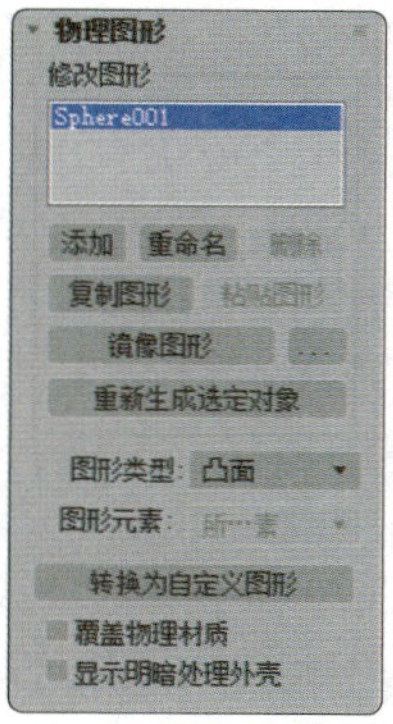

• 修改图形：显示组成刚体的所有物理图形。

• 添加：将新的物理图形应用于刚体。

• 重命名：更改高亮显示的物理图形的名称。

• 删除：将高亮显示的物理图形从刚体中删除。

• 复制图形：将高亮显示的物理图形复制到剪贴板中，以便之后进行粘贴。

• 粘贴图形：将之前复制的物理图形粘贴到当前刚体中。

• 镜像图形：围绕指定轴翻转物理图形。

图 11–4

• 按钮：单击该按钮会打开一个对话框，用于设置沿哪个轴对物理图形进行镜像，以及是使用局部轴还是使用世界轴。

• 重新生成选定对象：使列表中高亮显示的物理图形自适应图形网格的当前状态。

• 图形类型：物理图形的类型，其应用于“修改图形”列表中高亮显示的物理图形。

• 图形元素：使“修改图形”列表中高亮显示的物理图形适合在“图形元素”下拉列表中选择的元素。

• 转换为自定义图形：单击该按钮，将基于高亮显示的物理图形在场景中创建一个新的可编辑网格对象，并将物理图形的类型设置为“自定义”。

• 覆盖物理材质：在默认情况下，刚体中的每个物理图形使用“物理材质”卷展栏中的材质设置。

• 显示明暗处理外壳：勾选该复选框时，将物理图形作为明暗处理视口中的实体对象（而不是线框）进行渲染。

◎ “物理网格参数”卷展栏

根据具体的图形类型设置，“物理网格参数”卷展栏中的选项会有所不同，如图 11-5 所示。在大多数情况下，“凸面”是默认的物理图形类型。其中主要选项的介绍如下。

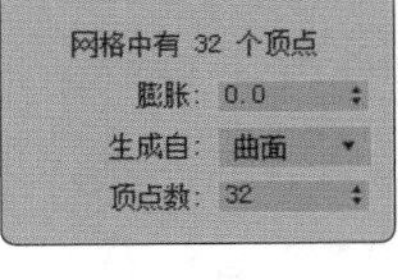

图 11-5

• 图形中有 # 个顶点：此只读字段显示了生成的凸面物理图形中的实际顶点数。

• 膨胀：将凸面物理图形从图形网格的顶点向外扩展（正值）或向内收缩（负值）的量。正值以世界单位计量，而负值基于缩减百分比。

• 生成自：选择创建凸面外壳的方法。

• 顶点数：设置凸面外壳的顶点数量。

◎ “力”卷展栏

可在“力”卷展栏（见图 11-6）中控制重力，然后将空间扭曲应用到刚体。其中主要选项的介绍如下。

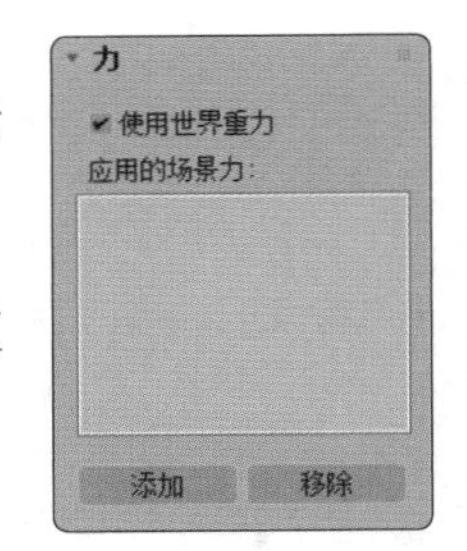

图 11-6

• 使用世界重力：取消勾选该复选框时，刚体仅使用此处设置的重力并忽略全局重力设置。勾选该复选框时，刚体将使用全局重力设置。

• 应用的场景力：列出场景中会影响对象的空间扭曲。单击“添加”按钮可以为对象应用一个空间扭曲。如果要防止应用的空间扭曲影响对象，则可在列表中选择空间扭曲，然后单击“移除”按钮。

• 添加：将场景中的空间扭曲应用给对象。在将空间扭曲添加到场景中后，请单击“添加”按钮，然后单击视口中的空间扭曲。

• 移除：可防止应用的空间扭曲影响对象。先在列表中选择空间扭曲，然后单击“移除”按钮。

◎ “高级”卷展栏

“高级”卷展栏如图 11-7 所示，其中主要选项的介绍如下。

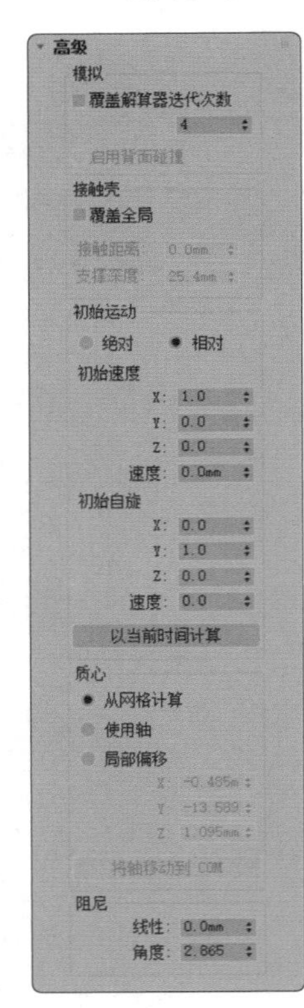

图 11-7

• 覆盖解算器迭代次数：如果勾选该复选框，则 MassFX 将为刚体使用在此处指定的解算器迭代次数设置，而不使用全局设置。

• 启用背面碰撞：仅用于静态刚体。如果为凹面静态刚体指定了原始图形类型，则勾选该复选框可确保模拟过程中的动力学对象与其背面发生碰撞。

• 覆盖全局：如果勾选该复选框，则 MassFX 将为选定刚体使用在此处指定的碰撞重叠设置，而不使用全局设置。

• 接触距离：允许移动刚体重叠的距离。

• 支撑深度：允许支撑刚体重叠的距离。当使用捕获变换操作设置刚体在模拟过程中的初始位置时，此选项可以发挥作用。

• 绝对 / 相对：此选项只适用于刚开始时为运动学类型（通常已设置动画），之后在指定帧处（通过“刚体属性”卷展栏中的“直到帧”选项指定）切换为动力学类型的刚体。

• 初始速度：刚体在变为动态类型时的起始方向和速度。

• 初始自旋：刚体在变为动态类型时旋转的起始轴和速度。

• 以当前时间计算：适用于设置了动画的运动学刚体。确定设置了动画的刚体在当前帧处的运动值，然后将“初始速度”和“初始自旋”设置为这些值。

• 从网格计算：基于刚体对应的几何体自动为刚体确定合适的质心。

• 使用轴：使用对象的轴作为其质心。

• 局部偏移：用于设置作用力的轴心的 x 轴、y 轴和 z 轴位于对象轴的距离。

• 将轴移动到 COM：重新将对象的轴定位在“局部偏移”下的“X”“Y”“Z”值指定的质心处。该按钮仅在“局部偏移”选项处于选中状态时可用。

• 线性：为减慢移动对象的移动速度而施加的力的大小。

• 角度：为减慢旋转对象的旋转速度而施加的力的大小。

11.1.4 任务实施

（1）启动 3ds Max 2019，打开场景文件（云盘中的“场景 > 项目 11> 保龄球 .max”），场景中已创建了模型、灯光、摄影机，下面为场景中的保龄球模型设置刚体动画，如图 11-8 所示。

（2）在工具栏中的空白处单击鼠标右键，在弹出的快捷菜单中选择“MassFX 工具栏”，显示 MassFX 工具栏，如图 11-9 所示。

（3）选择保龄球模型，在 MassFX 工具栏中单击“将选定项设置为动力学刚体”按钮，在修改器堆栈中选择 MassFX Rigid Body 修改器，如图 11-10 所示。

（4）在“刚体属性”卷展栏中选择“刚体类型”为“运动学”，如图 11-11 所示。

（5）在场景中选择所有的瓶子模型，在 MassFX 工具栏中单击“将选定项设置为动力学刚体”按钮，为它们添加 MassFX Rigid Body 修改器，在“刚体属性”卷展栏中选择“刚体类型”为“动力学”，如图 11-12 所示。

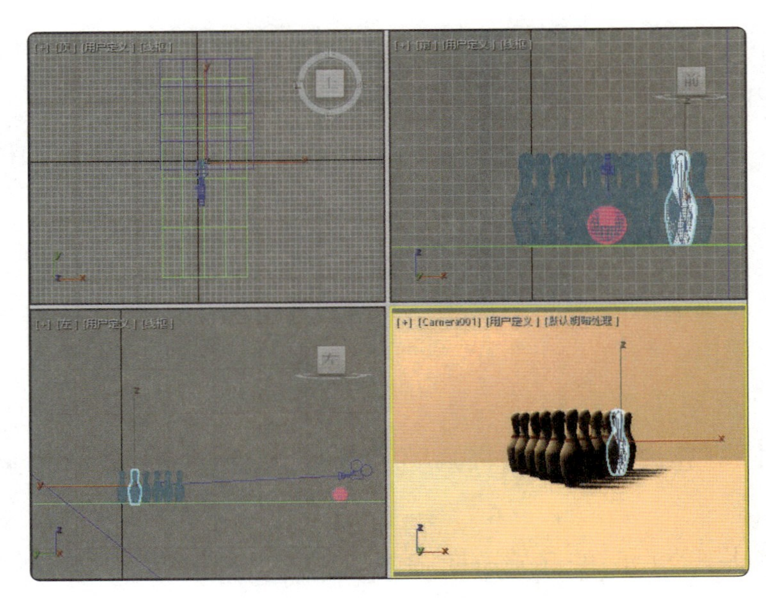

图 11-8

图 11-9

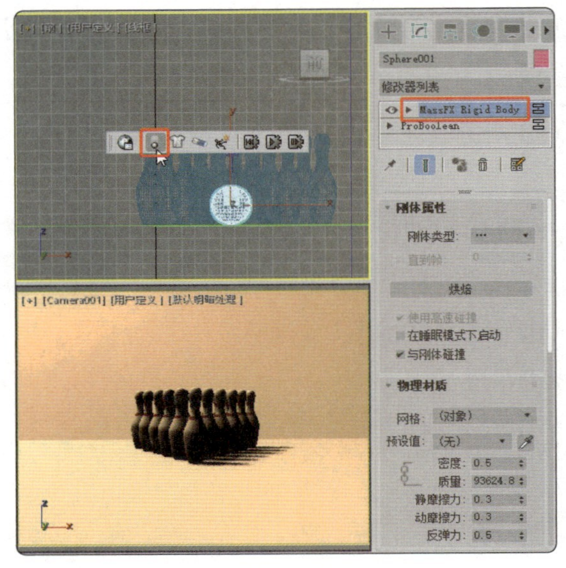

图 11-10

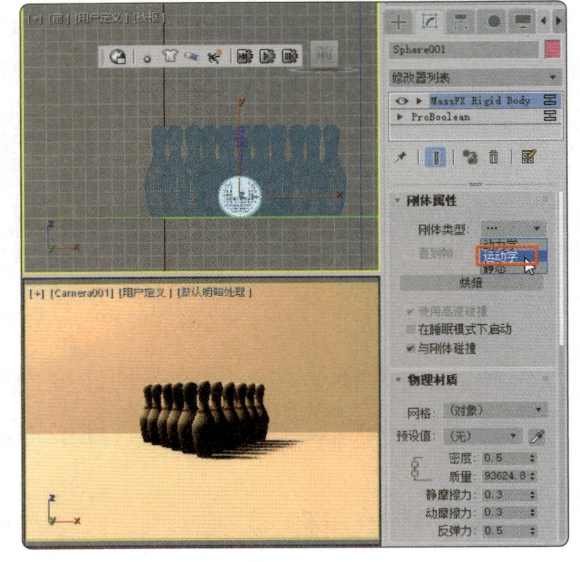

图 11-11

（6）在场景中创建线，将其作为保龄球模型运动的路径，如图 11-13 所示。

（7）切换到“运动”命令面板，在“指定控制器”卷展栏中选择“位置 : 位置列表”选项，单击按钮，在弹出的对话框中选择“路径约束”控制器，单击“确定”按钮，如图 11-14 所示。

（8）在“路径参数”卷展栏中单击“添加路径”按钮，在场景中拾取路径，勾选“跟随”复选框，勾选“允许翻转”复选框，选中“X”选项，如图 11-15 所示。

（9）在 MassFX 工具栏中单击“世界参数”按钮，打开“MassFX 工具”窗口，在其中单击“模拟工具”选项卡，单击“模拟”卷展栏中的“烘焙所有”按钮，如图 11-16 所示。

烘焙动画后，拖动时间滑块可以观看动画，如图 11-17 所示，最后可以对场景动画进行渲染输出。

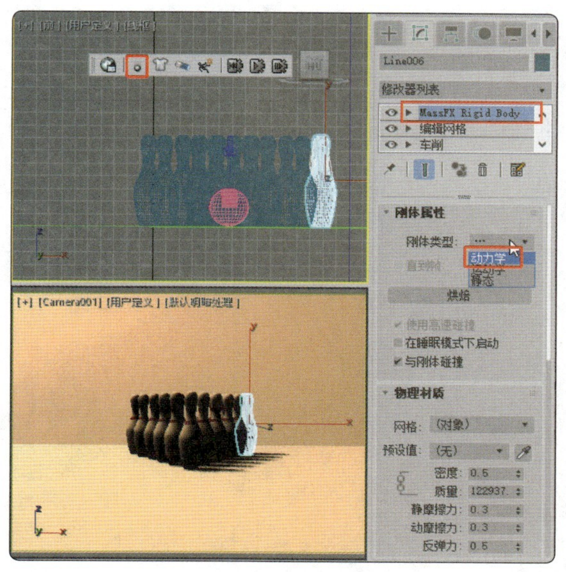

图 11-12

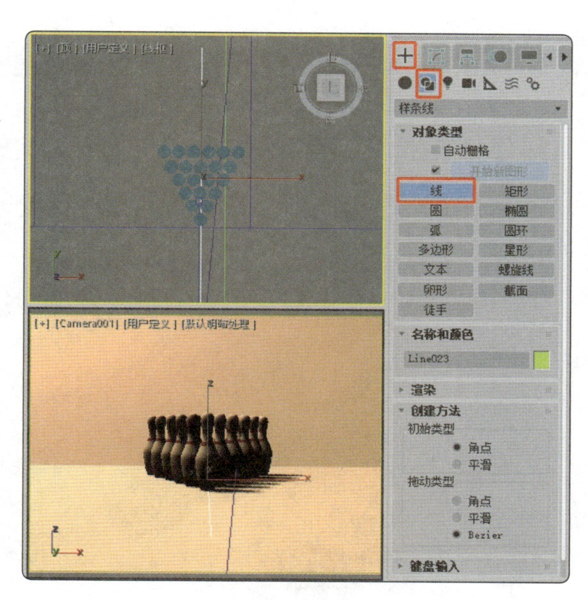

图 11-13

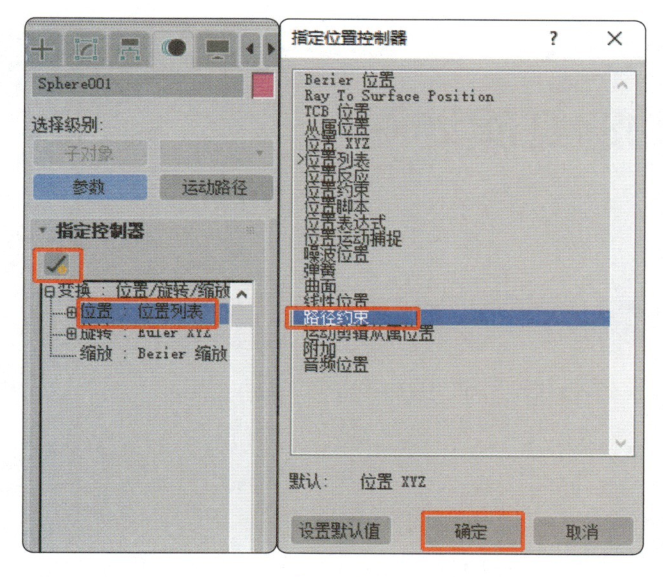

图 11-14

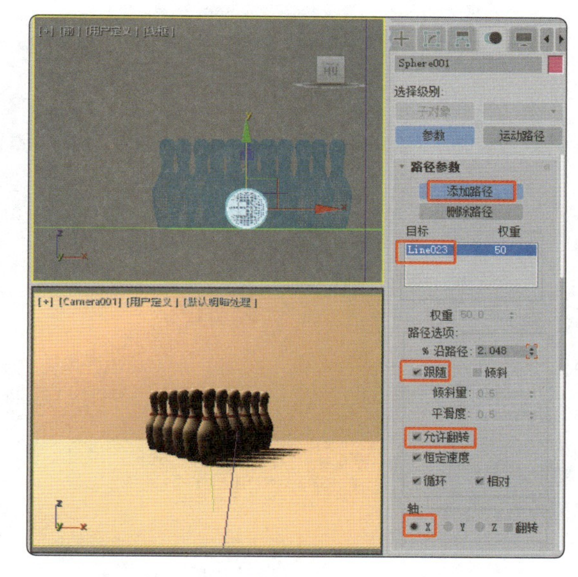

图 11-15

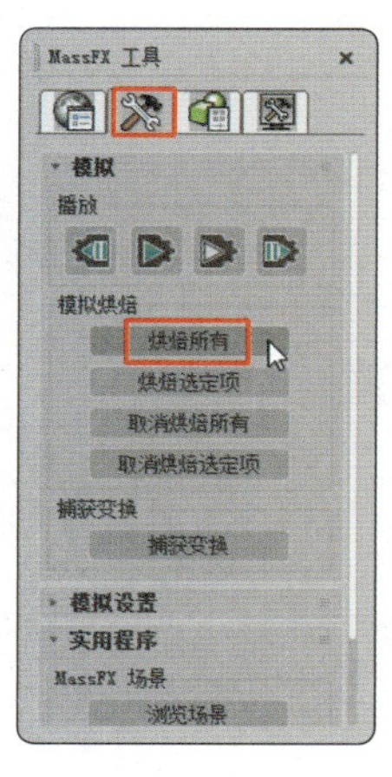

图 11-16

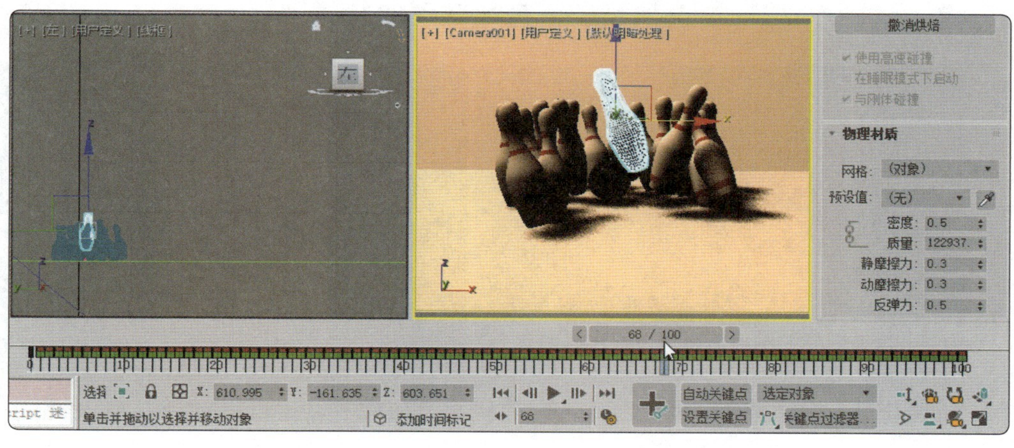

图 11-17

11.1.5 扩展实践：制作掉在地板上的球动画

制作掉在地板上的球的动画，制作方法与保龄球碰撞动画的制作方法基本相同，其中还要设置模型的“质量”参数（最终效果参看云盘中的“场景 > 项目 11> 掉在地板上的球 ok.max”，见图 11-18）。

图 11-18

任务 11.2 制作被风吹动的红旗动画

11.2.1 任务引入

本任务是制作被风吹动的红旗的动画，要求红旗能受风力影响自然摆动。

11.2.2 设计理念

设计时，使用“mCloth”修改器与风空间扭曲进行被风吹动的红旗动画的制作（最终效果参看云盘中的“场景 > 项目 11> 被风吹动的红旗 ok.max”，见图 11-19）。

图 11-19

11.2.3 任务知识：“mCloth”工具

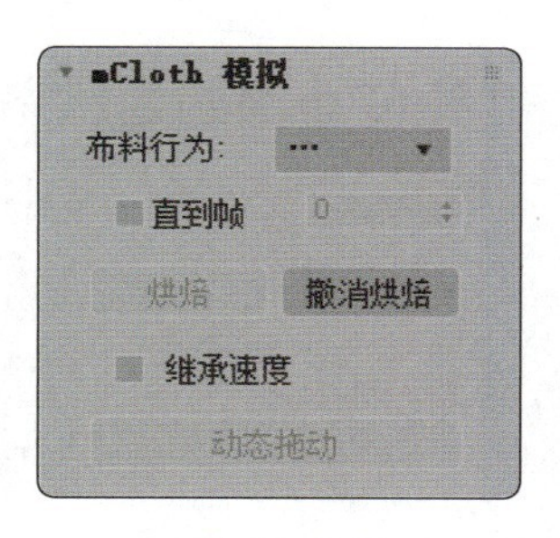

图 11-20

mCloth 是一种特殊版本的布料修改器。

◎ “mCloth 模拟”卷展栏

“mCloth 模拟”卷展栏如图 11-20 所示，其中主要选项的介绍如下。

• 布料行为：确定 mCloth 对象如何参与模拟，有“动力学”和“运动学”两种方式。

• 动力学：mCloth 对象的运动影响模拟过程中其他对象的运动，它也受这些对象的运动的影响。

• 运动学：mCloth 对象的运动影响模拟过程中其他对象的运动，但它不受这些对象的运动的影响。

• 直到帧：勾选该复选框时，MassFX 会在指定帧处将选定的运动学 mCloth 对象转换为动力学 mCloth 对象。仅在将“布料行为”设置为“运动学”时才可用。

• 烘焙、撤消烘焙：可以将 mCloth 对象的模拟运动转换为标准动画关键帧，以便进行渲染。仅适用于动力学 mCloth 对象。

• 继承速度：勾选该复选框后，将使用堆栈中此修改器下的动画中的顶点速度开始模拟布料。

• 动态拖动：不使用动画即可进行模拟，且允许拖动 mCloth 对象以设置其姿势或测试行为。

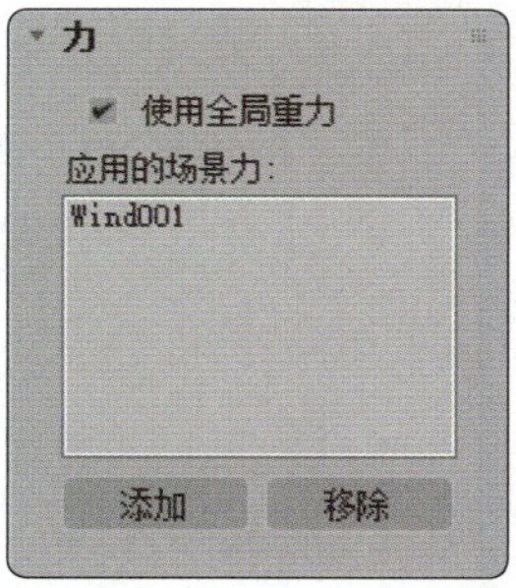

◎ “力”卷展栏

在“力”卷展栏（见图 11-21）中可以控制重力，以及将力空间扭曲应用于 mCloth 对象。其中主要选项的介绍如下。

图 11-21

• 使用全局重力：勾选该复选框后，mCloth 对象将使用 MassFX 全局重力设置。

• 应用的场景力：列出场景中影响对象的空间扭曲。单击“添加”按钮，可将空间扭曲应用于对象。如果要防止应用的空间扭曲影响对象，则可在列表中选择它，然后单击“移除”按钮。

• 添加：将场景中的空间扭曲应用给对象。将空间扭曲添加到场景中后，请单击“添加”按钮，然后单击视口中的空间扭曲。

• 移除：可防止应用的空间扭曲影响对象。先在列表中选择它，然后单击“移除”按钮。

◎ “捕获状态”卷展栏

“捕获状态”卷展栏如图 11-22 所示，其中主要选项的介绍如下。

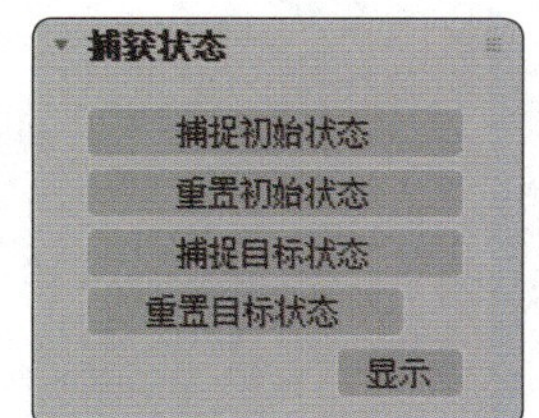

图 11-22

• 捕捉初始状态：将所选 mCloth 对象缓存的第一帧更新到当前位置。

• 重置初始状态：将所选 mCloth 对象的状态还原为应用修改器堆栈中的 mCloth 之前的状态。

• 捕捉目标状态：抓取 mCloth 对象的当前状态，并使用网格来定义三角形之间的目标弯曲角度。

• 重置目标状态：将默认弯曲角度重置为堆栈中 mCloth 修改器下面的网格。

• 显示：显示 mCloth 对象的当前目标状态，即所需的弯曲角度。

◎“纺织品物理特性”卷展栏

“纺织品物理特性”卷展栏如图 11-23 所示，其中主要选项的介绍如下。

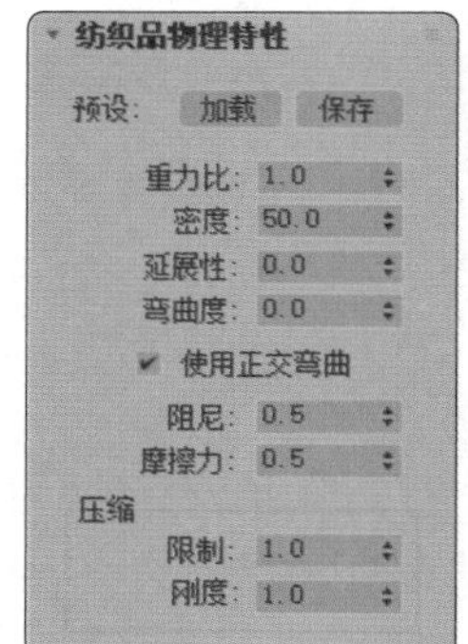

图 11-23

• 加载：单击该按钮，可打开“mCloth 预设”对话框，用于从保存的文件中加载“纺织品物理特性”设置。

• 保存：单击该按钮可打开一个对话框，用于将“纺织品物理特性”设置保存到预设文件中。输入预设名称，然后按 Enter 键或单击“确定”按钮即可。

• 重力比：“使用全局重力”复选框处于勾选状态时重力的倍增值。使用此选项可以模拟湿布料或重布料的效果。

• 密度：布料的权重，以克每平方厘米为单位。

• 延展性：拉伸布料的难易程度。

• 弯曲度：折叠布料的难易程度。

• 使用正交弯曲：计算弯曲角度，而不计算弹力。在某些情况下，该方法更准确，但模拟时间更长。

• 阻尼：布料的弹性，会影响在摆动或捕捉后布料还原到基准位置需经历的时间。

• 摩擦力：布料在与其自身或其他对象发生碰撞时抵制滑动的程度。

• 限制：布料可以压缩或折皱的程度。

• 刚度：布料抵制压缩或折皱的程度。

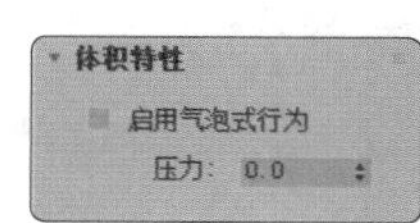

图 11-24

◎“体积特性”卷展栏

“体积特性”卷展栏如图 11-24 所示，其中主要选项的介绍如下。

• 启用气泡式行为：用于模拟封闭的体积对象，如轮胎或垫子。

• 压力：设置充气 mCloth 对象的空气体积或坚固性。

◎“交互”卷展栏

“交互”卷展栏如图 11-25 所示，其中主要选项的介绍如下。

• 自相碰撞：勾选该复选框后，mCloth 对象将尝试阻止自相交。

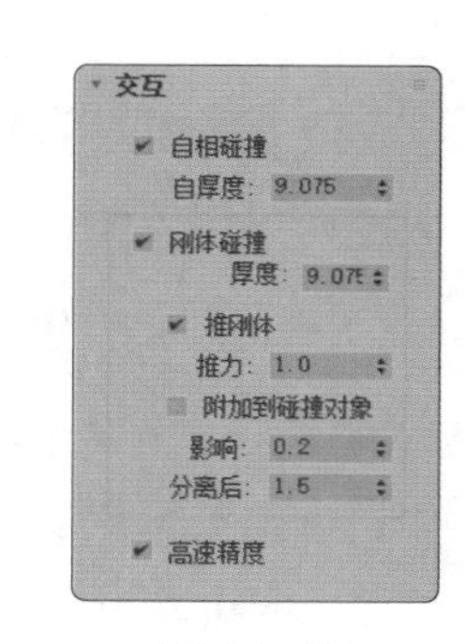

图 11-25

• 自厚度：自碰撞的 mCloth 对象的厚度。如果布料自相交，则可以尝试增大该值。

• 刚体碰撞：勾选该复选框后，mCloth 对象可以与模拟中的刚体发生碰撞。

• 厚度：与模拟中的刚体发生碰撞的 mCloth 对象的厚度。如果有其他刚体与布料相交，则可以尝试增大该值。

• 推刚体：勾选该复选框后，mCloth 对象可以影响与其发生碰撞的刚体的运动。

• 推力：mCloth 对象对与其发生碰撞的刚体施加的推力的强度。

• 附加到碰撞对象：勾选该复选框后，mCloth 对象会附加到与其发生碰撞的对象上。

• 影响：mCloth 对象对其附加到的对象产生的影响。

• 分离后：与碰撞对象分离前布料的拉伸量。

• 高速精度：勾选该复选框后，mCloth 对象将使用更准确的碰撞检测方法，但这样会降低模拟速度。

◎“撕裂”卷展栏

“撕裂”卷展栏如图 11-26 所示，其中主要选项的介绍如下。

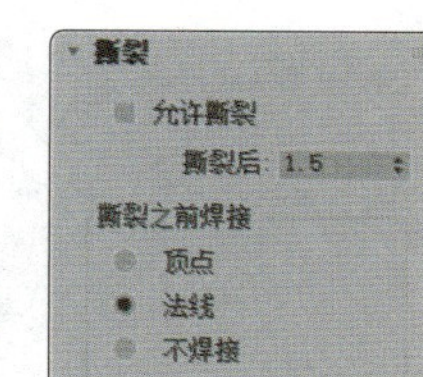

图 11-26

• 允许撕裂：勾选该复选框后，布料中的预定义撕裂部分将在受到充足的力时被撕裂。

• 撕裂后：布料在被撕裂前可以拉伸的量。

• 撕裂之前焊接：选择在撕裂前 MassFX 如何处理预定义撕裂部分。

▲ 顶点：分隔顶点前在预定义撕裂部分中焊接（合并）顶点，以更改拓扑结构。

▲ 法线：沿预定义的撕裂部分对齐边上的法线，将它们混合在一起。该选项会保留原始拓扑结构。

▲ 不焊接：不对撕裂边进行焊接或混合操作。

◎“可视化”卷展栏

“可视化”卷展栏如图 11-27 所示，其中主要选项的介绍如下。

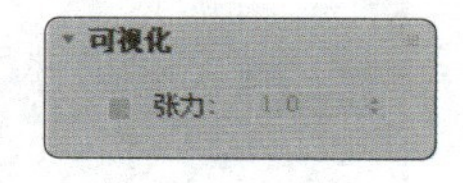

图 11-27

• 张力：勾选该复选框后，将通过为顶点着色的方法显示纺织品中的压缩和拉伸的布料。拉伸的布料以红色表示，压缩的布料以蓝色表示，其他布料以绿色表示。

◎“高级”卷展栏

“高级”卷展栏如图 11-28 所示，其中主要选项的介绍如下。

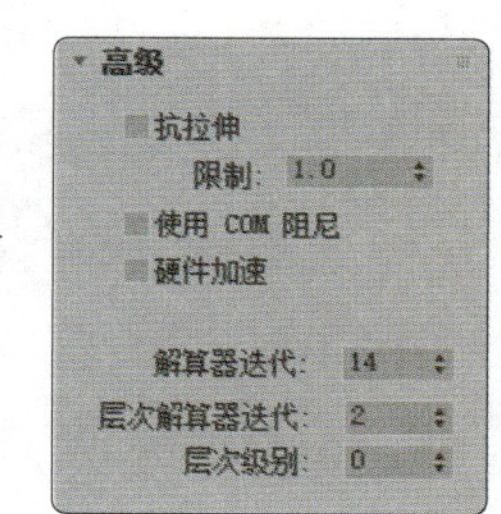

图 11-28

• 抗拉伸：勾选该复选框后，可防止“解算器迭代”数值较低的布料被过度拉伸。

• 限制：允许过度拉伸的范围。

• 使用 COM 阻尼：影响阻尼，但使用质心，从而获得更硬的布料。

• 硬件加速：勾选该复选框后，将使用 GPU 进行模拟。

• 解算器迭代：每个循环周期内解算器执行的迭代次数。使用较大值可以提高布料的稳定性。

• 层次解算器迭代：层次解算器的迭代次数。在 mCloth 对象中，“层次”指的是在特定顶点上施加的力传播到其相邻顶点的次数。此处使用较大值可提高传播的精度。

• 层次级别：力从一个顶点传播到其相邻顶点的速度。增大该值可加快力在布料上扩散的速度。

11.2.4 任务实施

（1）启动 3ds Max 2019，在“顶”视口中创建圆柱体作为旗杆模型，如图 11-29 所示。

（2）在“顶”视口中创建球体，为其设置合适的参数，如图 11-30 所示。

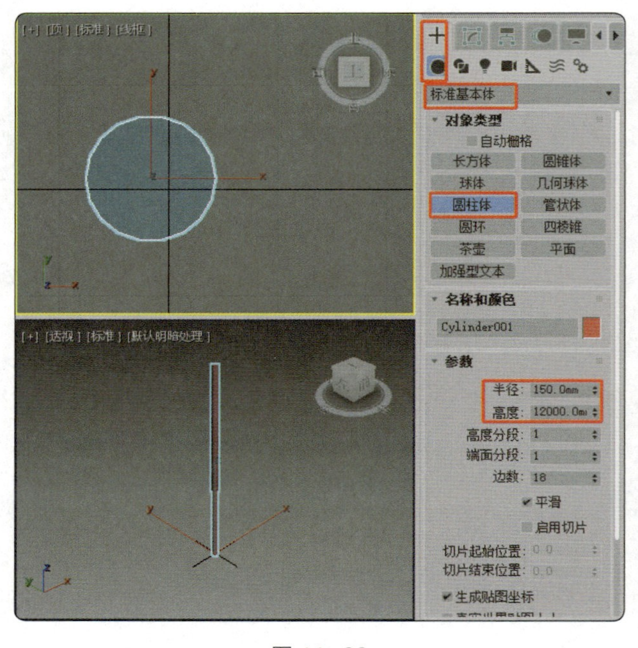

图 11–29

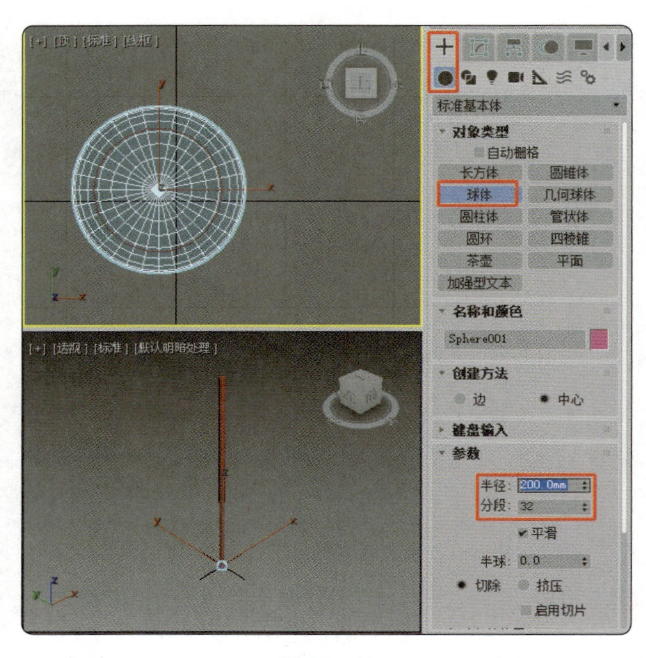

图 11–30

（3）在“前”视口中创建平面，作为红旗模型，为其设置合适的分段数，这里设置的分段数越多，模拟的布料效果就越细腻，具体的参数设置如图 11-31 所示。在场景中组合并调整模型到合适的位置。

（4）在场景中选择红旗模型，在 MassFX 工具栏中单击“mCloth”按钮，为其添加“mCloth”修改器，如图 11-32 所示。

（5）将选择集定义为“顶点”，在场景中选择与旗杆模型连接的一组顶点，在“组”卷展栏中单击“设定组”按钮，在弹出的对话框中单击“确定”按钮，如图 11-33 所示。

（6）设定组后，单击“枢轴”按钮，将其设置为固定轴，如图 11-34 所示。

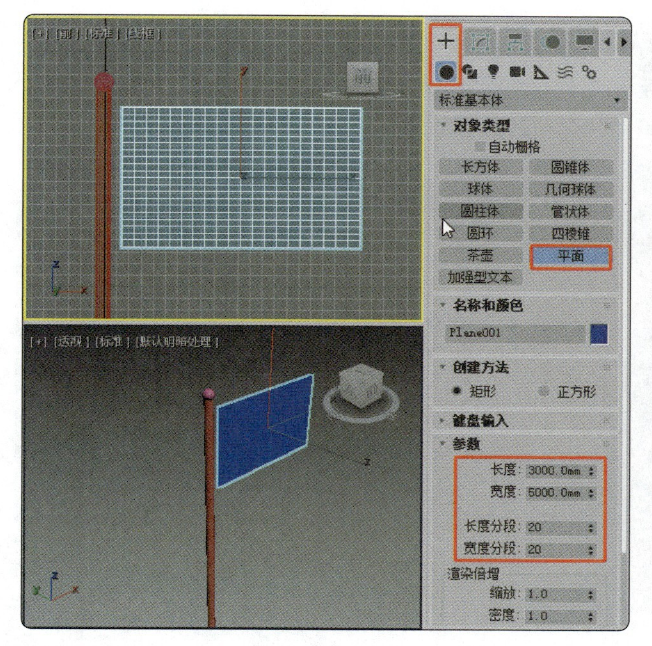

图 11-31

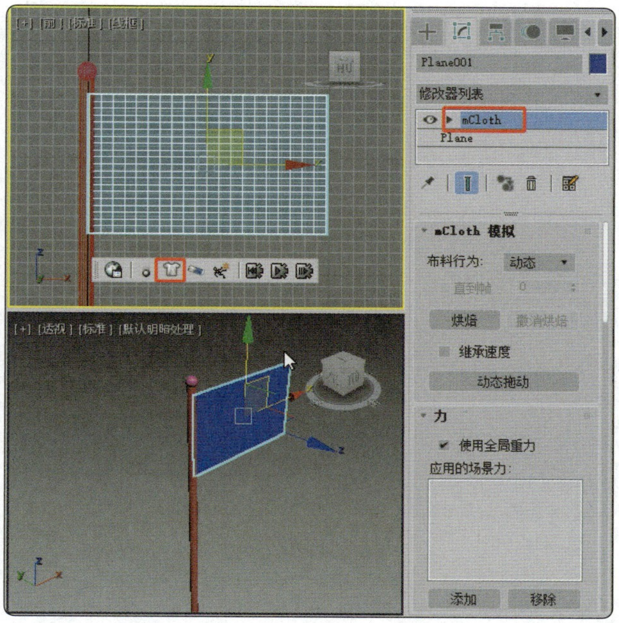

图 11-32

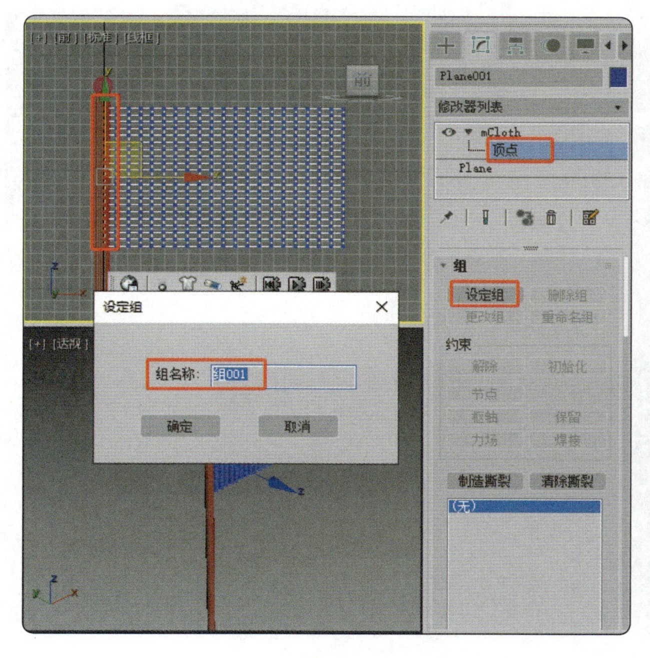

图 11-33

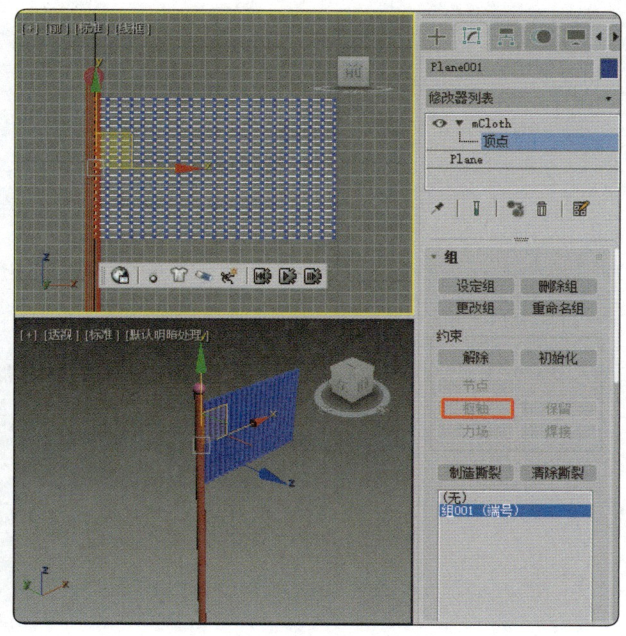

图 11-34

（7）在“左”视口中创建风空间扭曲，在“参数”卷展栏中设置“强度”为 20，“衰退”为 0，“湍流”为 2，“频率”为 5，“比例”为 1，如图 11-35 所示。

（8）在场景中调整风空间扭曲的位置，打开“自动关键点”模式，拖动时间滑块到第 20 帧处，在“顶”视口中旋转风空间扭曲，如图 11-36 所示。

（9）拖动时间滑块到第 50 帧处，旋转风空间扭曲，如图 11-37 所示。

（10）拖动时间滑块到第 70 帧处，旋转风空间扭曲，如图 11-38 所示。

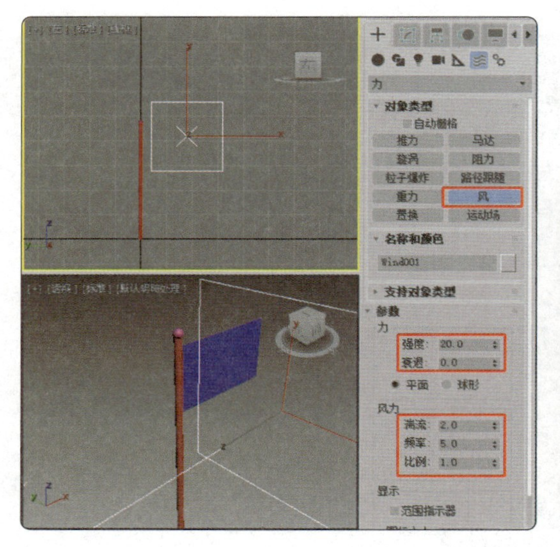

图 11-35

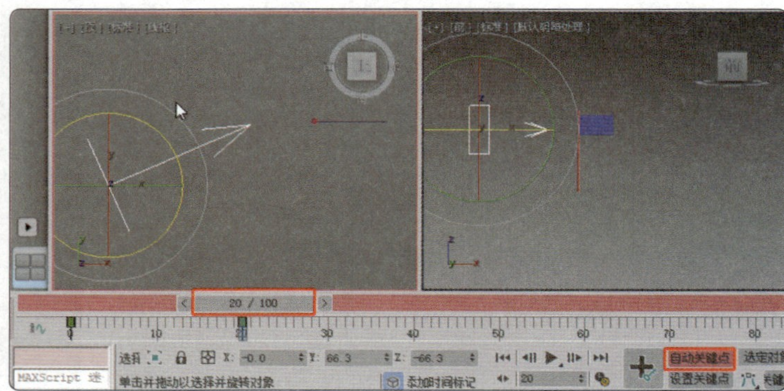

图 11-36

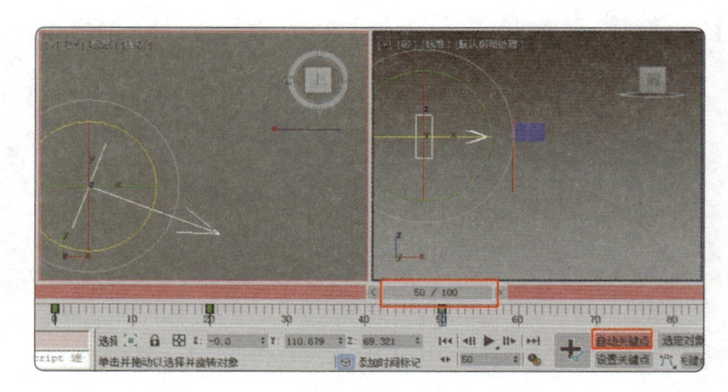

图 11-37

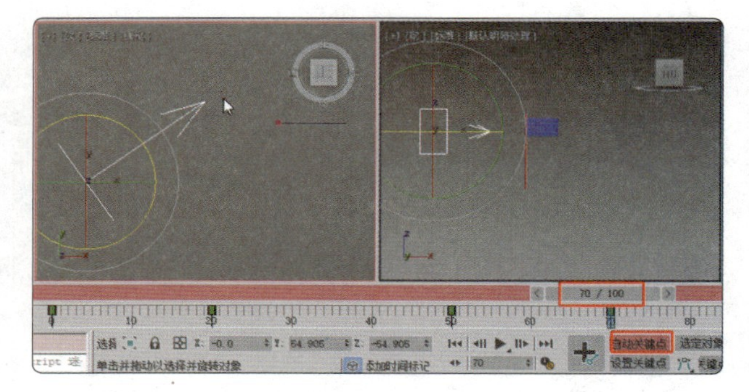

图 11-38

（11）拖动时间滑块到第 90 帧处，旋转风空间扭曲，如图 11-39 所示。

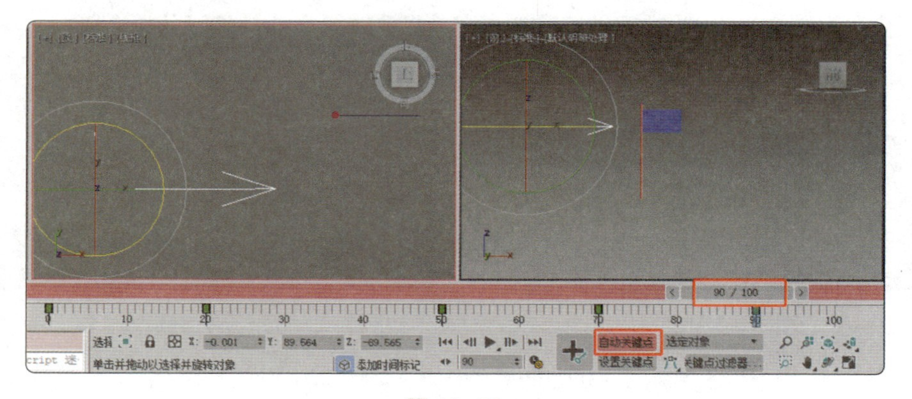

图 11-39

（12）在场景中选择平面，在“力”卷展栏中单击“添加”按钮，拾取场景中的风空间扭曲，如图 11-40 所示。

（13）在 MassFX 工具栏中单击“世界参数”按钮，打开“MassFX 工具”窗口，在其中单击“模拟工具”选项卡，单击“模拟”卷展栏中的“烘焙所有”按钮，如图 11-41 所示。

（14）设置动画后，可以为场景中的模型设置材质，并为环境指定一张天空贴图。最后对场景动画进行渲染输出，这里就不详细介绍了。

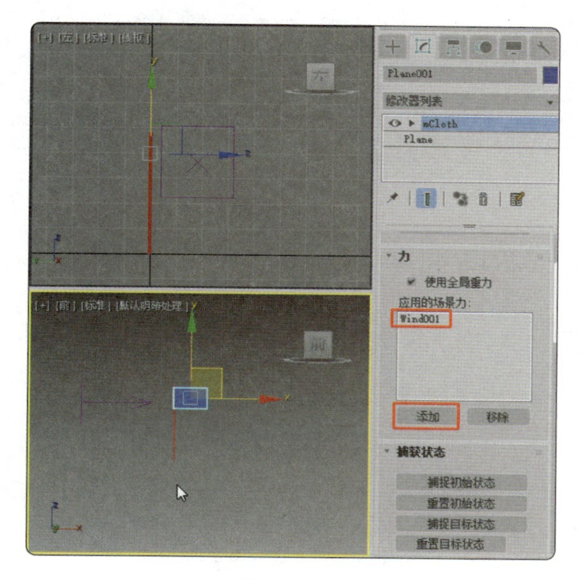

图 11-40

图 11-41

11.2.5　扩展实践：制作风吹窗帘动画

使用“mColth”修改器与风空间扭曲制作被风吹动的窗帘的动画（最终效果参看云盘中的“场景 > 项目 11> 风吹窗帘 ok.max”，见图 11-42）。

图 11-42

任务 11.3　项目演练：制作掉落的玩具动画

本任务要求使用“刚体”工具来制作掉落的玩具动画（最终效果参看云盘中的“场景 > 项目 11> 掉落的玩具 ok.max”，见图 11-43）。

图 11-43

微课

制作掉落的玩具动画

12

项目12

制作基础动画效果

——环境特效动画

本项目将详细讲解3ds Max 2019中常用的“环境和效果”对话框。使用“环境和效果”对话框不但可以设置背景和背景贴图，还可以模拟现实生活中对象被特定环境围绕的现象，如雾、火苗等。通过本项目的学习，读者可以掌握3ds Max 2019环境特效动画的制作方法和应用技巧。

学习引导

知识目标

- 了解常用的“环境和效果”对话框
- 了解镜头效果

能力目标

- 掌握“环境和效果”对话框的使用方法
- 掌握镜头效果参数的设置方法

素养目标

- 培养对环境特效动画的鉴赏能力

实训项目

- 制作燃烧的火堆效果
- 制作太阳耀斑效果

任务 12.1　制作燃烧的火堆效果

12.1.1　任务引入

本任务是制作燃烧的火堆效果，要求体现出火焰的跃动感。

12.1.2　设计理念

设计时，结合使用大气效果中的火效果和泛光灯来完成燃烧的火堆效果的制作（最终效果参看云盘中的“场景 > 项目 12> 火堆 ok.max”，见图 12-1）。

图 12–1

12.1.3　任务知识：“环境和效果”对话框

在菜单栏中选择“渲染 > 效果”命令，即可打开“环境和效果”对话框，如图 12-2 所示。

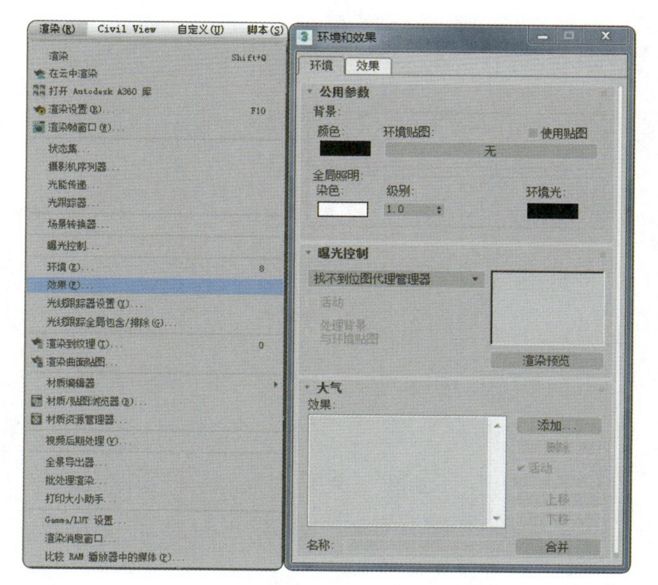

图 12–2

◎ “公用参数”卷展栏

“公用参数”卷展栏如图 12-3 所示，其中主要选项的介绍如下。

• 背景：在该组中可以设置背景的效果。

▲ 颜色：通过颜色选择器指定背景颜色。

▲ 环境贴图：单击其下的“无”按钮，可以打开“材质 / 贴图浏览器”对话框，再从中选择相应的贴图。

▲ 使用贴图：当将指定的贴图作为背景后，该复选框会自动被勾选。

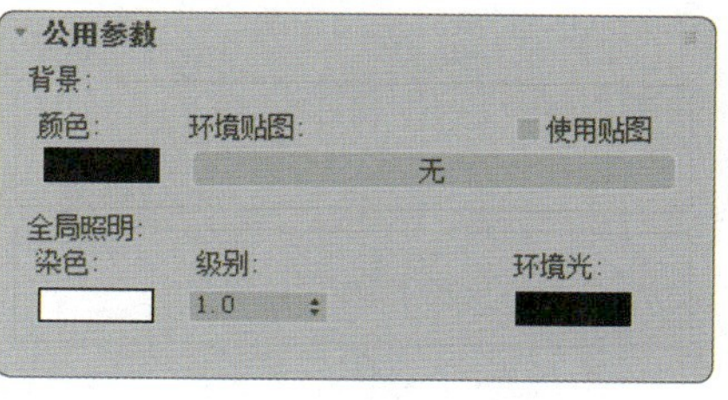

图 12–3

• 全局照明：该组中的选项主要用来对整个场景的环境光进行调节。

▲ 染色：对场景中的所有灯光进行染色处理。默认设置为白色，即不进行染色处理。

▲ 级别：影响场景中全部灯光的强度。值为 1 时，不对场景中的灯光强度产生影响；值大于 1 时，整个场景中的灯光都会被增强；值小于 1 时，整个场景中的灯光都会被减弱。

▲ 环境光：设置环境光的颜色，环境光与其他灯光无关，它不属于定向光源，类似现实生活中的空气中的漫射光。默认设置为黑色，即没有环境光，这样材质会完全受到可视灯光的影响。同时，在“材质编辑器”窗口中，材质的“环境光”属性也没有任何作用；当指定了环境光后，材质的“环境光”属性会根据当前的环境光设置对材质产生影响，最明显的效果是材质的暗部不是黑色的，而会增加环境光的颜色。环境光的范围尽量不要设置得太广，因为这样会降低图像的饱和度，使材质效果变得平淡而发灰。

◎“曝光控制”卷展栏

“曝光控制”卷展栏如图12-4所示，其中主要选项的介绍如下。

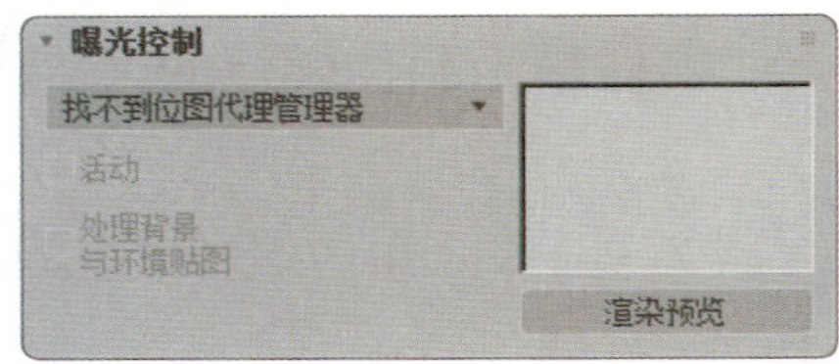

图 12-4

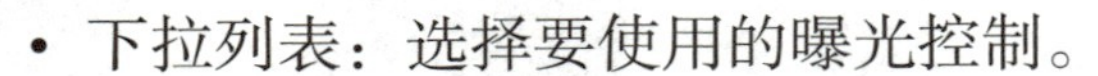

• 下拉列表：选择要使用的曝光控制。

• 活动：勾选该复选框后，在渲染时使用选择的曝光控制；取消勾选该复选框后，不使用选择的曝光控制。

• 处理背景与环境贴图：勾选该复选框后，场景中的背景贴图和环境贴图会受曝光控制的影响；取消勾选该复选框后，它们将不受曝光控制的影响。

• 预览窗口：显示应用了“活动”曝光控制的场景的预览图。渲染预览图后，再更改曝光控制，将进行交互式更新。

• 渲染预览：单击该按钮可以渲染预览图。

◎“大气”卷展栏

大气效果包括“火效果”“雾”“体积雾”“体积光”等8种类型，它们的设置各不相同。这里主要介绍“大气”卷展栏（见图12-5），其中主要选项的介绍如下。

图 12-5

• 添加：单击该按钮，弹出的对话框中列出了8种大气效果，如图12-6所示，选择一种大气效果，单击“确定”按钮，“大气”卷展栏中的“效果”列表中会出现添加的大气效果。

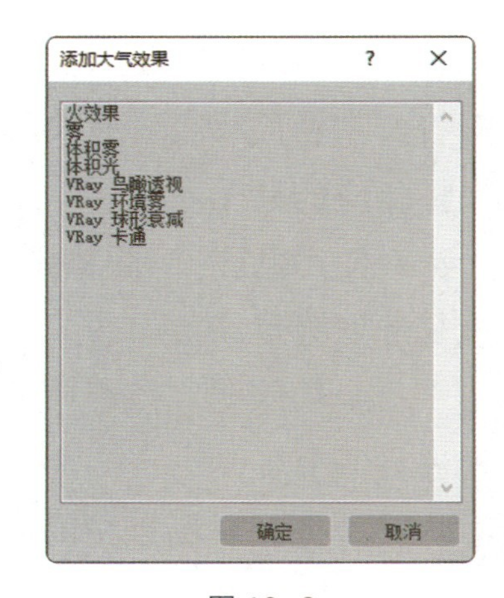

图 12-6

• 删除：将当前“效果”列表中选中的大气效果删除。

• 活动：勾选该复选框后，“效果”列表中的大气效果有效；取消勾选该复选框后，“效果”列表中的大气效果无效，但是其参数设置仍然保留。

• 上移、下移：对列表中的大气效果的顺序进行调整，这样会改变渲染计算的顺序。

• 合并：单击该按钮，会弹出“打开”对话框，允许从其他场景中并合并大气效果，这样会将所有支持Gizmo（线框）的物体和灯光合并在一起。

• 名称：显示当前选中的大气效果的名称。

◎“效果”卷展栏

“效果”卷展栏（见图 12-7）用于制作背景和特效，其中主要选项的介绍如下。

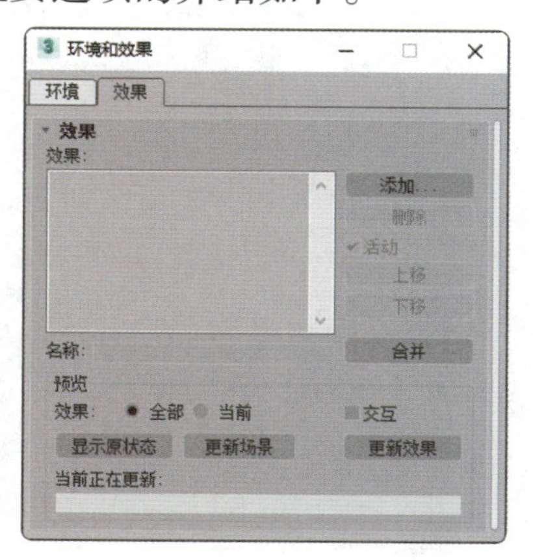

图 12–7

• 添加：用于添加新的场景特效，单击该按钮后，可以选择需要的特效。

• 删除：删除列表中当前选中的特效。

• 活动：勾选该复选框后，当前选中的特效会产生作用。

• 上移：将当前选中的特效向上移动，新建的特效总位于最下方，渲染时是按照从上至下的顺序进行计算处理的。

• 下移：将当前选中的特效向下移动。

• 合并：单击该按钮，会弹出“打开”对话框，可以将其他场景中的大气 Gizmo（线框）和灯光一同合并到当前场景中，这样会将 Gizmo（线框）物体和灯光合并在一起。

• 名称：显示当前列表中选中的特效的名称。

12.1.4 任务实施

（1）启动 3ds Max 2019，在菜单栏中选择“文件 > 打开”命令，打开“场景 > 项目 12> 火堆 .max”文件，如图 12-8 所示。

（2）渲染场景，得到图 12-9 所示的效果，在此场景的基础上创建火效果。

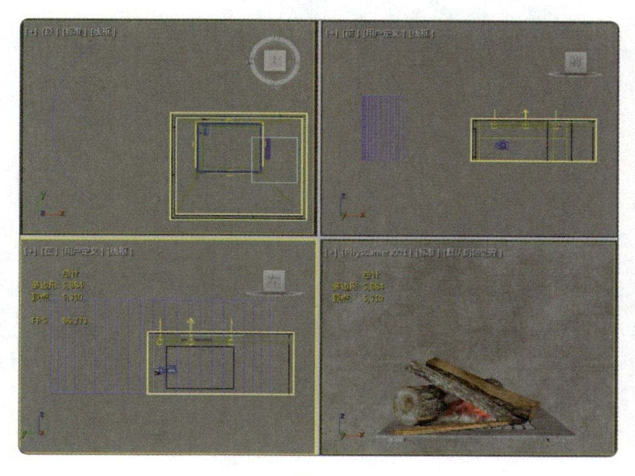

图 12–8

图 12–9

（3）依次单击“创建”+ >“辅助对象”按钮，在下拉列表中选择“大气装置”选项，在“对象类型”卷展栏中单击“球体 Gizmo”按钮，在场景中拖动即可创建球体 Gizmo 对象，如图 12-10 所示。

（4）切换到“修改”命令面板，在“大气和效果”卷展栏中单击“添加”按钮，在弹出的对话框中选择“火效果”选项，单击“确定”按钮，如图 12-11 所示。

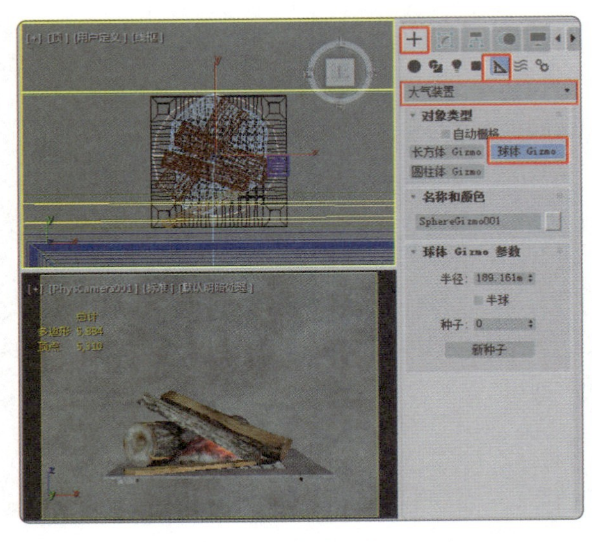

图 12-10

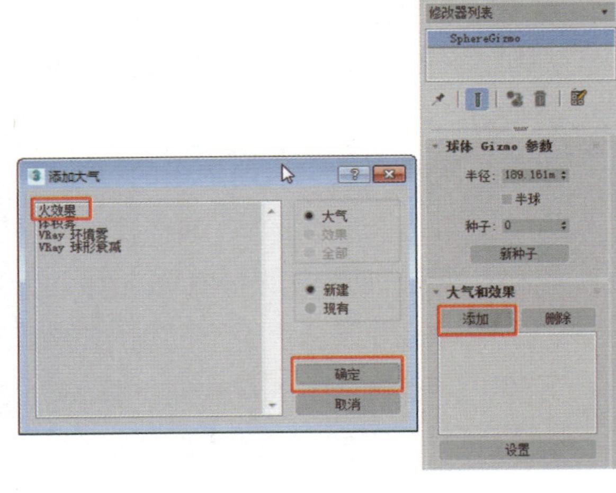

图 12-11

（5）渲染当前场景可以看到图 12-12 所示的效果，在渲染场景之前应先确定火堆的位置。

（6）在场景中选择球体 Gizmo 对象，在“球体 Gizmo 参数”卷展栏中勾选“半球”复选框，在场景中对其进行缩放；在“大气和效果”卷展栏中选择“火效果”选项，单击“设置”按钮，如图 12-13 所示。

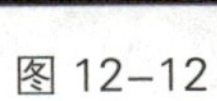

图 12-12

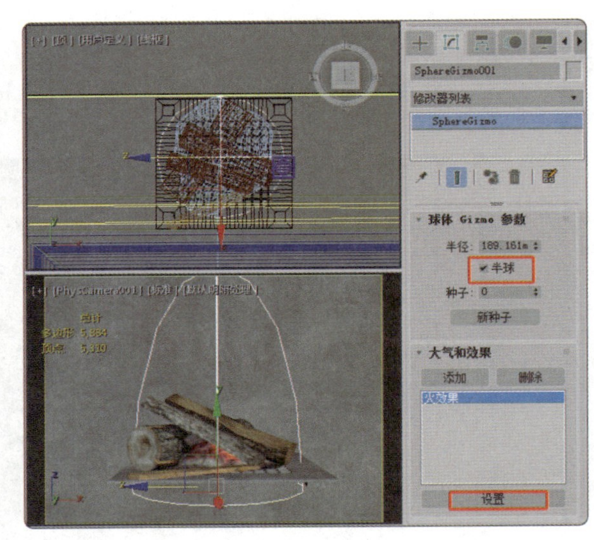

图 12-13

（7）弹出“环境和效果”对话框，在其中设置火效果的参数，如图 12-14 所示。

（8）渲染场景，得到图 12-15 所示的效果。

（9）在图 12-16 所示的位置创建泛光灯，在“常规参数”卷展栏中勾选“阴影”组下的“启用”复选框，选择阴影类型为“阴影贴图”，并设置合适的参数。

（10）渲染场景，得到图 12-17 所示的效果，这样火堆效果就制作完成了。图 12-17 在 Photoshop 中调整了亮度和对比度，所以会跟实际制作的效果有些差别。

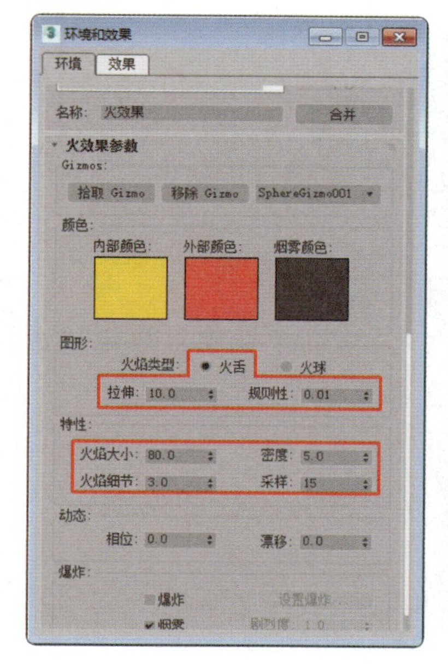

图 12-14

图 12-15

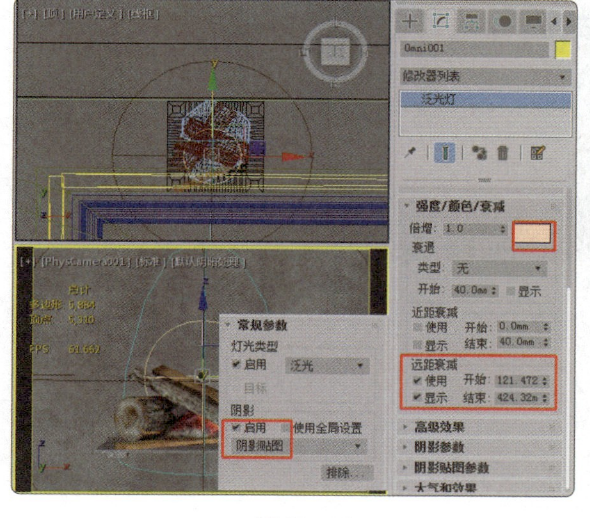

图 12-16

图 12-17

12.1.5 扩展实践：制作室内体积光效果

使用目标聚光灯发射投射到室内的光线，并为其指定“体积光”大气效果，以模拟室内体积光效果（最终效果参看云盘中的“场景 > 项目 12> 室内体积光效果 ok.max”，见图 12-18）。

图 12-18

任务 12.2 制作太阳耀斑效果

12.2.1 任务引入

本任务是制作太阳耀斑效果，要求能体现出耀斑的特征，突出其迅速变化且效果逐渐增强的过程。

12.2.2 设计理念

设计时，为背景指定“位图”贴图；创建灯光，并设置灯光的镜头光晕效果（最终效果参看云盘中的“场景 > 项目 12> 太阳耀斑 ok.max”，见图 12-19）。

图 12-19

12.2.3 任务知识：镜头效果

◎“镜头效果参数”卷展栏

利用镜头效果可创建与摄影机相关的真实效果。镜头效果包括光晕、光环、射线、自动二级光斑、手动二级光斑、星形和条纹。

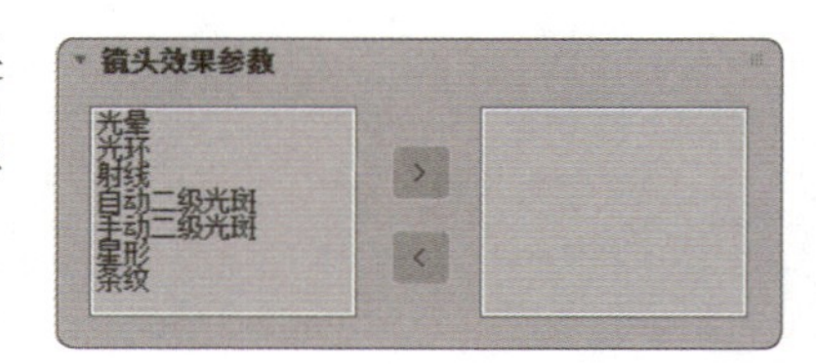

图 12-20

“镜头效果参数”卷展栏如图 12-20 所示。

左侧的列表中显示的是镜头效果，双击镜头效果可以将其添加到右侧的列表中，使用 > 、 < 这两个按钮也可以调整镜头效果。

◎“镜头效果全局”卷展栏

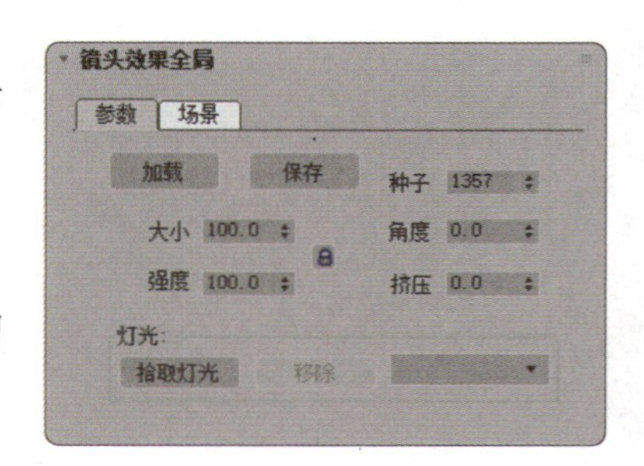

图 12-21

“镜头效果全局”卷展栏如图 12-21 所示，其中主要选项的介绍如下。

- 加载：单击该按钮可显示加载镜头效果文件的对话框，

可以用于打开 LZV 文件。

• 保存：单击该按钮可显示保存镜头效果文件的对话框，可以用于保存 LZV 文件。

• 大小：影响整体镜头效果的大小。

• 强度：控制镜头效果的总体亮度和不透明度。值越大，效果越亮，越不透明；值越小，效果越暗，越透明。

• 种子：为镜头效果中的随机数生成器提供不同的起点，以创建略有不同的镜头效果，而不用更改任何设置。使用“种子”选项可以让镜头效果各不相同。

• 角度：在镜头效果与摄影机的相对位置改变时，影响镜头效果相对默认位置旋转的量。

• 挤压：在水平方向或垂直方向上压缩（如圆变椭圆），补偿不同的帧纵横比。正值表示在水平方向上拉伸镜头效果，而负值表示在垂直方向上拉伸镜头效果。

灯光：用于选择要应用镜头效果的灯光。

▲ 拾取灯光：可以直接在视口中选择灯光。

▲ 移除：移除选择的灯光。

◎“光晕元素”卷展栏

指定镜头效果后的“光晕元素”卷展栏如图 12-22 所示，其主要选项的介绍如下。

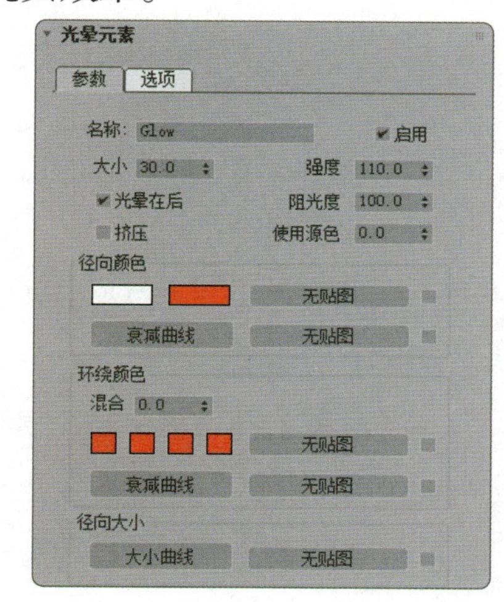

图 12-22

（1）“光晕元素”卷展栏中的“参数”选项卡。

• 名称：显示镜头效果的名称。

• 启用：勾选该复选框时，将镜头效果用于渲染图像。

• 大小：确定镜头效果的大小。

• 强度：控制单个镜头效果的总体亮度和不透明度。值越大，效果越亮，越不透明；值越小，效果越暗，越透明。

• 阻光度：确定对特定镜头效果的影响程度。

• 使用源色：将应用镜头效果的灯光或对象的源色与在“径向颜色”组或“环绕颜色”组中设置的颜色或贴图混合。

• 光晕在后：提供可以在场景中的对象的后面显示的镜头效果。

• 挤压：确定是否设置挤压效果。

• 径向颜色：设置镜头效果的内部颜色和外部颜色，可以通过色块设置镜头效果的内部颜色和外部颜色；也可以使用渐变位图或细胞位图等确定径向颜色。

▲ 衰减曲线：单击该按钮会显示一个对话框，在该对话框中可以设置“径向颜色”组中使用的颜色的权重。修改衰减曲线，可以对镜头效果使用更多的颜色或贴图；也可以使用贴图确定在用灯光作为镜头效果的光源时的衰减程度。

• 环绕颜色：使用 4 个分别与镜头效果的 1/4 圆匹配的不同色块来确定镜头效果的颜色，也可以使用贴图确定环绕颜色。

▲ 混合：混合在“径向颜色”组和“环绕颜色”组中设置的颜色。

▲ 衰减曲线：单击该按钮会显示一个对话框，在该对话框中可以设置“环绕颜色”组中使用的颜色的权重。

• 径向大小：设置镜头效果特点效果和径向大小。

▲ 大小曲线：单击该按钮将显示“径向大小”对话框。在“径向大小”对话框中可以在线上创建点，然后将这些点沿着图形移动，以确定镜头效果应该放在灯光或对象周围的哪个位置；也可以使用贴图来确定镜头效果应该放在哪个位置。勾选右侧的复选框可激活贴图。

（2）“光晕元素”卷展栏中的“选项”选项卡如图 12-23 所示。

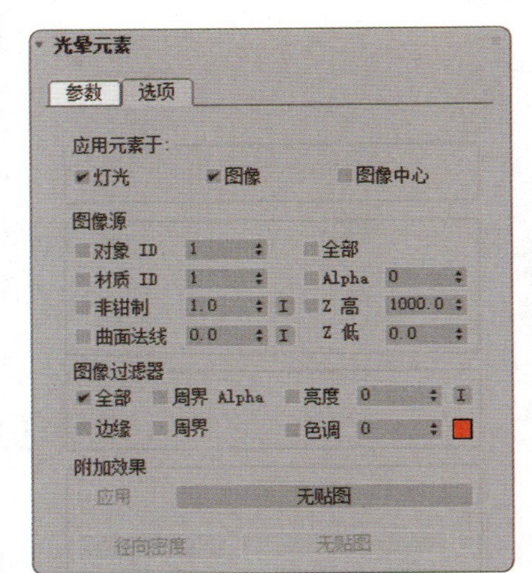

图 12-23

• 灯光：将镜头效果应用于在“镜头效果全局”卷展栏中拾取的灯光上。

• 图像：将镜头效果应用于使用在“图像源”组中设置的参数渲染的图像。

• 图像中心：将镜头效果应用于对象中心或对象中由图像过滤器确定的部分。

• 对象 ID：将镜头效果应用于场景中设置了“对象 ID”的模型。

• 材质 ID：将镜头效果应用于场景中设置了材质 ID 的材质对象。

• 非钳制：超亮度颜色显示。

• 曲面法线：根据摄影机曲面法线的角度将镜头效果应用于对象的一部分。

• 全部：将镜头效果应用于整个场景，而不仅应用于几何体的特定部分。

• Alpha：将镜头效果应用于图像的 Alpha 通道。

• Z 高、Z 低：根据对象到摄影机的距离，高亮显示对象。高值为最大距离，低值为最小距离。在两个参数距离之间的所有对象均会被高亮显示。

• 图像过滤器：用于控制镜头效果的应用方式。

▲ 全部：选择场景中的所有源像素，并应用镜头效果。

▲ 边缘：选择边界上的所有源像素，并应用镜头效果。沿着对象的边界应用镜头效果，将在对象的内边和外边上生成柔化的光晕效果。

▲ 周界 Alpha：根据对象的 Alpha 通道，将镜头效果仅应用于对象的外围。如果勾选了此复选框，则仅在对象的外围应用镜头效果，而不会在对象内部生成任何斑点。

▲ 周界：根据边条件，将镜头效果仅应用于对象的外围。

▲ 亮度：根据源对象的亮度值过滤源对象，将镜头效果仅应用于亮度高于微调器中设置

的亮度的对象。

▲ 色调：按色调过滤源对象。单击微调器右侧的色块，可以设置色调值。可以设置的色调值的范围为 0 ～ 255。

• 附加效果：使用“附加效果”组可以将噪波等贴图应用于镜头效果。单击“应用”右侧的“无贴图”按钮，可以打开“材质 / 贴图浏览器”对话框。

▲ 应用：勾选该复选框，将应用所选的贴图。

▲ 径向密度：确定希望应用其他镜头效果的位置和程度。

◎“光环元素”卷展栏

指定光环效果后会显示“光环元素”卷展栏，其中的“参数”选项卡如图 12-24 所示。

其中与“光晕元素”卷展栏中相同的参数就不介绍了。

• 厚度：确定光环效果的厚度（单位为像素）。

• 平面：沿效果轴设置光环效果的位置，该轴将从效果中心延伸到屏幕中心。

◎“射线元素”卷展栏

指定射线效果后会显示“射线元素”卷展栏，其中的“参数”选项卡如图 12-25 所示。

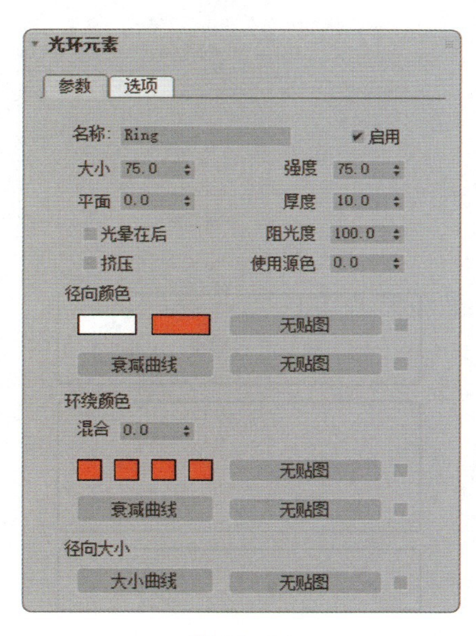

图 12-24

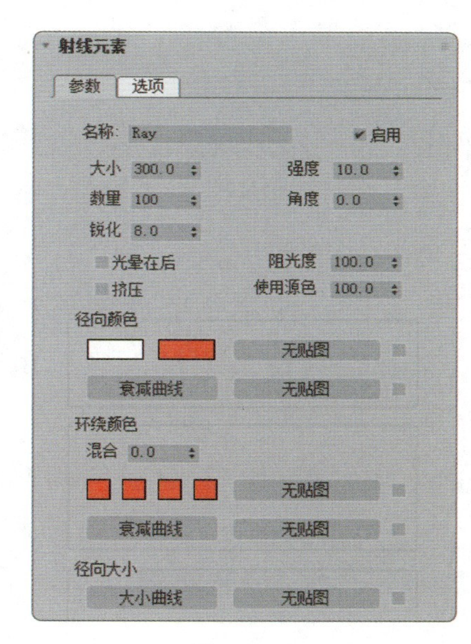

图 12-25

• 数量：指定镜头光斑中出现的总射线数量，射线在半径附近随机分布。

• 锐化：指定射线的总体锐度。数值越大，生成的射线越鲜明、清晰。数值越小，产生的二级光晕越多。

• 角度：指定射线的角度。可以输入正值，也可以输入负值，这样在设置动画时，射线可以绕着顺时针方向或逆时针方向旋转。

◎“自动二级光斑元素”卷展栏

指定自动二级光斑效果后会显示“自动二级光斑元素”卷展栏，其中的“参数”选项卡如图 12-26 所示。

- 最小值：控制当前光斑集中二级光斑的最小大小。
- 最大值：控制当前光斑集中二级光斑的最大大小。
- 轴：定义自动二级光斑效果分布的轴的总长度。
- 数量：控制当前光斑集中出现的二级光斑的数量。
- 边数：控制当前光斑集中二级光斑的形状。默认设置为圆形，但是可以在三边到八边的二级光斑之间进行选择。
- 彩虹：可在该下拉列表中选择光斑的径向颜色。
- 径向颜色：设置自动二级光斑效果的内部颜色和外部颜色，可以通过色块，设置自动二级光斑效果的内部颜色和外部颜色。每个色块都有一个百分比微调器，用于确定当前颜色应在哪个点停止，下一个颜色应在哪个点开始。也可以使用渐变位图或细胞位图等来确定径向颜色。

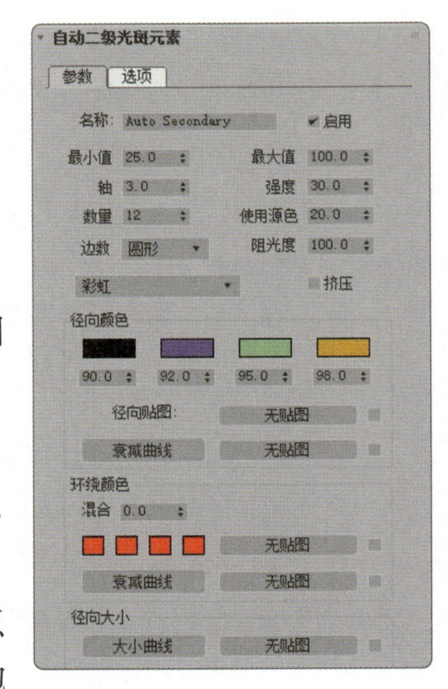

图 12–26

◎ “星形元素”卷展栏

指定星形效果后会显示“星形元素”卷展栏，其中的“参数”选项卡如图 12-27 所示。

- 锥化：控制星形效果中各辐射线的锥化程度。
- 数量：指定星形效果中的辐射线的数量，默认值为 6。辐射线围绕光斑中心等距分布。
- 分段颜色：使用 3 个分别与星形效果的 3 个截面匹配的不同色块来确定星形效果的颜色。也可以使用贴图来确定截面颜色。
- 混合: 混合在“径向颜色”组和“分段颜色”组中设置的颜色。

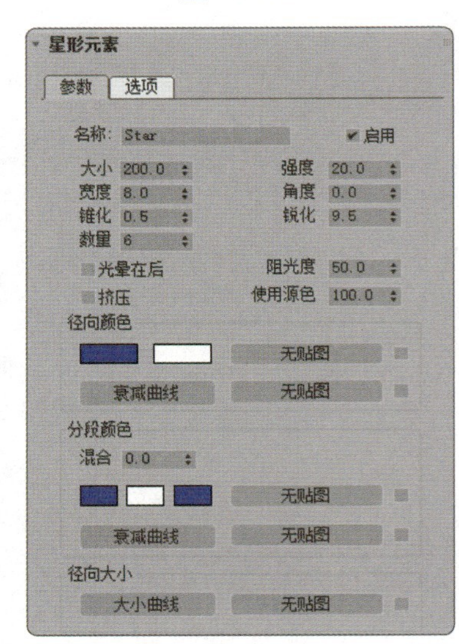

图 12–27

12.2.4 任务实施

（1）启动 3ds Max 2019，按 8 键打开“环境和效果”对话框，为“环境”选项卡中的背景指定贴图，选择贴图（“re.jpg”），将其拖曳到“材质编辑器”窗口中的材质样本球上。在弹出的对话框中选中“实例”选项，在“坐标”卷展栏中选中“环境”选项，选择“贴图”的类型为“屏幕”，如图 12-28 所示。

（2）选择“透视”视口，按 Alt+B 组合键，在弹出的对话框中选中“使用环境背景”选项，单击“确定”按钮，如图 12-29 所示。

（3）打开“渲染设置”窗口，在其中设置输出大小，如图 12-30 所示。

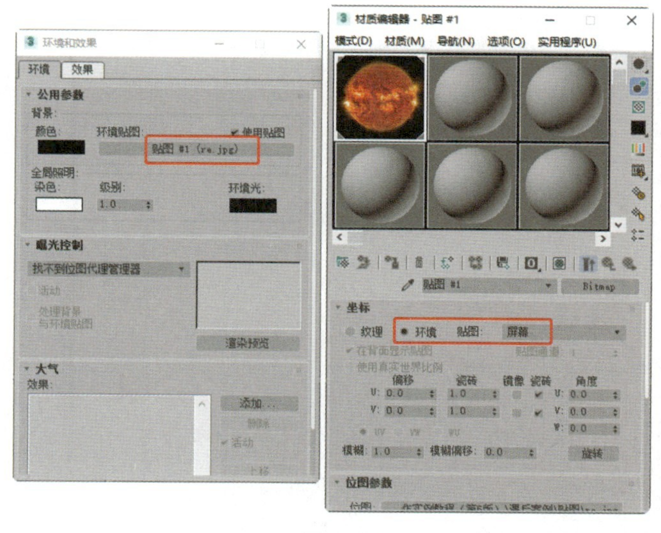

图 12-28

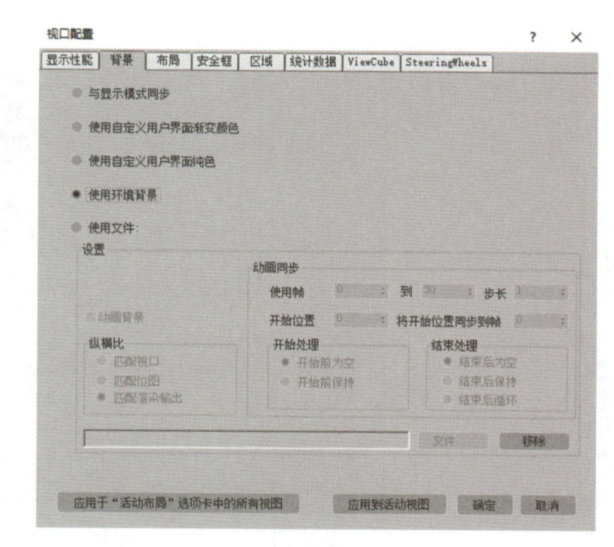

图 12-29

（4）在“透视”视口中按 Shift+F 组合键，显示出安全框，并在场景中创建泛光灯，如图 12-31 所示。

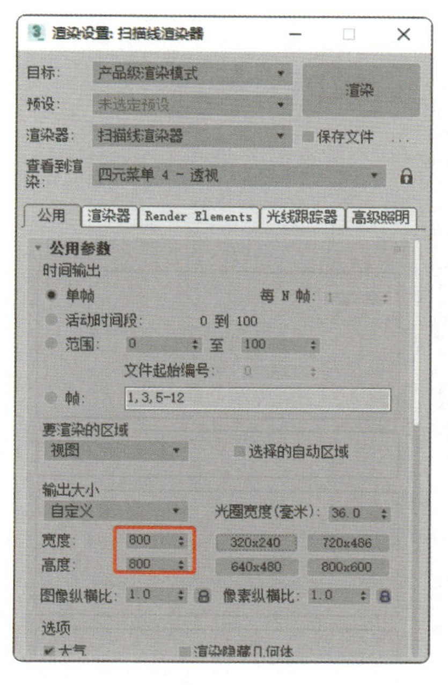

图 12-30

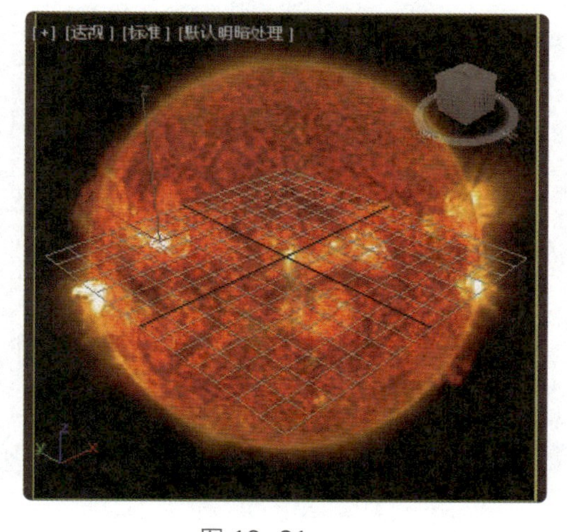

图 12-31

（5）在“环境和效果”对话框中单击“效果”选项卡，在“效果”卷展栏中单击“添加”按钮，在弹出的对话框中选择“镜头效果”选项，单击“确定”按钮；在“镜头效果全局”卷展栏中单击“拾取灯光”按钮，在场景中拾取泛光灯，如图 12-32 所示。

（6）在“镜头效果参数”卷展栏中选择左侧列表中的“光晕”效果，单击 > 按钮，将“光晕”效果添加到右侧的列表中，在“光晕元素”卷展栏中设置“大小”为 30，设置“径向颜色”的第一个色块的颜色为黄色、第二个色块的颜色为橘红色，如图 12-33 所示。

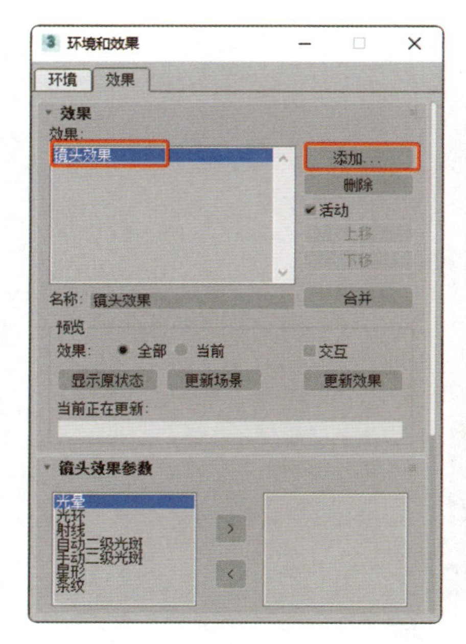

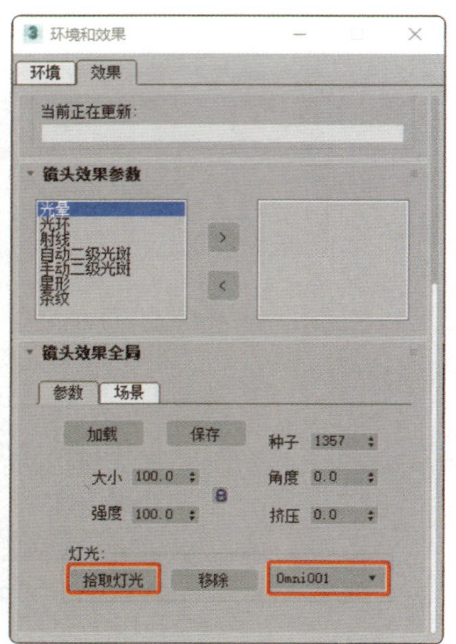

图 12-32

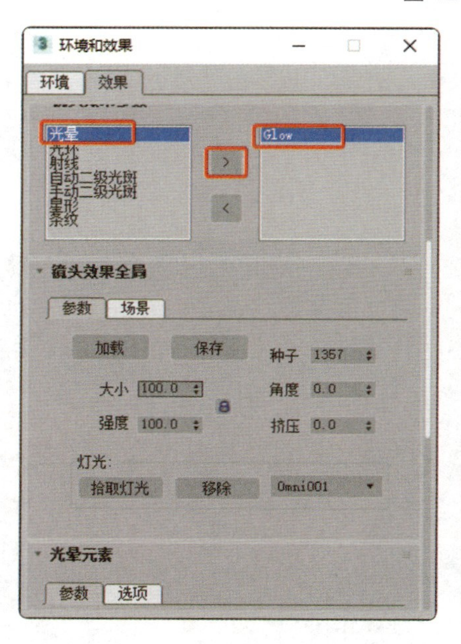

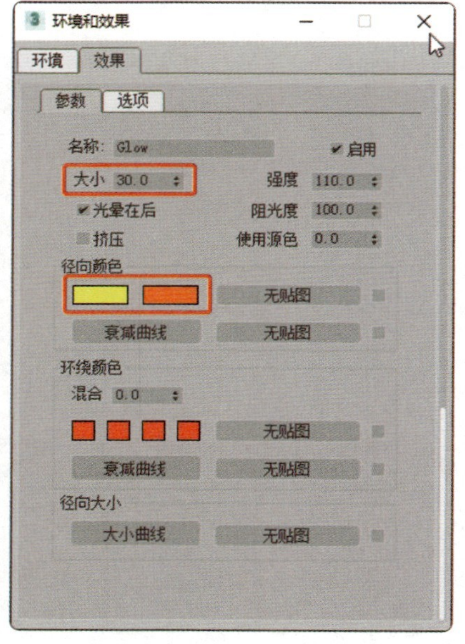

图 12-33

（7）将“光环”效果添加到右侧的列表中，在“光环元素”卷展栏中设置“大小”为10，“强度”为40，“厚度”为10，设置“径向颜色”的第一个色块的颜色为黄色，设置第二个色块的颜色为橘红色，如图 12-34 所示。

（8）在“镜头效果参数”卷展栏中将“射线”效果添加到右侧的列表中，在“镜头效果参数”卷展栏中将“星形”效果添加到右侧的列表中，在“星形元素”卷展栏中设置“大小”为 50，“宽度”为 2，“锥化”为 0.5，“强度”为 20，“角度”为 0，“锐化”为 9.5，如图 12-35 所示。

（9）渲染场景得到最终效果，如图 12-36 所示。

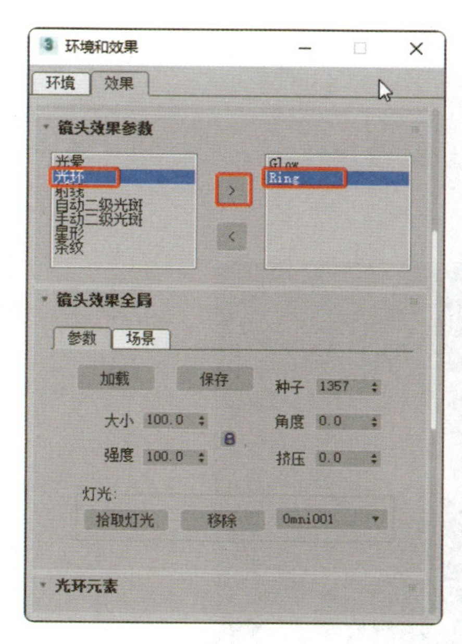

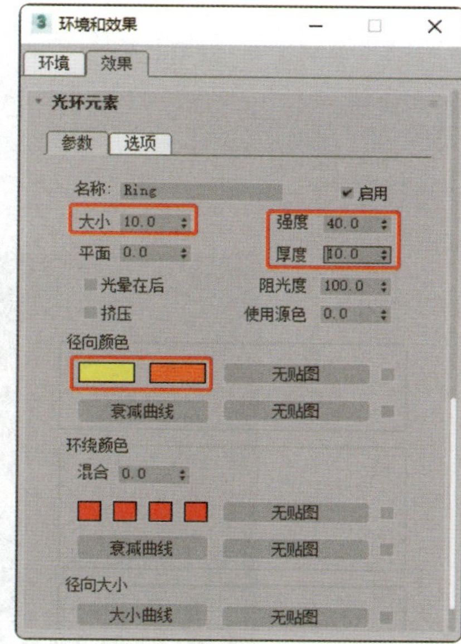

图 12-34

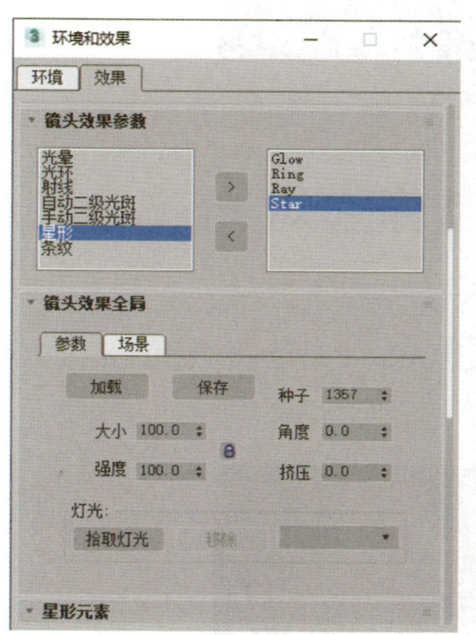

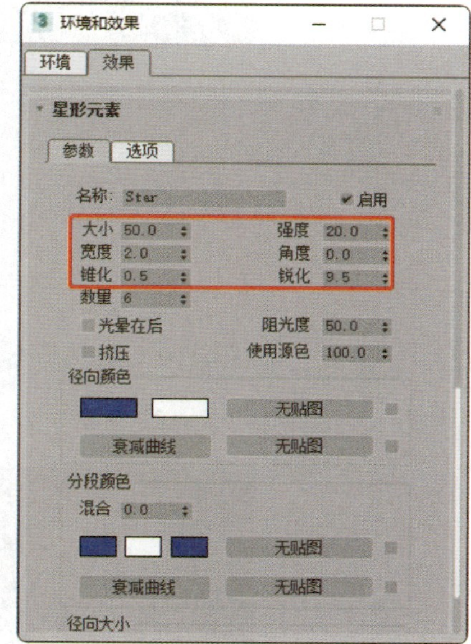

图 12-35

图 12-36

12.2.5 扩展实践：制作路灯效果

使用“体积雾”大气效果制作路灯效果（最终效果参看云盘中的“场景 > 项目 12> 路灯效果 ok.max”，见图 12-37）。

图 12-37

任务 12.3 项目演练：制作壁灯光效

本任务要求使用泛光灯和镜头效果制作壁灯光效（最终效果参看云盘中的“场景 > 项目 12> 壁灯光效 ok.max”，见图 12-38）。

图 12-38

项目13

制作高级动画效果

——设置高级动画

本项目将介绍3ds Max 2019中高级动画的设置方法，并对正向动力学和反向动力学进行详细的讲解。通过本项目的学习，读者可以掌握高级动画的制作方法和应用技巧。

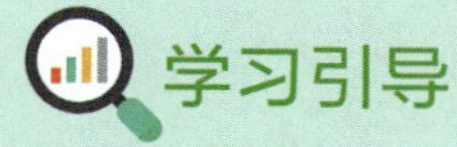

学习引导

知识目标

- 了解正向动力学
- 了解反向动力学

能力目标

- 掌握正向动力学的应用方法
- 掌握反向动力学的参数的设置方法

素养目标

- 培养对高级动画的设计能力
- 培养对高级动画的鉴赏能力

实训项目

- 制作木偶动画
- 制作机械手臂动画

任务 13.1 制作木偶动画

13.1.1 任务引入

本任务是制作木偶动画，要求运用正向动力学技术，制作出可爱、生动的小熊木偶。

13.1.2 设计理念

使用正向动力学技术创建木偶的链接（最终效果参看云盘中的“场景 > 项目 13> 木偶 ok.max”，见图 13-1）。

图 13-1

13.1.3 任务知识：正向动力学

1 基本原理

处理层次的默认方法是使用一种称为“正向动力学”的技术，这种技术采用的基本原理如下。

（1）按照从父对象到子对象的顺序进行层次链接。

（2）轴点的位置定义了对象中链接关节的位置。

（3）子对象会继承父对象的位置、旋转和缩放属性。

2 对象链接

在创建对象间的链接前，要先明白谁是父对象，谁是子对象，如车轮是车体的子对象，四肢是身体的子对象。在正向动力学中，父对象会影响子对象的运动、旋转及缩放效果，但子对象只能影响它的下一级子对象，而不能影响父对象。

将两个对象进行父子关系的链接，即定义层级关系后，方便进行运动操作。通常要在几个对象之间创建层级关系，例如，将手链接到手臂上，再将手臂链接到躯干上，这样它们之间就形成了层级关系。进行正向运动或反向运动操作时，层级关系会带动所有的链接对象，并且可以逐层发生关系。

子对象会继承施加在父对象上的变换效果（如运动、缩放、旋转），但它自身的变化不会影响到父对象。

可以将对象链接到关闭的组。执行此操作时，对象将与该组位于同一级别，而不是成为该组中的成员。整个组会闪烁，表示对象已链接至该组。

◎ 链接两个对象

使用“选择并链接”工具，可以通过将两个对象链接来定义它们之间的层次关系。

（1）选择工具栏中的“选择并链接”工具。

（2）在场景中选择子对象，选择子对象后按住鼠标左键并拖曳，这时会拖出一条虚线。

（3）拖曳虚线至父对象上，父对象的外框会闪烁一下，表示链接成功。

另一种方法就是在“图解视图”窗口中选择“选择并链接”工具，在“图解视图”窗口中选择子对象，并将其拖向父对象。其作用与工具栏中的“选择并链接”工具的作用是一样的。

◎ 断开当前链接

断开两个对象之间的链接，就是解除它们之间的层级关系，使子对象恢复到独立状态，不再受父对象的约束。“断开当前选择链接”工具是针对子对象进行工作的。

（1）在场景中选择子对象。

（2）单击工具栏中的“断开当前选择链接”工具，子对象与父对象的链接就会被断开。

3 图解视图

在工具栏中单击“图解视图”按钮，或在菜单栏中选择“图形编辑器 > 保存的图解视图”命令，会打开“图解视图”窗口。

“图解视图”窗口是基于节点的场景视图，通过它可以访问对象的属性、材质、控制器、修改器、层次和不可见的场景关系，如关联参数和实例。

在该窗口中可以查看、创建并编辑对象之间的关系，还可以创建层次，指定控制器、材质、修改器或约束。图 13-2 所示为“图解视图”窗口。

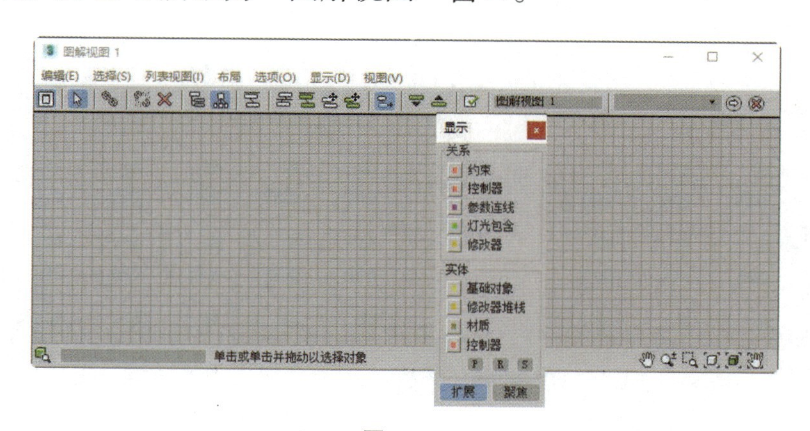

图 13-2

通过“图解视图”窗口，用户可以完成以下操作。

（1）重命名对象。

（2）快速选取场景中的对象。

（3）快速选取修改器堆栈中的修改器。

（4）在对象之间复制、粘贴修改器。

（5）重新排列修改器堆栈中的修改器的顺序。

（6）查看和选取场景中所有共享修改器、材质或控制器的对象。

（7）快速选择对象的材质和贴图，并且进行贴图的快速切换。

（8）将一个对象的材质复制粘贴给另一个对象，但不支持拖动指定。

（9）查看和选择共享某个材质或修改器的所有对象。

（10）对复杂的合成对象进行层次导航，如执行多次布尔运算后的对象。

（11）链接对象。

（12）设置 MAXScript 曝光。

对象在“图解视图”窗口中显示为长方形的节点，用户可以随意安排节点的位置，只需单击并拖曳节点即可。

◎ 重要工具

• （显示浮动框）：显示或隐藏“显示”浮动框，如图 13-3 所示。在该浮动框中可以决定要在“图解视图”窗口中显示或隐藏的对象。

图 13-3

• （选择）：使用此工具可以在“图解视图”窗口和视口中选择对象。

• （链接）：用于创建层次，与主工具栏中的工具的作用相同，在“图解视图”窗口中将子对象拖向父对象就可以创建层级关系。

• （断开选定对象链接）：在“图解视图”窗口中选择需要断开链接的对象，单击此按钮即可将其链接断开。

• （删除对象）：单击该按钮，选定的对象将从视口和“图解视图”窗口中消失。

• （层次模式）：用级联的方式显示父对象与子对象的关系。父对象位于左上方，而子对象向右下方缩进显示。

• （参考模式）：基于实例和参考（而不是层次）来显示对象间的关系。使用此模式可查看对象的材质和修改器。

• （始终排列）：根据排列规则（对齐选项）将“图解视图”窗口设置为始终排列所有对象。在执行此操作之前将弹出一个警告对话框。

• （排列子对象）：根据设置的排列规则，在选定父对象的情况下排列子对象。

• （排列选定对象）：根据设置的排列规则，在选定父对象的情况下排列选定对象。

• （释放所有对象）：从排列规则中释放所有对象，系统会在对象的左侧使用一个小洞图标来标记它们，并将它们保留在原位。单击此按钮可以自由排列所有对象。

• （释放选定对象）：从排列规则中释放所有选择的对象，系统会在选择的实体的左侧使用一个小洞图标来标记它们，并将它们保留在原位。单击此按钮可以自由排列选择的对象。

• （移动子对象）：在“选项”菜单中选择“移动子对象”命令，该工具处于激活状态，功能与菜单命令相同。

- (展开选定项)：显示选定对象的所有子对象。
- (折叠选定项)：隐藏选定对象的所有子对象，选定的对象仍处于可见状态。
- (首选项)：单击该按钮会显示“图解视图首选项”对话框。在该对话框中可以按类别控制“图解视图”窗口中显示和隐藏的内容。其中有多种选项可以用于过滤和控制“图解视图”窗口中的内容，如图 13-4 所示。在此处可以为“图解视图”窗口添加栅格或背景图像；也可以选择排列方式，并确定视口中的选择和“图解视图”窗口中的选择是否同步；还可以设置节点的链接样式。在此对话框中选择相应的过滤设置，可以更好地控制“图解视图”窗口。

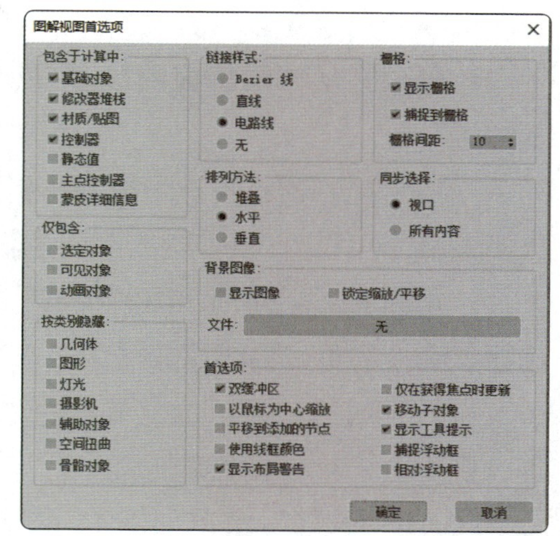

图 13-4

- (转至书签)：缩放并平移“图解视图”窗口以便显示书签。
- (删除书签)：移除显示在书签名称字段中的书签名。
- (缩放选定视口对象)：放大在视口中选定的对象，可以在此按钮右侧的文本框中输入对象的名称。
- 选定对象文本框：用于输入要查找的对象的名称。单击(缩放选定视口对象)按钮，选定的对象便会出现在“图解视图”窗口中。
- 提示区域：提供一条单行指令，用于告诉用户如何使用高亮显示的工具或按钮；或提示一些详细信息，如当前选定了多少个对象。

(平移)：使用该工具，在视图中按住鼠标左键即可拖动窗口而不会移动任何模型。也可以使用“图解视图”窗口右侧和底部的滚动条，或使用鼠标中键来实现相同的效果。

(缩放)：移近或移远“图解视图”窗口中显示的对象。第一次打开“图解视图”窗口时，需要进行一定的缩放及平移操作，以获得合适的对象视图。节点的显示效果会随移近或移远操作而发生变化。

按住 Ctrl 键再滚动鼠标中键，也可以进行缩放操作。如果要缩放鼠标指针附近的区域，则可以在“图解视图首选项”对话框中勾选“以鼠标为中心缩放”复选框。单击(首选项)按钮，可以打开此对话框。

(缩放区域)：绘制一个缩放区域，放大或缩小显示该区域中的内容。

(最大化显示)：缩小窗口以便可以看到“图解视图”窗口中的所有节点。

(最大化显示选定对象)：缩小窗口以便可以看到所有选定的节点。

(平移到选定对象)：平移窗口，使之在相同的缩放比例下包含选定对象，以便可以看到所有选定的对象。

◎“图解视图”窗口的菜单栏

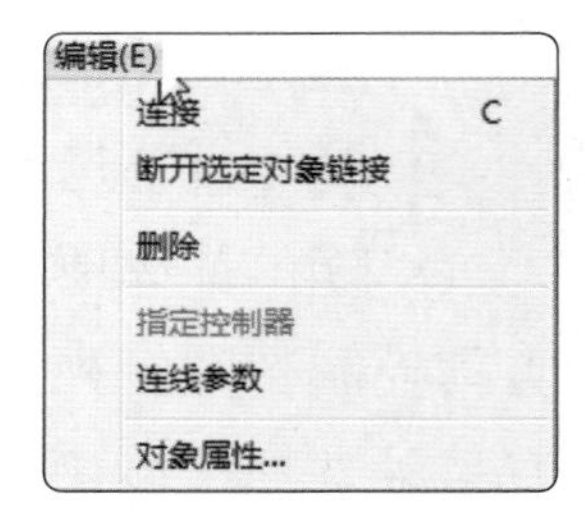

图 13–5

（1）“编辑”菜单如图 13-5 所示，其中主要命令的介绍如下。

• 连接：激活链接工具。

• 断开选定对象链接：断开选定对象的链接。

• 删除：从“图解视图”窗口和场景中移除对象，并断开所选对象的链接。

• 指定控制器：用于将控制器指定给变换节点。只有当选中了控制器时，该命令才可用。选择该命令可打开“标准指定控制器”对话框。

• 连线参数：使用“图解视图”窗口的关联参数。只有当对象被选中时，该命令才可用，选择该命令打开“标准关联参数”对话框。

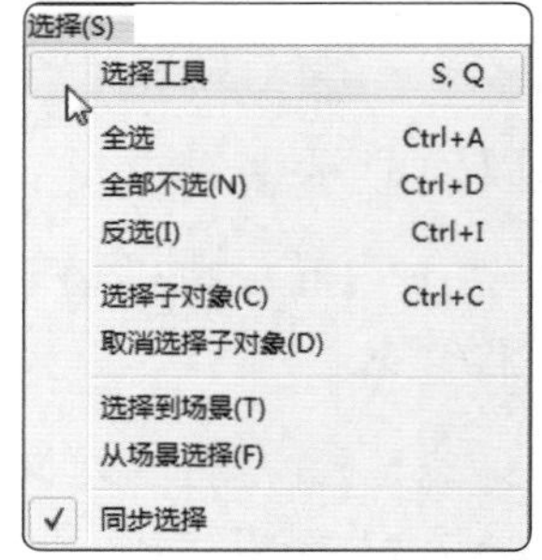

图 13–6

• 对象属性：显示选定节点的“对象属性”对话框。如果未选定节点，则不会产生任何影响。

（2）“选择”菜单如图 13-6 所示，其中主要命令的介绍如下。

• 选择工具：在“始终排列”模式下将激活“选择工具”，在非“始终排列”模式下将激活“选择并移动”工具。

• 全选：选择当前“图解视图”窗口中的所有对象。

• 全部不选：取消选择当前“图解视图”窗口中的所有对象。

• 反选：在“图解视图”窗口中取消选择选定的对象，然后选择未选定的对象。

• 选择子对象：选择当前选定的对象的所有子对象。

• 取消选择子对象：取消选择所有选定的对象的子对象。父对象和子对象必须同时被选中，才能取消选择子对象。

• 选择到场景：在视口中选择“图解视图”窗口中选定的所有对象。

• 从场景选择：在“图解视图”窗口中选择视口中选定的所有对象。

同步选择：选择此命令后，在“图解视图”窗口中选择对象时，还会在视口中选择它们，反之亦然。

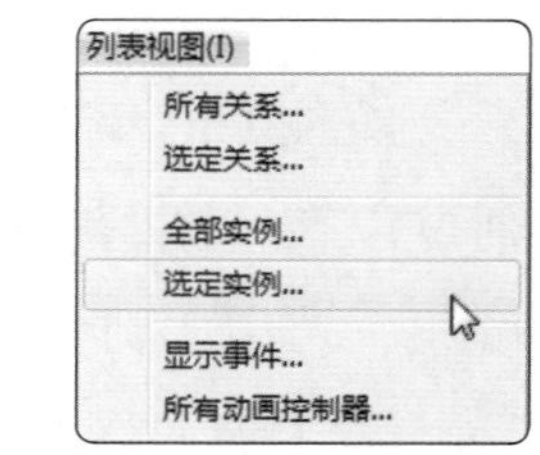

图 13–7

（3）“列表视图”菜单如图 13-7 所示，其中主要命令的介绍如下。

• 所有关系：用当前显示的“图解视图”窗口中的对象的所有关系，打开或重绘列表视图。

• 选定关系：用当前选中的“图解视图”窗口中的对象的所有关系，打开或重绘列表视图。

• 全部实例：用当前显示的“图解视图”窗口中的对象的所有实例，打开或重绘列表视图。

• 选定实例：用当前选中的“图解视图”窗口中的对象的所有实例，打开或重绘列表视图。

• 显示事件：用与当前选中的对象共享某个属性或关系的所有对象，打开或重绘列表视图。

• 所有动画控制器：用拥有或共享设置动画控制器的所有对象，打开或重绘列表视图。

（4）“布局”菜单如图 13-8 所示，其中主要命令的介绍如下。

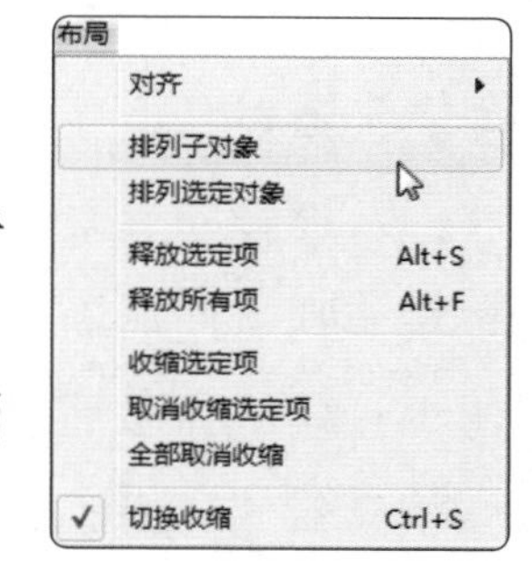

图 13-8

• 对齐：用于为“图解视图”窗口中选择的对象设置对齐方式。

• 排列子对象：根据设置的排列规则，在选定的父对象下方排列子对象。

• 排列选定对象：根据设置的排列规则，在选定的父对象下方排列选定的子对象。

• 释放选定项：从排列规则中释放所有选定的对象，并在其左侧显示一个小洞图标，然后使其保留在当前位置。使用此命令可以自由排列选定对象。

• 释放所有项：从排列规则中释放所有对象，并在其左侧显示一个小洞图标，然后使其保留在当前位置。使用该命令可以自由排列所有对象。

• 收缩选定项：隐藏所有选中对象的方框，保持其排列规则和层次关系可见。

• 取消收缩选定项：使所有选定的收缩对象可见。

• 全部取消收缩：使所有收缩对象可见。

• 切换收缩：选择该命令后，会正常收缩对象；禁用该命令时，收缩对象完全可见，但是不取消收缩效果。默认选择该命令。

（5）“选项”菜单如图 13-9 所示，其中主要命令的介绍如下。

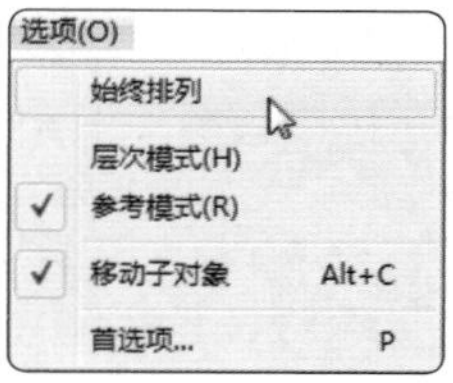

图 13-9

• 始终排列：根据排列规则，在“图解视图”窗口中总是排列所有对象。执行此操作之前将弹出一个警告对话框。选择此命令可激活工具栏中的“始终排列”按钮。

• 层次模式：设置“图解视图”窗口中以显示作为参考图的对象，不显示作为层次的对象。子对象在父对象下方缩进显示。在层次模式和参考模式之间进行切换不会造成损失。

• 参考模式：设置“图解视图”窗口中以显示作为参考图的对象，不显示作为层次的对象。

• 移动子对象：设置移动所有父对象时被移动的子对象。启用该模式后，工具栏中的按钮将处于活动状态。

• 首选项：选择该命令会打开“图解视图首选项”对话框。在其中设置过滤类别及显示选项可以控制“图解视图”窗口中的显示内容。

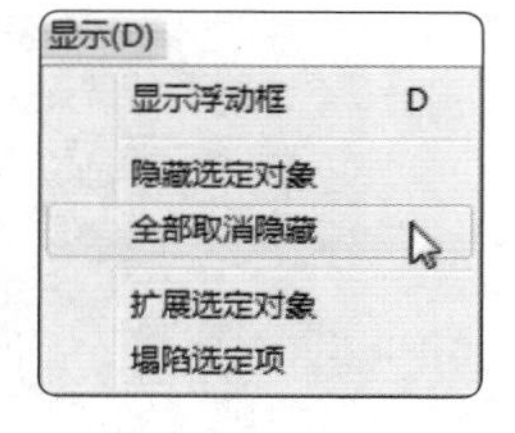

图 13-10

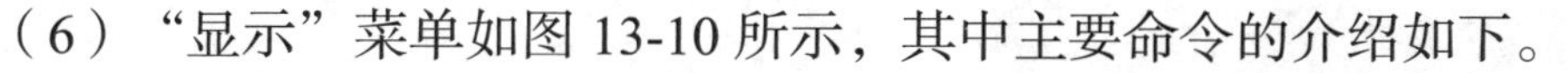

（6）“显示”菜单如图 13-10 所示，其中主要命令的介绍如下。

• 显示浮动框：显示或隐藏“显示”浮动框，该浮动框可以控制“图解视图”窗口中的显示内容。

• 隐藏选定对象：隐藏“图解视图”窗口中选定的所有对象。

• 全部取消隐藏：将隐藏的所有对象显示出来。

• 扩展选定对象：显示选定对象的所有子对象。

• 塌陷选定项：隐藏选定对象的所有子对象，但选定的对象仍然可见。

（7）“视图”菜单如图 13-11 所示，其中主要命令的介绍如下。

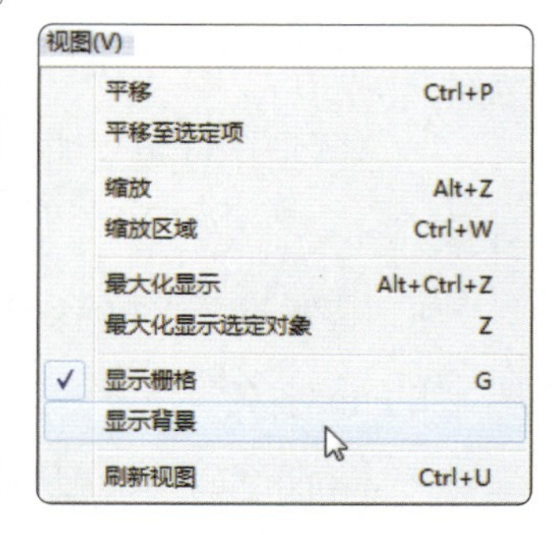

图 13-11

• 平移：激活“平移”工具，可使用该工具水平或垂直移动窗口。

• 平移至选定项：使选定对象在窗口中居中显示。如果未选择对象，则将使所有对象在窗口中居中显示。

• 缩放：激活“缩放”工具，此时拖曳鼠标可移近或移远对象。

• 缩放区域：在窗口中拖动，可绘制特定的缩放区域。

• 最大化显示：缩放窗口以便可以看到“图解视图”窗口中的所有节点。

• 最大化显示选定对象：缩放窗口以便可以看到所有选定的节点。

• 显示栅格：在“图解视图”窗口的背景中显示栅格。默认选择该命令。

• 显示背景：在“图解视图”窗口的背景中显示图像。通过“图解视图首选项”对话框设置图像。

• 刷新视图：当更改“图解视图”窗口或场景时，重绘“图解视图”窗口中的内容。

除上述之外，在“图解视图”窗口中单击鼠标右键，弹出快捷菜单，其中包含用于选择、显示和操纵节点的选项。使用此功能可以快速访问列表视图和“显示”浮动框，还可以在参考模式和层次模式之间快速切换。

13.1.4 任务实施

（1）启动 3ds Max 2019，打开场景文件（云盘中的“场景 > 项目 13> 木偶 .max”），如图 13-12 所示。

（2）在场景中选择木偶模型，单击“孤立当前选择”按钮，将没有被选择的对象隐藏，如图 13-13 所示。

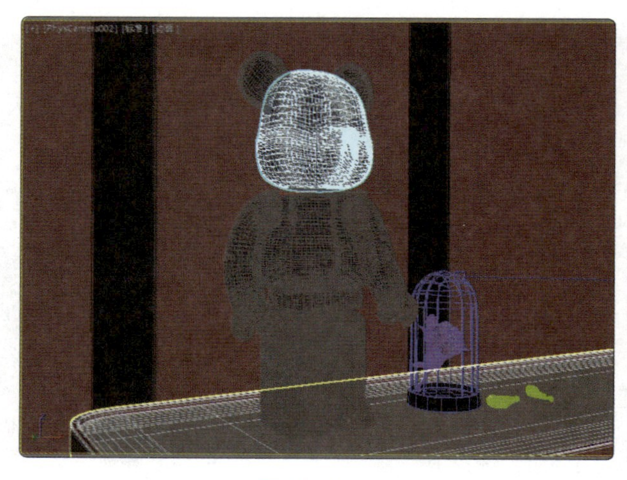

图 13-12

图 13-13

（3）在工具栏中单击“选择并链接”按钮，在场景中将两个耳朵链接到头部，如图 13-14 所示。

（4）将头部链接到身体，如图 13-15 所示。

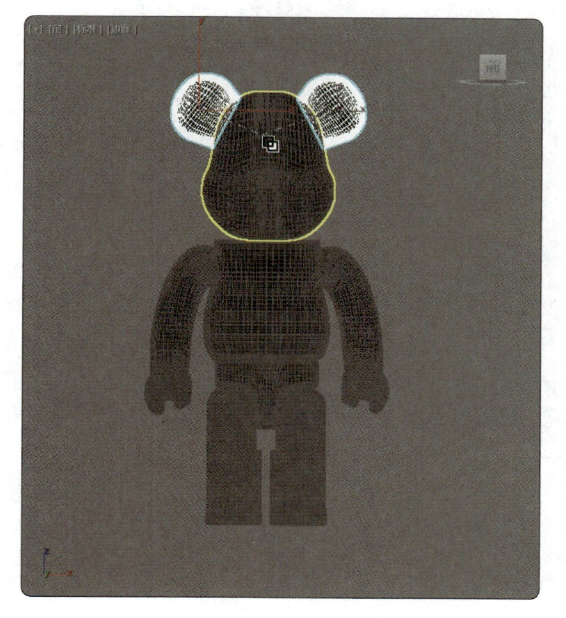

图 13-14

图 13-15

（5）将左手链接到左手臂，如图 13-16 所示。

（6）将右手链接到右手臂，如图 13-17 所示。

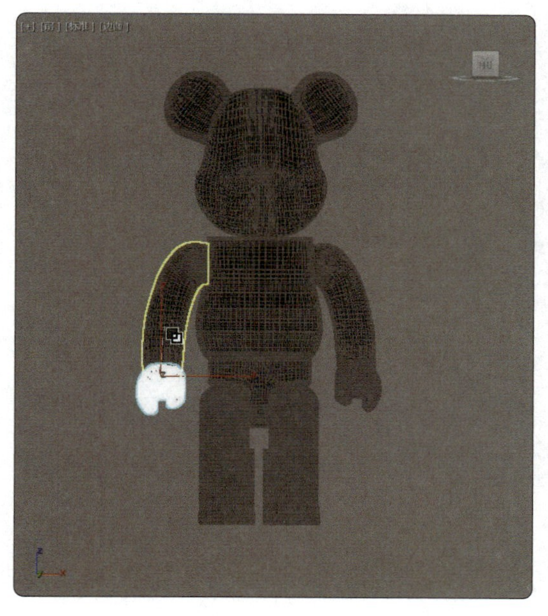

图 13-16

图 13-17

（7）将两个手臂链接到身体，如图 13-18 所示。

（8）将身体链接到骨盆，如图 13-19 所示。

图 13–18

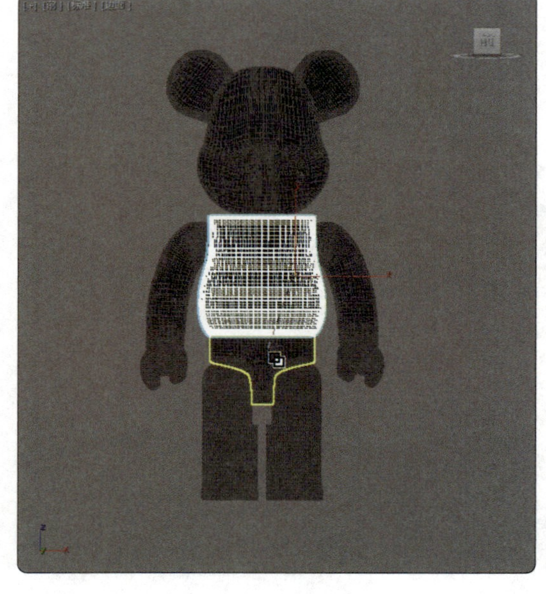

图 13–19

（9）将两条腿链接到骨盆，如图 13-20 所示。整个木偶模型的重心位于骨盆处。

（10）在工具栏中单击“图解视图”按钮，打开“图解视图”窗口，如图 13-21 所示。

图 13–20

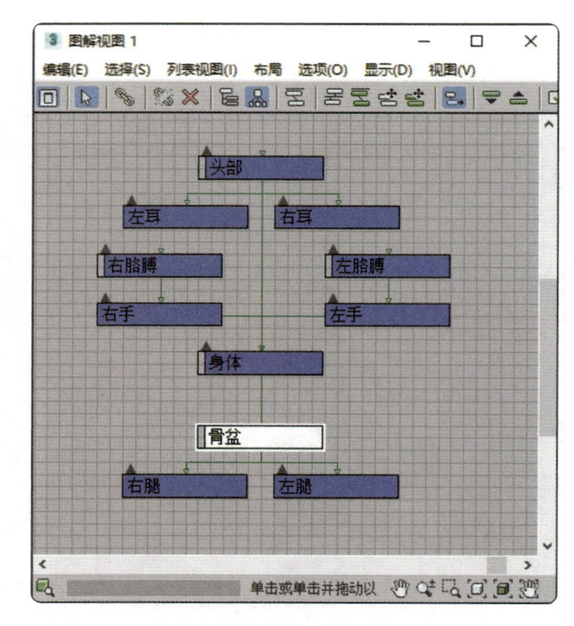

图 13–21

（11）切换到“层次”命令面板，单击“仅影响轴”按钮，在场景中将耳朵模型的轴调整至与其父对象的链接处，如图 13-22 所示。

（12）使用同样的方法调整模型各个部分的轴心，重心的轴是位于中间位置的。完成轴心的调整，效果如图 13-23 所示。

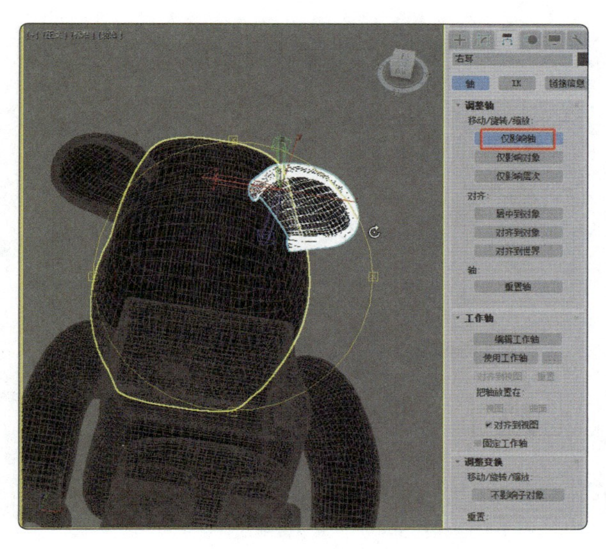

图 13-22

图 13-23

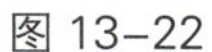

13.1.5　扩展实践：制作蝴蝶动画

创建蝴蝶的链接，调整蝴蝶的轴心的位置，使蝴蝶的重心位于身体处，并为蝴蝶创建动画（最终效果参看云盘中的“场景 > 项目 13> 蝴蝶 ok.max”，见图 13-24）。

图 13-24

任务 13.2　制作机械手臂动画

13.2.1　任务引入

本任务是制作机械手臂动画，要求运用反向动力学技术制作可摆动的机械手臂。

13.2.2　设计理念

通过设置“滑动关节”卷展栏和“转动关节”卷展栏中的选项来制作机械手臂动画（最

终效果参看云盘中的“场景 > 项目 13> 机械手臂 ok.max”，见图 13-25）。

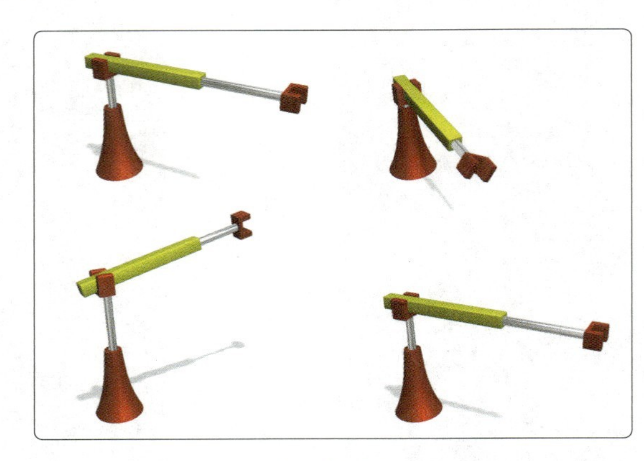

图 13-25

13.2.3 任务知识：反向动力学

1 制作动画

反向动力学建立在层次关系的概念上。要了解 IK（Inverse Kinematics，反向运动）是如何进行工作的，必须先了解层次关系和正向动力学的相关知识。使用反向动力学制作动画有以下几个操作步骤。

（1）确定场景中的层次关系。

制作计算机动画时，最有用的方法之一是将对象链接在一起以形成链。通过将一个对象与另一个对象进行链接，可以创建父子关系。应用于父对象的变换操作会同时传递给子对象。链也称为层次。

父对象：控制一个或多个子对象的对象。一个父对象通常也被另一个级别更高的父对象控制着。

子对象：父对象控制的对象。一个子对象也可以是其他子对象的父对象。在默认情况下，没有任何父对象的对象是世界的子对象。

（2）使用链接工具或在“图解视图”窗口中创建链接。

（3）调整轴心。

（4）在相关面板中设置动画。

（5）单击“应用 IK”按钮，完成动画的制作。

制作完动画后，单击“交互式 IK”按钮，并勾选“清除关键点”复选框，可在关键点之间创建 IK 动画。

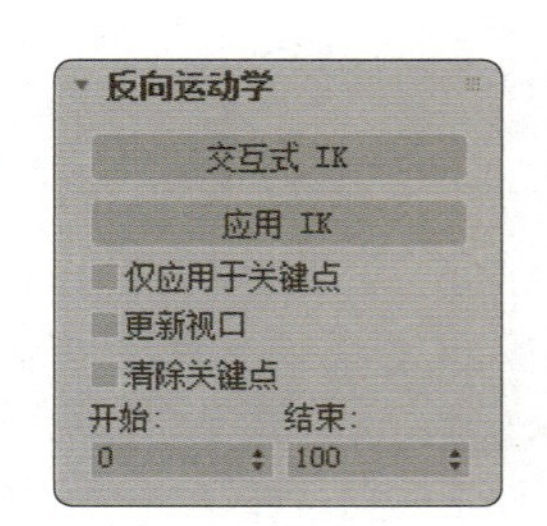

图 13-26

2 “反向运动学”卷展栏

“反向运动学”卷展栏如图 13-26 所示，其中主要选项的介绍如下。

• 交互式 IK：允许对层次进行 IK 操作，而无须应用 IK 解算器或使用下列选项。

• 应用 IK：为动画的每一帧计算 IK 解决方案，并为 IK 链中的每个对象创建变换关键点。应用 IK 后，提示行中会显示计算的进度。

> **提示** “应用 IK”是 3ds Max 从早期版本开始就具有的一项功能。建议读者先探索 IK 解算器，并且当 IK 解算器不能满足需要时，再使用“应用 IK”功能。

• 仅应用于关键点：为末端效应器的现有关键帧计算 IK 解决方案。

• 更新视口：在视口中按帧查看 IK 的应用进度。

• 清除关键点：在应用 IK 之前，从选定 IK 链中删除所有移动和旋转的关键点。

• 开始、结束：设置帧的范围以计算 IK 解决方案。默认计算活动时间段中每个帧的 IK 解决方案。

3 “对象参数”卷展栏

IK 系统中的子对象会引起父对象的运动，移动一个子对象可能会引起其祖先（根）对象的不必要的运动。为了防止这种情况的发生，可以选择 IK 系统中的一个对象作为终结点。终结点是 IK 系统中最后一个受子对象影响的对象。把上臂作为一个终结点，就不会让手指的运动影响到上臂以上的其他身体部位。图 13-27 所示为“对象参数”卷展栏，其中主要选项的介绍如下。

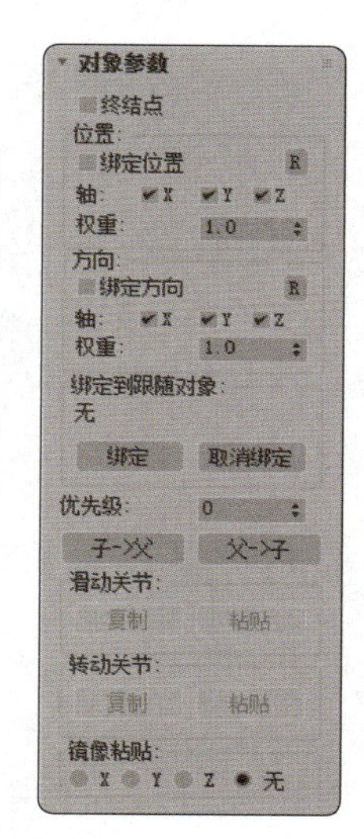

图 13–27

• 终结点：是否使用自动终结功能。

• 绑定位置：将 IK 链中的选定对象绑定到世界（尝试保持它的位置），或者绑定到跟随对象。如果已经指定了跟随对象，则跟随对象的变换会影响 IK 解决方案。

• 绑定方向：将 IK 链中选定的对象绑定到世界（尝试保持它的方向），或者绑定到跟随对象。如果已经指定了跟随对象，则跟随对象的旋转会影响 IK 解决方案。

• R：在跟随对象和末端效应器之间建立相对位置偏移或旋转偏移。该按钮对“HD IK 解算器位置”末端效应器没有影响。

> **提示** 如果要移动关节以使其远离末端效应器，并要重新设置末端效应器的绝对位置，则可以删除并重新创建末端效应器。

• 轴 X、Y、Z：如果其中一个轴处于禁用状态，则该指定轴就不再受跟随对象或“HD IK 解算器位置”末端效应器的影响。

例如，如果取消勾选“位置”组下的“X”复选框，则跟随对象或末端效应器沿 *X* 轴的移动就对 IK 解决方案没有影响了，但是沿 *Y* 轴或者 *Z* 轴的移动对 IK 解决方案仍然有影响。

• 权重：在跟随对象或末端效应器的指定对象和链接的其他部分上设置跟随对象或末端效应器对它们的影响。将该值设置为 0 会关闭绑定。使用该值可以设置多个跟随对象或末端效应器的相对影响效果，以及它们在解决 IK 解决方案中的优先级。“权重”值越大，优先级就越高。

“权重”是相对的，如果 IK 链仅有一个跟随对象或者末端效应器，就没必要使用它们。不过，如果单个关节上带有“位置”和“旋转”末端效应器的单个 HD IK 链，则可以给它们设置不同的“权重”值，将优先级赋予位置或旋转解决方案。可以调整多个关节的“权重”值。在 IK 链中选择两个或者多个对象，“权重”值代表选择的对象的共同状态。

在 IK 链中可以将对象绑定到跟随对象上或取消绑定。

• 无：显示选定的跟随对象的名称。如果没有设置跟随对象，则显示“无”。

• 绑定：将 IK 链中的对象绑定到跟随对象上。

• 取消绑定：在 HD IK 链中从跟随对象上取消绑定选定对象。

• 优先级：3ds Max 2019 在计算 IK 解决方案时，处理链接的次序决定了最终的结果。使用“优先级”来设置链接的处理次序。要设置一个对象的优先值，可先选择这个对象，然后在“优先级”中输入一个值。3ds Max 2019 会先计算优先值大的对象。IK 系统中所有对象的默认优先值都为 0，它假定距离末端效应器近的对象的移动距离大，这适用于大多数 IK 系统。

• 子 > 父：自动设置选定的 IK 系统中的对象的优先值。单击此按钮可把 IK 系统中的根对象的优先值设置为 0，每降一级，对象的优先值就会增加 10。它和使用默认值时的效果相似。

• 父 > 子：自动设置选定的 IK 系统中的对象的优先值。单击此按钮可把根对象的优先值设置为 0，每降一级，对象的优先值就会减 10。

在“滑动关节”和“转动关节”组中可以为 IK 系统中的对象链接设定约束条件，使用“复制”按钮和“粘贴”按钮，能够把设定的约束条件从 IK 系统的一个对象链接上复制到另一个对象链接上。“滑动关节”组用来复制对象链接的滑动约束条件，“转动关节”组用来复制对象链接的旋转约束条件。

• 镜像粘贴：用于在粘贴的同时进行镜像反转。镜像反转的轴可以随意指定，默认为“无”，即不进行镜像反转、也可以使用工具栏上的（镜像）工具来复制和镜像 IK 链，但必须要勾选“镜像：世界坐标”对话框中的“镜像 IK 限制”复选框，才能保证 IK 链镜像正确。

4 “转动关节”卷展栏

“转动关节”卷展栏（见图 13-28）用于设置子对象与父对象之间的相

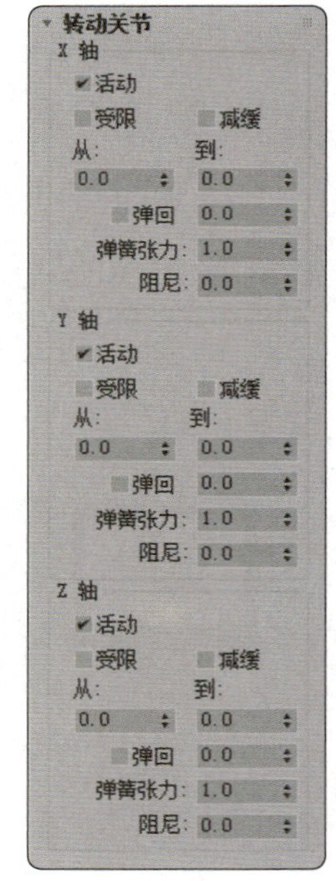

图 13-28

对滑动距离和摩擦力，分别通过 x 轴、y 轴、z 轴这 3 个轴进行控制。其中主要选项的介绍如下。

> **提示**　当对象的控制器为“Bezier 位置”控制器时，“转动关节”卷展栏才会出现。

• 活动：用于开启或关闭轴的滑动和旋转效果。

• 受限：当勾选该复选框时，其下的“从”和“到”才会处于激活状态，用于设置滑动距离和旋转角度的限制范围，即允许对象进行滑动或旋转的范围。

• 减缓：勾选该复选框时，关节的运动在指定范围中可以自由进行，但在接近“从”或“到”限定的范围时，滑动或旋转的速度会被减缓。

• 弹回：勾选“弹回”复选框，关节滑动到端头时会进行反弹，右侧的数值框用于设置反弹的范围。

• 弹簧张力：设置反弹的强度，值越大，反弹效果越明显；如果值设置为 0，则没有反弹效果；如果值设置得过大，则可以产生排斥力，关节就不容易达到限定范围的终点。

• 阻尼：设置整个滑动过程中受到的阻力，值越大，滑动越艰难。

5 “自动终结”卷展栏

自动终结指暂时指定给终结器一个特殊链接号码，使该 IK 链上的指定对象作为终结器。它仅在互动式 IK 模式下工作，对指定式 IK 和 IK 控制器不起作用。图 13-29 所示为“自动终结”卷展栏，其中主要选项的介绍如下。

自动终结
交互式 IK 自动终结
上行链接数：1

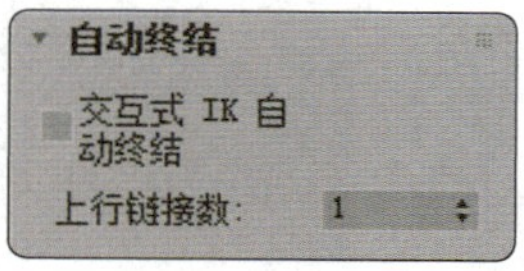

图 13-29

• 交互式 IK 自动终结：控制自动终结的开关。

• 上行链接数：指定终结设置向上传递的数目。例如，如果将此值设置为 5，则当操作一个对象时，沿此 IK 链向上的第 5 个对象将作为终结器，从而阻挡 IK 向上传递。当该值为 1 时，将锁定此 IK 链。

13.2.4 任务实施

（1）启动 3ds Max 2019，打开场景文件（云盘中的“场景 > 项目 13> 机械手臂 .max”），效果如图 13-30 所示。

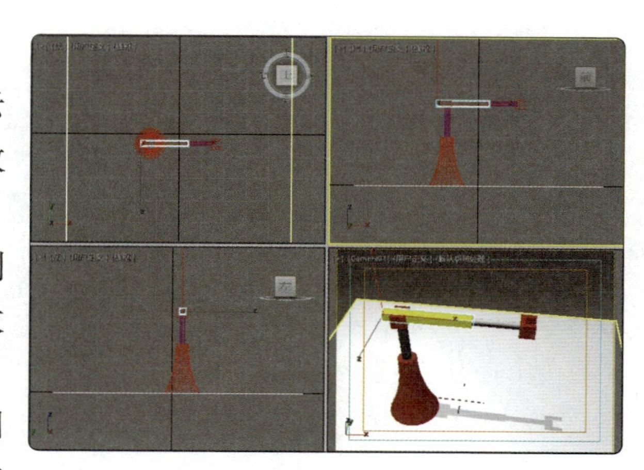

图 13-30

（2）使用“选择并链接”工具在场景中创建层级链接，然后单击“图解视图”按钮，效果如图 13-31 所示。

（3）在场景中选择“机械手”对象，切换到“层次”命令面板，单击“仅影响轴”按钮，在场景中将对象的轴放置到与父对象链接的地方，如图 13-32 所示。

（4）使用同样的方法调整其他对象的轴，如图 13-33 所示。

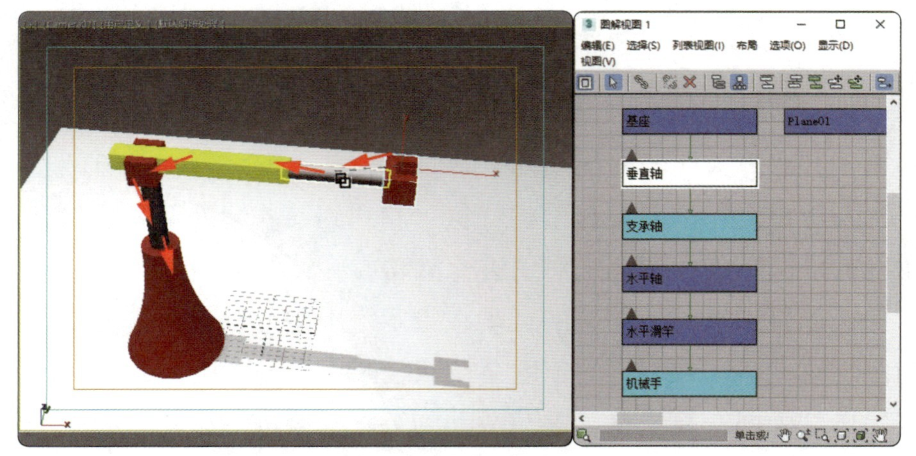

图 13–31

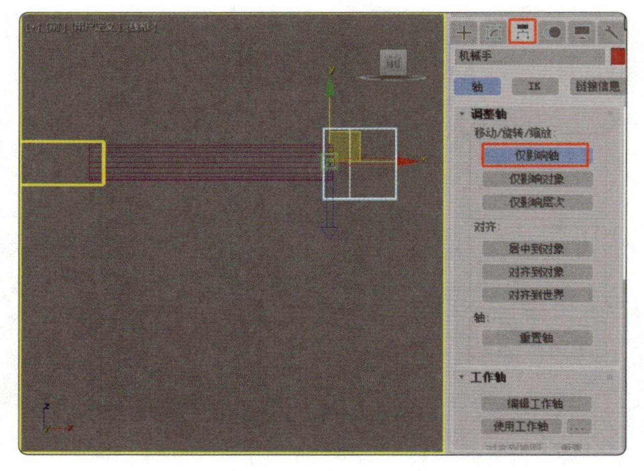

图 13–32

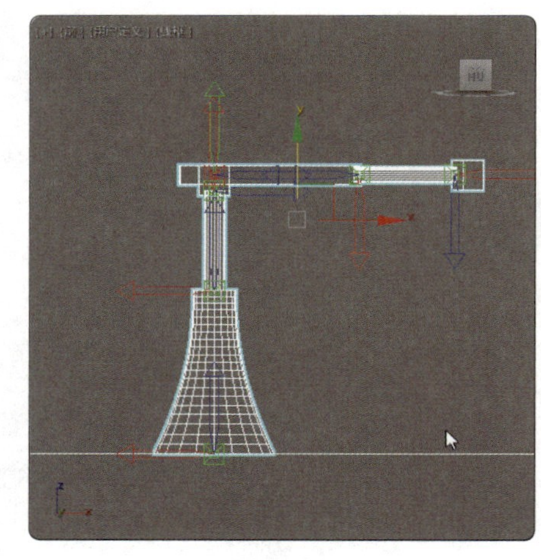

图 13–33

（5）在场景中选择“机械手”对象，分析机械手，它只能在“水平滑竿”对象的端点处进行旋转，在场景中测试旋转轴线。进入“层次”命令面板，单击“IK”按钮，在“转动关节”卷展栏中取消勾选“X 轴”“Y 轴”组中的“活动”复选框，勾选“Z 轴”组中的“活动”复选框，如图 13-34 所示。

（6）在场景中选择“水平滑竿”对象，为其指定“Bezier 位置”控制器，如图 13-35 所示。

（7）该对象不能旋转，只能沿着 Z 轴移动，并且移动的范围也受到了限制。在“转动关节”卷展栏中取消勾选“X 轴”“Y 轴”“Z 轴”组中的“活动”复选框；在“滑动关节”卷展栏中只勾选“Z 轴”组中的“活动”复选框，再勾选“受限”复选框；调整“从”和“到”的参数的依据就是不要使“机械手”对象与“水平轴”对象叠加，也不要使“水平滑竿”对象滑出“水平轴”对象，如图 13-36 所示。

（8）选择“水平轴”对象，在“转动关节”卷展栏中勾选“X 轴”组中的“活动”复选框和“受限”复选框，设置“从”和“到”参数，如图 13-37 所示。

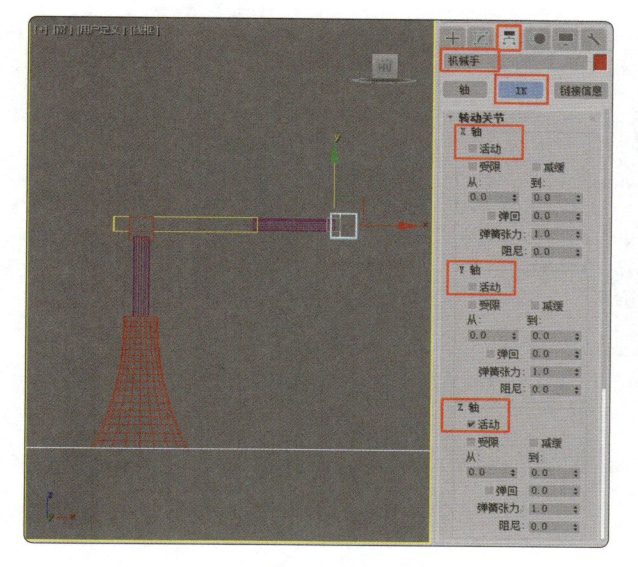

图 13-34

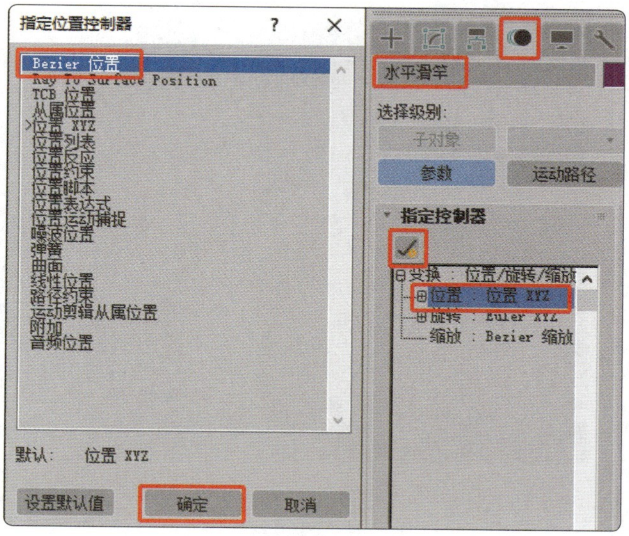

指定位置控制器 ? ×

Bezier 位置
Ray To Surface Position
TCB 位置
从属位置
>位置 XYZ
位置列表
位置反应
位置约束
位置脚本
位置表达式
位置运动捕捉
噪波位置
弹簧
曲面
线性位置
路径约束
运动剪辑从属位置
附加
音频位置

默认：位置 XYZ

设置默认值 确定 取消

水平滑竿

选择级别：

子对象

参数 运动路径

指定控制器

变换：位置/旋转/缩放

位置：位置 XYZ

旋转：Euler XYZ

缩放：Bezier 缩放

图 13-35

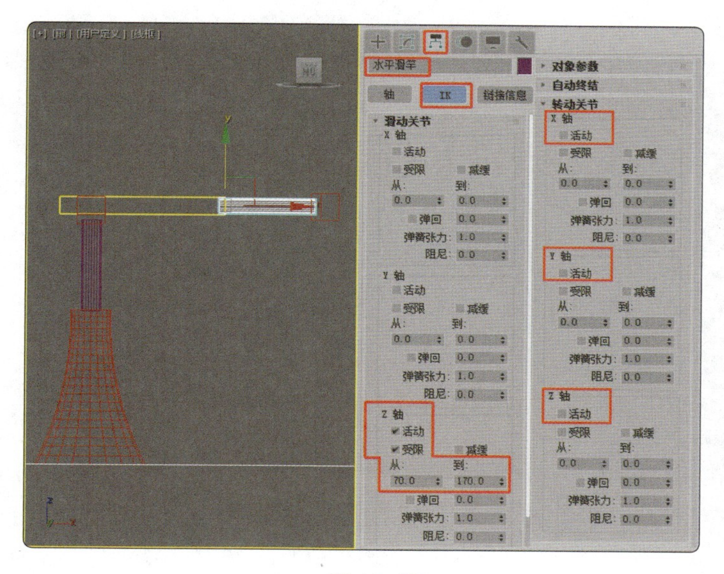

图 13-36

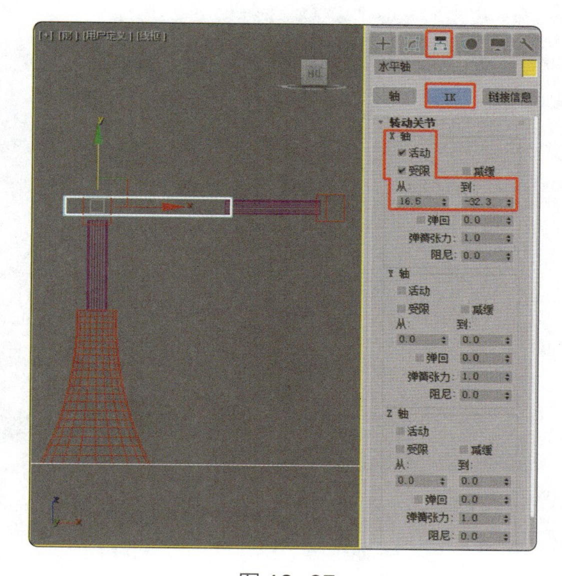

图 13-37

（9）选择“支撑轴”对象，在“转动关节”卷展栏中只勾选“Z 轴”组中的“活动”复选框，如图 13-38 所示。

（10）在场景中选择“垂直轴”对象，为其指定“Bezier 位置”控制器，如图 13-39 所示。

（11）选中“垂直轴”对象，在“滑动关节”卷展栏中取消勾选“X 轴”“Y 轴”“Z 轴”组中的“活动”复选框，选择“Z 轴”组中的“活动”“受限”复选框，设置“从”为 94.86“到”为 191.12（“从”“到”参数可根据场景中的模型进行调整，不固定），如图 13-40 所示。

（12）选择“基座”对象，在“转动关节”卷展栏中取消勾选“X 轴”“Y 轴”“Z 轴”组中的“活动”复选框，如图 13-41 所示。

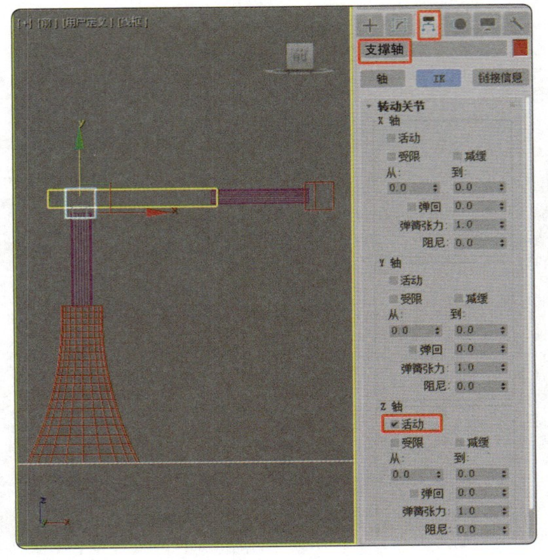

图 13-38

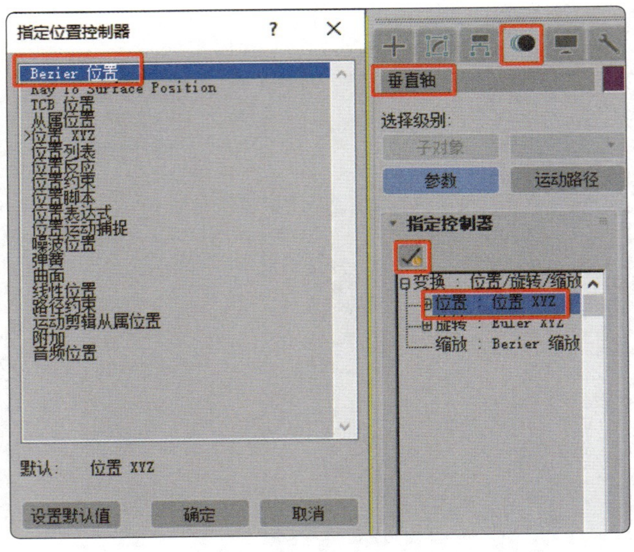

图 13-39

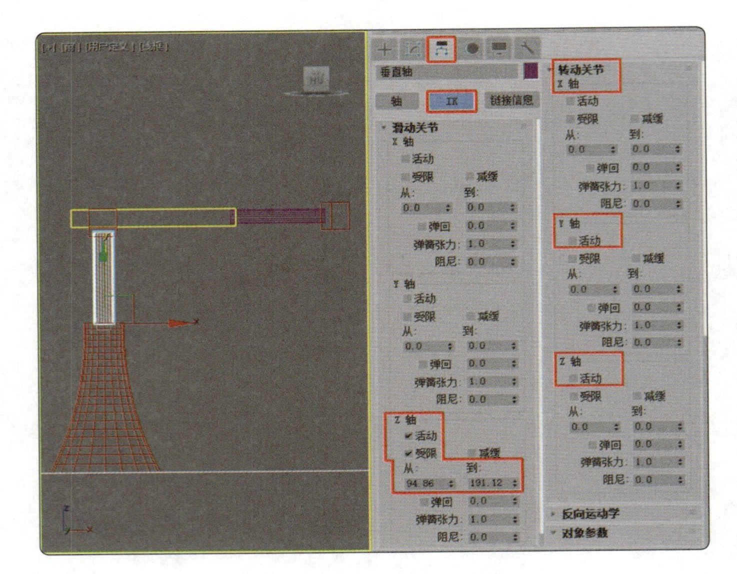

图 13-40

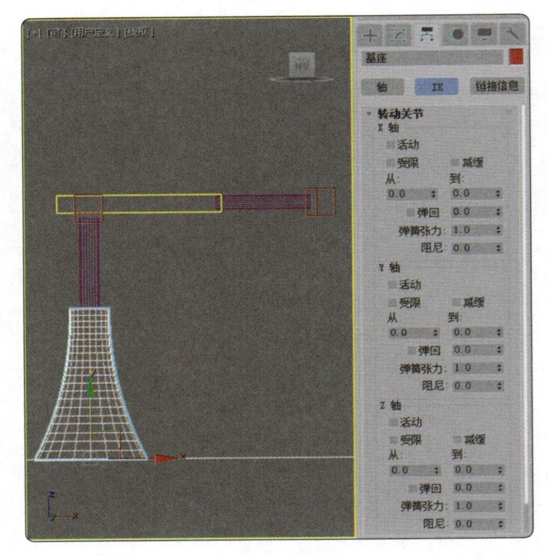

图 13-41

（13）创建虚拟体使其牵引机械手运动。依次单击“创建” > “辅助对象” > “虚拟对象”按钮，在场景中创建虚拟体，并调整虚拟体至图 13-42 所示的位置，将其链接到“机械手”对象上。

（14）选择虚拟体，在“层次”命令面板的“反向运动学”卷展栏中单击“交互式 IK”按钮，在动画控制区中单击“自动关键点”按钮，拖动时间滑块至第 40 帧处，并在场景中移动虚拟体，创建动画，如图 13-43 所示。

（15）拖动时间滑块至第 80 帧处，接着移动虚拟体并创建动画，如图 13-44 所示。

（16）在时间轴中选择第 0 帧处的关键点，按住 Shift 键移动并复制关键点至第 100 帧处，如图 13-45 所示。

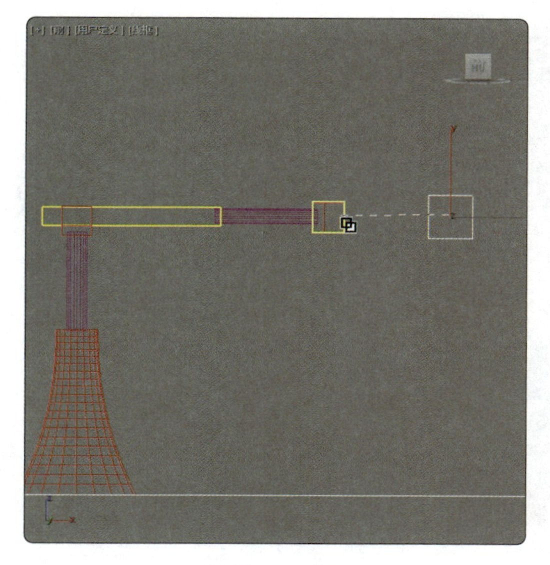

图 13-42

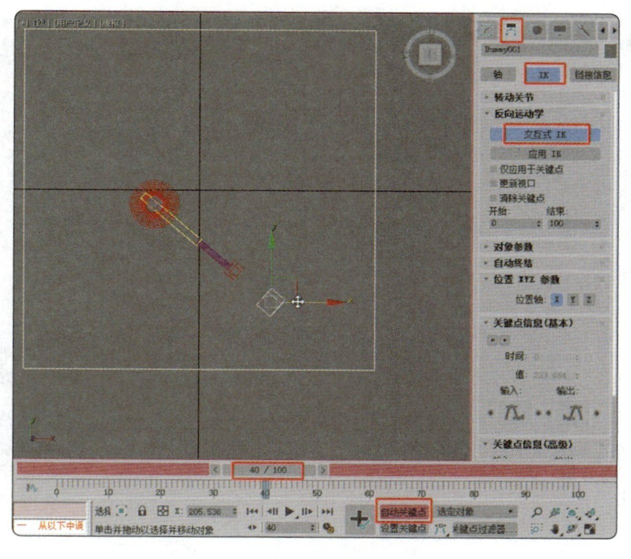

图 13-43

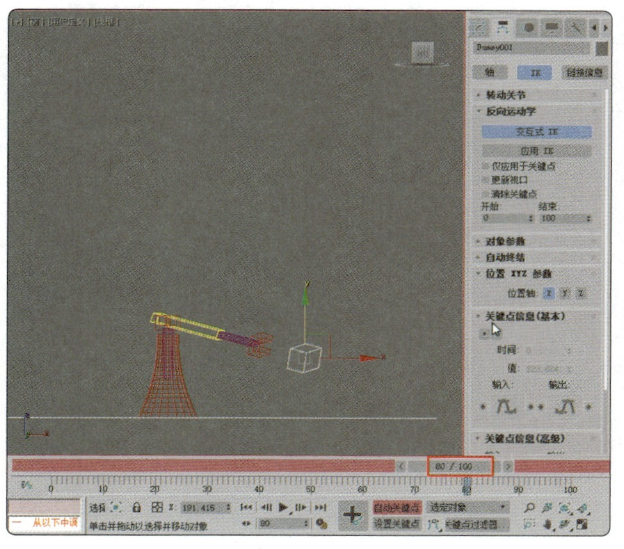

图 13-44

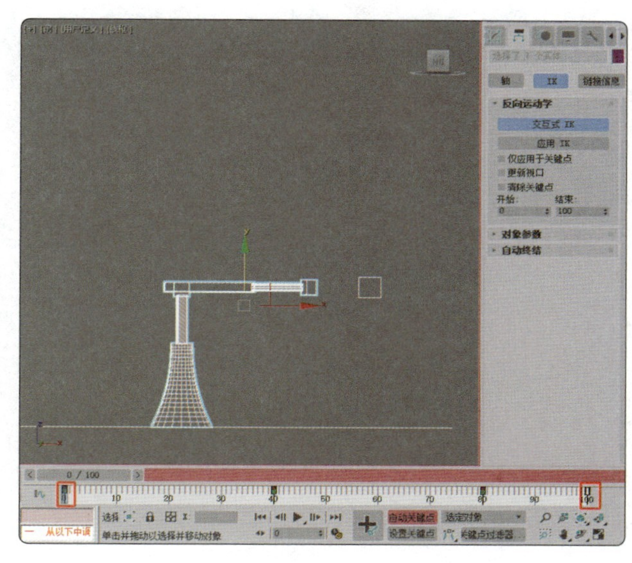

图 13-45

13.2.5 扩展实践：制作蜻蜓动画

为蜻蜓创建链接，并使用“自动关键点”模式为其设置关键点，即可完成蜻蜓动画的制作（最终效果参看云盘中的“场景 > 项目 13> 蜻蜓 ok.max”，见图 13-46）。

图 13-46

任务 13.3 项目演练：制作风铃动画

本任务要求以原始场景为基础（原始场景中已创建了链接并调整好了轴心），进入“自动关键点”模式，使用“交互式 IK”按钮来制作风铃动画（最终效果参看云盘中的“场景 > 项目 13> 风铃 ok.max”，见图 13-47）。

图 13-47